AF360750

LE VIN

PAR

A. DE VERGNETTE-LAMOTTE

Correspondant de l'Institut

Ouvrage orné de 3 planches en couleur et de 29 gravures noires

PARIS

LIBRAIRIE AGRICOLE DE LA MAISON RUSTIQUE

26, RUE JACOB, 26

LE VIN

LE VIN

PAR

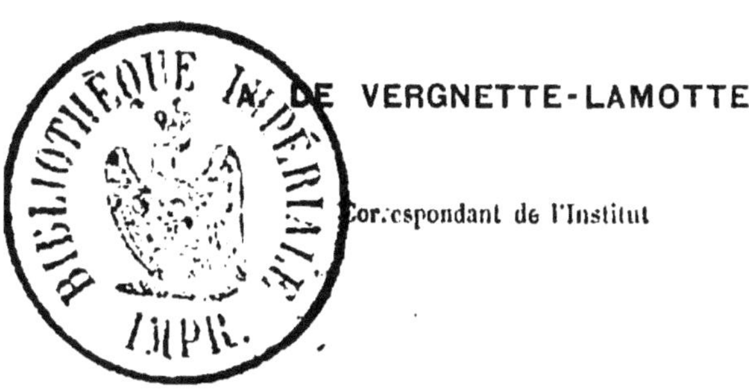

M. DE VERGNETTE-LAMOTTE

Correspondant de l'Institut

OUVRAGE ORNÉ DE 3 PLANCHES EN COULEUR ET DE 29 GRAVURES NOIRES

PARIS

LIBRAIRIE AGRICOLE DE LA MAISON RUSTIQUE

26, RUE JACOB, 26

1867

PRÉFACE

Du jour où la viticulture a vu fructifier ses premiers ceps, les qualités des vins comme leurs défauts se sont évidemment révélés, et l'on a dû chercher à maintenir les unes et à corriger les autres. L'étude de leurs maladies date aussi du moment où l'on a mis, pour la première fois, fermenter un raisin.

Mais quelles sont ces qualités, quels sont ces défauts, quelles sont ces maladies, quels efforts a-t-on faits pour les guérir, quels jugements doit-on porter sur l'efficacité des remèdes admis par la pratique ?

Les réponses à ces questions font l'objet de ce livre.

Le but que nous nous proposons est donc de bien fixer les principes qui doivent guider le viticulteur dans la fabrication et l'élevage des vins.

C'est en nous appuyant sur la valeur des faits que nous avons observés, que nous espérons être arrivé au but de cette œuvre.

Dans notre travail, nous avons eu peu souvent recours aux formules et aux raisonnements scientifiques, voulant que tous les propriétaires qui s'occupent de leurs vins et de leurs caves, que tous les directeurs de chais, ceux au moins qui observent ce qu'ils voient, puissent s'approprier et appliquer les procédés que nous avons décrits.

Notre livre est en quelque sorte une espèce de procès-verbal des travaux que nous avons suivis depuis trente années.

Et comme, en définitive, nous n'avions, dans ces travaux, d'autre but que la recherche de la vérité, nous disons les choses comme nous les avons vues, en avouant tout aussi bien nos mécomptes qu'en affirmant nos succès. Nous n'avons jamais eu à faire plier ces faits devant les exigences des théories.

Des circonstances toutes spéciales nous ont aidé dans notre œuvre ; nous avons eu la bonne fortune de pouvoir suivre les vins sur lesquels nous opérions, depuis le moment de leur fabrication jusqu'au jour où nous les avons observés et décrits dans leur état de perfection. Aussi savions-nous oujours comment avaient été élevés les vins qui avaient réussi, et aussi quel concours de circonstances s'était produit dans le développement de leurs maladies.

En dehors de ces éléments de travail, nous avons étudié tout ce que des hommes éminents dans la science ont publié sur la question du vin.

Il nous eût été difficile de citer leurs noms toutes les fois que nous avons parlé de leurs recherches ; mais ils nous permettront, ces hommes d'élite que nous nommons Chevreul, Boussingault, Dumas, Frémy, Thénard, Payen, Berthelot, Béchamp, Bouchardat, et d'autres encore, de leur rendre cet hommage que, si ce livre réussit auprès du public, il le devra en grande partie à leurs travaux.

Nous dirons au lecteur ce que les plus récentes observations de la physiologie nous ont appris sur les causes des maladies des vins ; toutefois nous serons d'une extrême réserve dans notre appréciation des théories qui ont été proposées pour l'explication de ces phénomènes.

On nous approuvera d'avoir sur ce sujet plutôt discuté que conclu, tant, dans ces problèmes difficiles, il nous reste encore de secrets à connaître.

Parce que nous avons fait de l'œnologie l'objet principal de nos études, nous ne craindrons pas de rendre à nos prédécesseurs ce que nous leur devons. Envers tous, nous tàcherons donc d'être juste ; cela est d'ailleurs dans notre caractère et nos habitudes.

Admirateur vrai des travaux d'un savant célèbre qui a souvent abordé les mêmes questions que nous, nous les apprécierons avec la réserve que nous commande la position toute particulière qui nous a été faite par ses attaques contre nous. Mais nous croyons que, nouveau venu dans ces études, il se serait certainement montré moins exigeant dans ses prétentions, moins agressif dans ses jugements, moins affirmatif enfin dans ses conclusions, s'il avait vécu depuis plus longtemps au milieu des faits œnologiques dont il s'est occupé.

Le lecteur, nous l'espérons, constatera que nous avons jeté quelque lumière sur les obscurités de la science des vins, et s'il répète nos expériences, s'il suit les pratiques que nous lui recommandons, il reconnaîtra, nous en avons la ferme confiance, qu'à défaut d'autre mérite ce livre aura du moins celui d'avoir été toujours vrai.

LE VIN

I

VENDANGE

L'état dans lequel se trouve le raisin au moment où on le récolte, a une telle influence sur les qualités du vin qu'il produit, que toute étude sur le vin doit nécessairement commencer par celle du fruit qui le donne. La vendange et l'examen des moûts seront donc les premières questions sur lesquelles nous appellerons l'attention de nos lecteurs.

En exposant pour quelques récoltes les observations que nous avons faites à ce sujet, on verra quelle importance nous attachons à cette étude. Nous aimons à croire qu'avec les indications que fournira

ce livre, indications simples et faciles à suivre, on
pourra, dans tous les vignobles, répéter les recherches
et les essais que nous recommandons aux viticulteurs.

Les deux récoltes de 1865 et de 1866 ont donné
des résultats tellement différents, qu'en disant ce
qu'elles ont été on aura décrit des particularités si
distinctes, que chaque année pourra les voir se reproduire dans un sens ou dans l'autre.

Avons-nous réellement quelques données qui nous
permettent de préjuger les qualités de nos récoltes?
En étudiant avec soin la manière dont les saisons se
comportent, en s'aidant de ses souvenirs, on a des
points de comparaison qui n'échappent pas à nos
cultivateurs, et souvent ce sont eux qui sont encore
les meilleurs juges. En 1845, nous avons publié un
mémoire dans lequel nous démontrions tout le parti
que l'on pouvait tirer des observations météorologiques de l'année. Dans l'appréciation des vins nouveaux, nous avions donné un tableau du nombre de
degrés de chaleur que reçoit le raisin depuis la fin
de la floraison jusqu'au moment où on le récolte;
et, généralement, lorsqu'on additionne les degrés
maxima de chaque jour, les sommes les plus élevées
correspondent aux meilleures qualités de vins. Ce
moyen, tout mathématique, donne de bons résultats,
et aujourd'hui que, grâce à l'intelligente initiative
des hommes les plus haut placés dans la science, les
observations météorologiques se multiplient, nous
ne doutons pas que l'agriculture, la viticulture surtout, tirent un jour, et cela à un moment très-rap-

proché, un immense parti des progrès de cette science (1).

Mais la chaleur n'est pas cependant tout ce que demande le raisin pour donner un vin parfait. Il faut de toute nécessité que, dans le cours de l'été, le raisin n'ait été ni brûlé, ni grêlé, ni pourri; que le cep ne soit ni dépouillé de ses feuilles, ni chargé d'une végétation trop luxuriante; que le sol soit sec ou légèrement humide, suivant l'âge du fruit; qu'il soit toujours propre et jamais couvert de cultures étrangères ou d'herbes parasites. Au reste, en disant comment nos cultures se sont comportées dans cette année 1865, qui nous a donné des produits exceptionnels pour leur qualité, on comprendra toutes les exigences de la vigne, mieux que si nous entrions dans les détails dont nous avions commencé à entretenir le lecteur.

En 1865, nous avons eu en Bourgogne l'été au printemps. Depuis quelques années, la France sait que les printemps ne sont plus faits pour elle. Heureux les viticulteurs quand ce n'est pas l'hiver qui vient, en se prolongeant, prendre la place de cette

	1838	1839	1840	1841	1842	1843	1844
(1) Nombre de degrés de chaleur depuis la fin de la floraison jusqu'à la vendange.	2210	2099	2198	2026	2357	2195	2234

Ainsi, par exemple, nous voyons que le nombre de degrés de chaleur qui, en 1842 (année qui nous a donné d'excellents vins), a été de 2 357, s'est abaissé avec la mauvaise récolte de 1839 au chiffre de 2 099.

saison si chantée, mais qui n'existe pour ainsi dire
plus que dans les vers de nos auteurs poétiques. Donc,
cette fois, avec un été précoce, la vigne était en
pleine floraison à la fin de mai, et le raisin formé
au commencement du mois de juin. En nous aidant
de nos notes, de nos souvenirs, nous avons vu qu'il
fallait remonter jusqu'aux années 1822, 1825, 1834,.
1844, pour rencontrer une aussi grande précocité.

Le second été, le vrai, astronomiquement parlant,
a été chaud et sec. Des sources, qui n'avaient pas tari
depuis 1802, ont tari en 1865. Nos vignerons disaient
déjà : « *Le verjus s'est bien fait*, le vin sera bon. » Qu'est-
ce donc que ce verjus qui se fait bien ? Il est constant que si, avant la véraison, le raisin grossit péni-
blement sous l'influence de la sécheresse et de la
chaleur, les sucs du verjus sont très-chargés de tartre
et riches en acides. On a reconnu que c'était là une
bonne condition pour que les raisins fussent plus tard
très-sucrés. On voit ici que le vigneron a devancé le
physiologiste. Dans le mois de juillet, tout marchait à
souhait pour la vigne, et si quelques pluies douces
eussent aidé la maturation du fruit, nous aurions,
comme en 1822, vendangé à la fin du mois d'août.
Mais la sécheresse a persisté dans la Côte-d'Or, et
c'est au milieu d'août seulement que les pluies ont
commencé. Cette fois nous en avons eu bien vite
assez ; il était à craindre que le raisin vînt à pourrir.
La séve d'août agissant sur les ceps, de nouvelles
feuilles apparaissaient au sommet des sarments. Encore huit jours de ces pluies plus fréquentes qu'abon-

dantes, et la qualité de la récolte était compromise. C'est à ce moment que nous émettions cette opinion-ci : Si les pluies cessent, nous ferons des 1834; autrement nos vins seront des 1857. Et pourquoi cette prophétie? Parce que nous nous souvenions de la manière dont les saisons s'étaient comportées dans ces années. On le voit, jusqu'au moment de la vendange, tout est vague dans les appréciations qu'on croit pouvoir se permettre, et c'est en s'aidant des points de comparaison qui sont dans notre mémoire qu'on hasarde timidement quelque opinion.

Mais dès qu'arrive la vendange, les choses s'affirment davantage. La densité du moût, sa teneur en acides libres, sa richesse en sucre, sont des faits que nous pouvons, que nous devons connaître ; et ici la science n'a plus le droit de ne rien faire, de ne rien dire. D'ailleurs, les essais que nous recommandons sont si simples, qu'ils sont presque à la portée de tout le monde. Quel en est le but à ce moment? C'est de fixer rationnellement le jour de la récolte. Il s'agit tout bonnement d'essayer, une semaine au moins avant cette époque, chaque jour, à midi, les moûts, en prenant du raisin dans la même vigne et sur des ceps de même âge.

En 1865, la température du commencement de septembre a été très-élevée; les nuits étaient chaudes, la terre brûlante, et c'était merveille de voir comment d'un jour à l'autre la densité du moût augmentait. C'est ici la place pour consigner un fait qui peut se renouveler, et sur lequel on doit être éclairé.

1.

En Bourgogne, nous apprécions beaucoup dans nos raisins les grains qui sont *figués*, c'est-à-dire ridés. Ce sont ces grains qui donnent aux grands vins ce goût de fruit si caractéristique dans les produits du pinot. Très-peu de jours avant la fin des pluies, sous l'influence de la chaleur qui leur a succédé, plusieurs personnes ont cru voir des grains figués dans nos vignes, et se disposaient à les récolter. Voici ce qui était arrivé : le raisin, gonflé par la pluie, avait chassé quelques grains qui, plus tard, tenaient à peine à la grappe par leur pédicelle. Dans cet état, la plante ne donnant plus de nourriture à ces grains, ils s'étaient flétris sans être mûrs, et n'étaient point figués, comme nous l'entendons ; on pouvait très-facilement le reconnaître, car ils étaient acides, peu sucrés, et n'avaient point le goût de cuit de la baie figuée. Mais en très-peu de jours, la maturation fit des progrès rapides, le thermomètre était le jour à 26°, à 17° dans la nuit, le soleil n'étant caché par aucun nuage ; et les 10, 11, 12, 13 et 14 septembre le raisin s'est très-franchement desséché sur le cep ; aussi le moût qui, le 7, avait une densité de 1100, accusait-il, le 11 (jour de la vendange de Pomard), une densité de 1115, et enfin, le 18 et le 19 septembre, nous avons constaté, dans une vigne qui n'a été vendangée qu'à cette date, une densité de 1122, fait exceptionnel qui n'avait, que nous sachions, jamais été observé en Bourgogne. Tous les grains du raisin étaient figués ; le moût donnait une quantité de sucre de 29 gr. 10 pour 100, et les acides libres n'étaient plus que de 0.42 pour 100 (1).

C'est dans ces conditions si favorables que nous avons récolté les vins de 1865. Rarement l'époque de la vendange a été mieux choisie que cette année-là; car on peut dire que c'est du 11 au 18 septembre que toutes les vignes de pinot de la Côte-d'Or ont été vendangées.

Voyons maintenant ce qui s'est passé dans le travail des cuves. Lorsque les raisins ont atteint une maturité complète, on nous recommande depuis longtemps de les écraser en totalité avant de les porter à la cuve. On divise par ce moyen les matières sucrées et colorantes, qui, dans ce cas, adhèrent très-fortement à la peau de la baie. On sait qu'en Bourgogne nos cuves contiennent en moyenne de 35 à 45 hecto-

____

(1) Voici les signes auxquels on reconnaît que la baie du raisin a acquis une maturité complète : la queue du fruit est brune et dure, le grain est d'un bleu noir mat; il se détache facilement de la grappe; il laisse à cette grappe un long fil d'un rose tirant sur le violet, et ce fil est d'autant plus long que la maturité est plus avancée. Le duvet qui couvre la baie est persistant; le pepin est d'un vert foncé, tirant sur le brun à son sommet; en écrasant la pellicule du grain entre les doigts, on la trouve plus mince que quelques jours auparavant, et elle colore la peau d'une manière assez prononcée. Lorsqu'on place un grain moins mûr entre l'œil et la lumière, si la partie inférieure de la baie est opaque, le sommet en est transparent et laisse arriver à l'œil une couleur d'un rouge brun.

Ce que nous venons de dire des caractères que présentent les raisins mûrs, s'applique aux fruits de tous les cépages. On sait qu'il existe de grandes différences entre les époques de maturité des variétés de raisins cultivées dans les divers vignobles de la France; ce sera donc partout cette étude du fruit qui devra décider du moment de la vendange.

litres, et que nous avons le soin de les remplir dans une seule journée. Dès le lendemain de l'encuvage, la fermentation s'est développée et a marché rapidement : les liquides ont monté de 25 à 30 centimètres dans les cuves, de belles et abondantes écumes rouges les recouvraient, et, à ce moment, la température s'est élevée à 35° centigrades, et jusqu'à 37° dans certaines halles. Mais ici il s'est produit un fait très-remarquable et fort rare dans la Côte-d'Or. Lorsque la fermentation tumultueuse eut cessé, le mouvement fermentescible des cuves devint presque insensible pendant plusieurs jours, et enfin, après une durée de cent quarante heures, il s'arrêta complétement.

Nous avons conservé l'habitude, lorsque les raisins ne fermentent pas en vases clos, de fouler les cuvées au moment où leur travail paraît faiblir. Nous voyons, immédiatement après, la fermentation se développer de nouveau, et souvent avec une grande vivacité. En 1865, les foulages, et les foulages répétés, n'ont point réussi à produire ce résultat. Que devait-on faire ? Le vin avait une densité de 1014, et évidemment il contenait une grande quantité de sucre qui n'était pas décomposé. En nous aidant de nos souvenirs, nous avons trouvé qu'en 1822 et 1834, les choses s'étaient passées de la même manière. On avait décuvé avant la fin de la fermentation, et l'on s'en était bien trouvé. Nous avons su plus tard que dans la Drôme, et pour les plus grands crus de l'Hermitage, où les raisins restent en cuve de vingt à vingt-cinq jours, on ne les avait décuvés qu'au bout d'un mois, et que, malgré cela, le vin n'avait pu atteindre la densité de 1000, densité qui est ordinairement celle de tous les vins au décuvage.

En Bourgogne, nous avons donc tiré nos cuves à peu près comme de coutume, c'est-à-dire au bout de cent quatre-vingt-dix-sept heures.

Ainsi, à la cuve, la récolte de 1865 a présenté un fait rare, c'est celui de l'inertie du ferment alcoolique en présence d'une quantité considérable de sucre. Il nous a semblé intéressant de connaître quelles étaient à ce moment la composition du vin et la température des cuvées.

La densité du vin était de 1014; il contenait 5.30 de sucre et 0.45 d'acides libres. Enfin, sa richesse alcoolique était de 12.34, et la température de la cuvée était de 35° centigrades.

Quarante-huit heures environ après avoir été entonnés, les vins ont recommencé de fermenter dans les tonneaux. Cette fermentation lente s'est prolongée pendant un mois avant que les vins puissent s'éclaircir, et même pour les crus qui ont été récoltés les derniers, la fermentation était encore incomplète le 15 novembre. On a donc observé ceci, c'est qu'à un moment donné, plus les raisins avaient été mûrs, moins le vin qu'on en avait obtenu présentait de richesse alcoolique. Ce fait, bizarre en apparence, et qui avait étonné quelques viticulteurs, avait son explication toute simple, dès qu'on recherchait dans ces vins les quantités de sucre qu'ils contenaient. Nous nous permettrons ici une appréciation des causes qui ont pu développer en 1865 la grande richesse saccharine de nos raisins. Nous avons démontré dans un de nos mémoires sur la physiologie de la vigne, qu'au mois d'août les pluies amenaient des quantités considérables de gomme dans le raisin. Ne serait-il pas possible que, sous l'influence des fortes chaleurs et de la vive lumière solaire, qui ont immédiatement succédé aux pluies de cet été, toute cette gomme accumulée surabondamment dans le fruit eût été rapidement saccharifiée?

Nous savons, d'ailleurs, que, transporté dans le département du Var, le pinot, s'il donne peu de vin, produit un moût très-sucré et un vin très-alcoolique. Ainsi donc, en résumé, précocité de la végétation, chaleur, sécheresse, lumière, comme dans le Midi, pluie bienfaisante, le tout à un moment donné et que nous avons indiqué, voilà les conditions spéciales que demande la production des grands vins et que nous avons eu l'heureuse chance de rencontrer en 1865. Ajoutons encore que le cep portait un nombre très-limité de grappes (car nous n'avons récolté dans nos grands crus que 17 à 19 hectolitres à l'hectare), et cette condition de fertilité ordinaire, malgré les apôtres de la longue taille, se rencontrera toujours avec la qualité de nos meilleurs vins.

Nous donnons dans le tableau suivant l'analyse de quelques-uns des vins de la Côte-d'Or que nous avons récoltés en 1865 :

.	Densité du moût.	Sucre pour 100 du moût	Acides libres pour 100	Densité du vin	Richesse alcooli,ue du vin.	Acides libres.	Matière extra tive.	Cendres.
Meursault (blanc) Gene- vrières	1120	29.10	0.39	100.19	14.80	0.38	3.80	»
Pomard, Rugiens, Epe- nots, 1ᵉʳ cru	1115	29.00	0.42	99.98	14.20	0.40	3.50	0.47
Meursault grand ordinaire rouge.	1096	24.00	0.50	99.40	12.05	0.48	3.10	»
Vin gamet de la plaine.	1086	21.50	0.56	99.27	10.08	0.53	2.95	

Si l'on veut bien comparer ces chiffres à ceux que nous avons publiés dans la grande *Encyclopédie* de MM. Moll et Gayot et dans le *Livre de la ferme*, on pourra en déduire quelques conclusions importantes.

Les vins de l'année 1865 sont surtout caractérisés par leur grande richesse alcoolique, richesse que la Bourgogne n'a jamais obtenue, même en 1846. Ils sont francs, pleins de bouquet et présentent une belle couleur. Ils donnent une matière extractive considérable, et contiendront probablement beaucoup de glycérine. La cendre de ces vins est abondante et riche en potasse; c'est donc probablement à cette coïncidence de leur teneur en tartre et en alcool qu'ils doivent la vivacité qu'on leur reconnaît. Enfin ils donnent très-peu d'acides au dosage acidimétrique, soit à 0°.4 pour 100.

Il est toujours très-difficile, comme nous l'avons déjà dit, de bien fixer son opinion sur l'avenir d'un vin qui sort de la cuve. Cependant ceux de 1865 présentaient des caractères si richement exceptionnels, ils étaient si heureusement doués des principes qui

aident le plus à la conservation de ce genre de produit, que nous avons cru pouvoir prédire à nos 1865
l'avenir qui a été réservé seulement à quelques récoltes privilégiées, à celles de 1811, 1819, 1822,
1834.

Vendanges de 1866. — En 1866, si les saisons
ont commencé par être favorables à la culture de
la vigne, elles n'ont malheureusement pas continué
leur action bienfaisante. A la fin du mois de juin, le
raisin avait passé fleur; le grain du fruit avait la
grosseur d'un pois, et tout nous promettait des vendanges précoces. Des pluies et des pluies incessantes
n'ont pas tardé à survenir; la vigne a continué de vé-
géter, le bois s'est aoûté fort tard, et, dans quelques
localités de la plaine, le raisin commençait à pourrir
avant de présenter les moindres indices de maturation. Pour compléter le mal, des grêles terribles ont
ravagé un grand nombre de vignobles et les pluies
continuaient toujours.

Voici, quand arriva le moment de la vendange,
quel était l'état de la vigne et de ses fruits.

Le sol était profondément mouillé, la végétation
du cep était vigoureuse, l'extrémité des branches
n'était point aoûtée, le fruit était gros et nullement
mûr; quelques grains commençaient à pourrir. Dans
les vignes qui avaient été grêlées, le mal était plus
considérable, un grand nombre de baies, celles qui
avaient été sous le vent de l'orage, ayant été ouvertes par les grêlons. Nous dirons en passant que jamais plus que cette année on n'avait mieux reconnu

les inconvénients de la taille à long bois (système Guyot
ou Hooïbrenk ou Clerc). L'extrémité de la flèche n'a-
vait pu s'aoûter, et les raisins, ainsi attachés à un
sarment qui n'était point ligneux, étaient verts et
d'une acidité prononcée.

Lorsque l'on examine avec soin la structure d'un
grain de raisin, et qu'on suit avec un microscope les
vaisseaux qui lui distribuent la nourriture, on reconnaît que le grain reçoit sa nourriture du pédicelle
au moyen de deux systèmes de vaisseaux. Du centre
du pédicelle partent les cor-
dons qui aboutissent à l'ombilic et aux pepins, et concourent au développement des
organes de la reproduction.
Le cordon qui aboutit à l'ombilic se ramifie à l'infini à
l'entour de ce point et nourrit

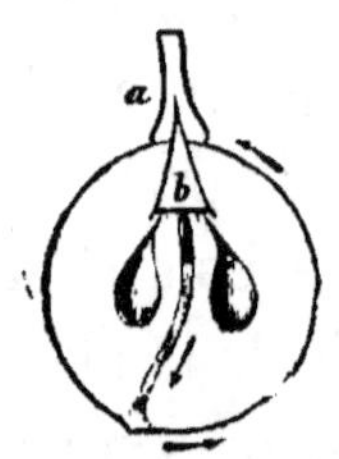

Fig. 1. — Grain de raisin.

la pellicule du fruit jusqu'autour du pédicelle ; les
organes extérieurs adhèrent à ce pédicelle seulement par juxta-position. Des bords du pédicelle
s'épanouit un vaste réseau de fibres qui sont dis-
persées au milieu du parenchyme du fruit, et qui
concourent à son développement. Si nous cou-
pons nettement un grain de raisin par le milieu,
comme le représente la figure ci-jointe, on observe d'abord un cordon médial qui, du point b,
traverse le grain en passant entre les pepins pour
aboutir à l'ombilic, auquel il adhère fortement ; de
petits cordons latéraux vont du même point aux

sommets des pepins; la circulation propre des grains part du point *a*, en suivant la direction des flèches; ces petits cordons ont, dans l'état de maturité, une couleur brune assez prononcée, et présentent une ténacité assez remarquable. Au pédicelle séparé du grain restent attachées les têtes de ces cordons, et c'est à ces fibres qu'on doit la couleur brune qui caractérise le pédicelle du grain mûr. Quelques pepins embryonnaires (un ou deux à chaque grain) restent attachés aux cordons entre le pédicelle et les pepins normaux; ces pepins, placés de chaque côté du cordon ombilical, ont une convexité externe à peu près concentrique à celle du grain; la partie intérieure est légèrement concave; la pointe du pepin est à la partie supérieure. Leur nombre varie de un à quatre dans chaque grain; chaque pepin est entouré d'une enveloppe charnue lisse et brillante. Nous savons que cette enveloppe est très-riche en tannin. Dans le raisin mûr, la base du pepin est d'un vert foncé tirant sur le jaune; le milieu est d'un vert plus tendre, le sommet presque blanc; à ce sommet, on trouve un point noir, qui était celui par lequel il adhérait au cordon. Privé de sa peau, le pepin a la couleur du bois; il est fort dur, est partagé en deux lobes distincts à la base de sa partie convexe, en trois lobes à sa partie concave; le germe se montre, comme dans toutes les amandes, au sommet du pepin. Partagé en deux par une section bien nette, on distingue facilement : 1° l'enveloppe dure, parfai-tement analogue à la coquille des fruits à noyaux et à goût éminemment amer ; 2° la petite amande à chair gris blanc, qui s'y trouve contenue et qui a un goût assez agréable ; c'est cette amande qui est de nature oléagineuse.

Le parenchyme du grain a une consistance plus ferme dans sa portion qui est en contact avec la partie convexe du pepin ; ce qui se trouve entre ces pepins et le cordon ombilical, d'un côté, et la pellicule du grain, de l'autre, est plus liquide. Enfin, à l'ombilic comme autour de la pellicule, le parenchyme est beaucoup plus ferme.

Une tranche du grain, examinée au microscope, montre que la matière colorante réside dans le tissu de la pellicule et s'épanche, sur une légère épaisseur, dans la portion du parenchyme qui la touche ; c'est à l'ombilic et sur le côté extérieur du grain que la coloration atteint son maximum. C'est par l'ombilic et le cordon qui y est attaché que la matière colorante arrive au pédicelle du grain. Plusieurs fibres qui s'attachent au cordon principal traversent en tous sens le parenchyme, et, dans une maturité complète, elles se colorent en partie, à la façon du cordon ombilical et des cordons de la graine. Lorsque ces fibres acquièrent un grand développement, le raisin devient *teinturier*.

Il est évident que la pourriture (1) qui se développe sur la peau du grain, et que la grêle qui le déchire, troublent si profondément les fonctions de ces vais-

(1) Voir à l'Appendice.

seaux, que les parties sucrées comme la couleur doivent disparaître du raisin. C'est en effet ce que nous avons observé dans tous les cas analogues.

La pourriture est le résultat d'une végétation parasitaire aérienne. D'abord composée d'une ou deux tigelles, cette végétation ne tarde pas à prendre un développement considérable, et quand la surface de tous les grains d'un raisin est envahie, il est bien vite entièrement pourri. Les conditions que demande la végétation de ce parasite sont une atmosphère humide et un sol mouillé. On est tout surpris de voir comment sous l'action d'un vent sec soufflant du nord et d'un ciel chaud et serein, le développement de la pourriture est subitement arrêté, lorsque de son côté la terre n'est pas trop profondément mouillée.

Les premiers jours les sucs et le parenchyme de la baie ne sont pas sensiblement altérés. Le moût devient seulement plus aqueux. C'est la peau seule du fruit qui est détruite par la végétation microscopique. Mais comme cette petite plante vit en définitive aux dépens des liquides qui sont contenus dans le grain, ces liquides ne tardent pas à être en partie absorbés et en partie décomposés, de telle sorte que si l'action délétère de la maladie continue, le raisin en son entier perd sa forme, tous les grains sont agglutinés par une substance filante et visqueuse; le fruit est d'une couleur gris brun, et, vu à distance, on le prendrait à sa forme comme à sa nuance bien plus pour une pomme de terre gâtée que pour un raisin.

Il est évident que, lorsque la pourriture est à ce degré d'intensité, la récolte ou la portion de récolte qui est atteinte ne peut faire du vin. On la laisse alors dans la vigne. C'est ce qui a dû, en 1866, se présenter dans un grand nombre de localités. Nous verrons plus tard quel parti on peut tirer des raisins qui ne sont gâtés qu'à demi.

Lorsque les vignes ont été grêlées, les grains du fruit sont sujets à un autre genre de maladie, différente de celle que nous venons de décrire, en ce sens que les moisissures se produisent intérieurement et qu'elles ont un aspect tout particulier. Nous avons dit qu'un des effets de la grêle était d'ouvrir les grains. On sait d'ailleurs que souvent la queue des raisins est entièrement ou en partie coupée par les grêlons et qu'il en résulte de toute manière une grave perturbation dans la végétation du fruit.

Pour l'instant voyons ce que deviennent les grains qui ont été ouverts par le choc du grêlon. Si l'atmosphère est sèche pendant quelques jours, le grain, qui se réduit à un fragment de peau contenant quelques parcelles du parenchyme, sèche facilement et ne tarde pas à tomber. Il n'en est pas de même, si le temps est pluvieux et le sol humide. Cette portion de grain reste attachée au pédicelle et une végétation parasitaire d'un caractère particulier se développe sous la peau. Ce n'est plus alors la pourriture avec sa végétation aérienne; c'est une sorte de mycelium dont l'aspect est d'un blanc nacré, et qui présente une amertume très-prononcée. Cette végétation envahit presque en même temps l'intérieur de tous les grains

vidés par la grêle, et comme elle vit sous la peau elle
ne passe pas de l'un à l'autre. C'est à cette moisissure,
d'un caractère spécial, que nous attribuons ce qu'on
appelle dans le vin le goût de grêle. Pour nous ce
goût qui tient à la fois de l'amertume et de l'acidité,
se distingue très-nettement du goût de pourri. En
1866, nous avons observé, avec le plus grand soin, les
faits dont il vient d'être question, et le développement qu'a pris la pourriture a été très-indépendant
de l'action de la grêle. Il a été le résultat de l'excès
d'humidité de l'atmosphère et surtout de l'humidité
du sol. Ainsi nous avons constaté ce fait, c'est que,
pendant la période de huit journées sèches et chaudes
que nous avons eues à l'époque de la vendange, la
maturité du fruit ne faisait point de progrès et les
grains ne cessaient de pourrir. Cela tient, sans nul
doute, à ce que la terre était tellement mouillée que
le raisin continuait à être en pleine végétation. D'après
ce que nous avons dit de la physiologie du grain de
raisin, il devient évident qu'avec des fruits grêlés
ou pourris on n'obtiendra jamais de vins chargés
d'une riche matière colorante. C'est en effet un des
caractères principaux des vins de la récolte de 1866.

Nous donnons, dans le tableau qui suit, pour cette
récolte de 1866, l'analyse des deux sortes de vin que
récolte la Bourgogne. L'un de ces vins est le produit
du pinot : c'est le plant fin d'un très-grand nombre
de vignobles; l'autre vient du gamet, cépage encore
plus répandu que le premier. Si nous avons limité
ainsi nos analyses aux produits de ces cépages, c'est

que ce sont ceux que nous avons le plus étudiés, et
ce que nous décrivons, toujours nous l'avons vu. Il
sera facile à tous ceux qui voudront répéter, dans
d'autres pays, ce que nous disons ici, de faire la part
du climat, du sol et des cépages. Il est rare d'ailleurs
que dans chaque vignoble on ne cultive pas à la fois
des plants fins et des plants communs, les premiers
presque toujours caractérisés par une plus grande précocité et une moindre production. On comprendra
donc les différences de résultats que nous donnent les
analyses et souvent les faits que nous mettrons sous
les yeux du lecteur.

	Densité du moût.	Sucre du moût.	Acides libres Pour 100 :	Densité du vin.	Richesse alcoolique du vin.	Acides libres.	Matière extractive.
Pomard (1ᵉʳ cru).....	1080	20.12	0.75	99.40	9.75	0.72	2.70
Plaine (vin gamet)....	1065	14.17	0.96	99.10	6.50	0.97	2.40

Si on veut bien comparer ces chiffres avec ceux
que nous avons cités plus haut et ceux que nous
avons donnés pour d'autres années dans le *Livre de la
ferme*, on verra que si les vins de pinot ont encore
une richesse alcoolique qui permettra de les conserver et de les vendre tels qu'ils ont été récoltés, il n'en
est malheureusement pas de même pour les vins de
gamet, qui, acides sans vinosité, sans couleur, ne
pourront être livrés au consommateur avant d'avoir
subi des coupages avec les vins du Midi. Nous reviendrons plus tard sur cette question.

Ajoutons que là où les vignes ont été grêlées, le vin a un goût prononcé d'amertume acide qui est loin d'être agréable. Il y a un moyen d'éviter ces saveurs étrangères qui nuisent à la vente du vin. Nous savons, en effet, qu'elles se produisent surtout lorsque l'on fait fermenter les sucs du raisin avec les parties de ce fruit qui sont plus ou moins envahies par des végétations parasitaires. Ce n'est pas que ces végétations puissent vivre dans la cuve. Elles y périssent dès qu'elles ne sont plus au contact de l'air et qu'elles sont mouillées par le moût. Mais il est évident qu'à ne les accepter que comme un *caput mortuum* devenant inerte dans l'acte de la fermentation, ces substances ont une saveur propre qui se communique au vin de la cuve.

On a donc reconnu qu'en pressurant au sortir de la vigne les raisins plus ou moins maltraités par les intempéries des saisons (la pourriture, la grêle, la brûlure, la sécheresse) on obtenait des vins plus ou moins teintés, possédant une franchise de goût irréprochable. On doit encore, dans ce cas, avoir le soin de bien remplir les fûts dans lesquels ce vin doit fermenter, afin qu'avec le ferment ce vin puisse jeter hors de ces fûts toutes les impuretés qui seraient susceptibles d'altérer son goût.

Lorsque l'on n'a pas employé ce moyen de tirage et que des raisins fortement avariés ont cuvé, moût et rafle ensemble, il arrive souvent que les vins s'éclaircissent difficilement, et que leurs dépôts, surtout le premier, ce que l'on nomme la lie, ont un aspect impossible. Vu au microscope on y trouve un mélange de parcelles de terre, de débris de végétaux, de mycodermes alcooliques, de cristaux de tartrate, et enfin de longs filaments visqueux qui doivent appartenir à quelques produits d'une végétation étrangère à la végétation alcoolique.

Si nous multipliions ces exemples de la manière dont les récoltes se sont conduites, cela serait d'un médiocre intérêt pour le lecteur. Mais il comprendra, par ce que nous venons de dire des deux vendanges de 1865 et 1866, combien il est important de récolter le raisin dans de bonnes conditions, et il verra aussi, comme nous l'avons déjà dit (et nous aurons souvent l'occasion de revenir sur ce sujet), qu'on peut avec certains soins se mettre à l'abri des plus grands inconvénients qu'entraîne avec elle la mauvaise qualité des raisins.

Nous avons recommandé de faire, à l'époque de la vendange, l'essai des moûts et celui des vins. Les recherches que nous avons indiquées sont si simples qu'elles se trouvent à la portée de tous les œnologues. Avec quelques éprouvettes, quelques liqueurs titrées, un alambic de Salleron et un microscope, on peut très-aisément se rendre un compte suffisant des qualités ou des défauts de ses récoltes.

Pourquoi les viticulteurs n'auraient-ils pas ce que l'on trouve aujourd'hui dans toutes les grandes brasseries et les grandes distilleries de betteraves ; un laboratoire très-simple muni de quelques appareils dont on a bien vite appris l'usage.

Il est vrai que la durée des vendanges est si courte, que les occupations du viticulteur sont si multiples à ce moment, qu'il a tout autre chose à faire que des expériences de chimie. Dans ce cas, il s'en tiendra aux plus urgentes, à celles qui auront pour but de l'éclairer sur la manière dont il devra conduire sa récolte. Pour conserver les moûts et les vins qu'il devra étudier plus tard, il se servira de la méthode d'Appert, et trouvera presque intacts les liquides qu'il aura traités au moyen de ce procédé. On peut encore conserver les moûts et les vins d'essai en les enfermant dans des bouteilles où l'on aura versé quelques gouttes d'essence de moutarde. Nous ne doutons pas qu'un habile constructeur d'instruments de précision, comme Paris en compte tant, qui fabriquerait ce que nous appelons des boîtes d'œnologie, obtiendrait un vrai succès avec elles. Ces boîtes devraient contenir les liqueurs titrées dont nous nous servons pour étudier la teneur en acides et la richesse en sucre.

Pour doser le sucre, nous nous servons de la liqueur de Fehling. Voici comment on la prépare : on fait une première dissolution de 40 grammes de sulfate de cuivre dans 160 cent. cubes d'eau.

Une seconde dissolution contient 160 grammes de tartrate neutre de potasse, 130 grammes de soude à la chaux, 600 cent. cubes d'eau.

On prépare enfin une troisième solution de potasse à la chaux contenant 9/10 d'eau et 1/10 de potasse.

On mélange les deux premières solutions et on commence par titrer cette liqueur. Pour cela on

prend une solution normale de sucre préparée avec
1 gramme de sucre candi dissous dans 100 cent.
cubes d'eau ; on a commencé par intervertir le sucre
en le faisant bouillir avec 1 cent. cube d'acide chlo-
rhydrique.

Pour se servir de la liqueur cupropotassique titrée,
on en met 10 cent. cubes dans un ballon de 100 cent.
cubes environ, et on ajoute à la liqueur 1 cent.
cube de la solution potassique. Ceci fait, on porte à
l'ébullition le liquide et on y ajoute peu à peu le
moût de raisin étendu de 9/10 d'eau au moins. On
se sert pour cela d'une burette décime, et on s'arrête
à la décoloration de la liqueur cupropotassique.
Celui qui a l'habitude de se servir des liqueurs titrées
comprendra avec quelle rapidité on peut ainsi doser
le sucre des moûts.

Un autre moyen avait été proposé ; il consiste à
faire passer un rayon lumineux à travers un tube
rempli de la liqueur sucrée et une série de prismes.
Des instruments très-ingénieux et très-bien établis
ont été construits par Soleil et Duboscq, pour l'étude
optique des solutions sucrées. Ils portent le nom de
saccharimètre optique. Nous n'avons jamais obtenu
de leur emploi des résultats bien comparables ; d'ailleurs le prix de ce saccharimètre est assez élevé et
nous avons préféré à son emploi celui de la liqueur
de Fehling.

Nous avons déjà plusieurs fois parlé des quantités
d'acides libres que contiennent les moûts et les vins.
Nous entendons par là l'acidité totale des vins et des

moûts. Nous mesurons cette acidité en les saturant avec une liqueur alcaline quelconque que nous avons préalablement titrée au moyen d'une solution normale d'acide sulfurique.

On verse la solution alcaline (1) dans le moût ou le vin, au moyen d'une burette décime, et l'on s'arrête lorsqu'on voit dans les liquides à essayer un changement de couleur ou un précipité.

Voilà, pour l'étude des moûts, les deux essais qui nous éclairent le plus sur leur richesse, et, comme souvent ces essais doivent précéder la vendange afin d'en fixer le moment, nous avons cru qu'il n'était pas inutile d'en entretenir dès maintenant nos lecteurs.

Quant à la question pratique de la récolte, elle doit, s'il s'agit de vins fins, être faite assez rapidement pour qu'une cuve soit remplie dans une seule journée. Cela est moins important pour les vins communs; disons cependant que plus on apportera de soins à la vendange et à la conduite de la fermentation, mieux on en sera récompensé par les qualités du vin qu'on aura produit.

Autrefois, en Bourgogne, on portait ces soins jusqu'à l'exagération. Ainsi nous trouvons ceci dans un vieux manuscrit : « Il est spécialement recommandé aux vendangeurs d'ôter du raisin tout ce qui pourrait nuire à la qualité du vin. Les grains secs,

(1) Si l'on se sert d'eau de chaux, on sait que 27 cent. cubes de cette eau saturent 0 gr. 06 d'acide sulfurique; on évaluera donc la teneur en acide en fraction de grammes d'acide sulfurique.

pourris, trop verts, s'il s'en trouve; les petits insectes sont écartés soigneusement. Le raisin doit
être coupé court, le suc amer de la queue ne pourrait produire qu'un mauvais effet dans la fermentation qui se fait dans la cuve... Il n'y a que la pluie
qui puisse faire cesser cet ouvrage, les vendangeurs
retournent à la vigne dès qu'elle est sèche... *Rien de
si pressé que la récolte dès qu'elle est commencée.* »

Le tableau suivant donne la densité des moûts de
quelques années :

Années.	Densité.
1846 (pinots)	1113
1847	1097
1848	1101
1849	1103
1850	1085
1851	1080
Raisins verts et durs (1851)	1017
Raisins verts et déjà transparents (1851)	1037
Raisins mûrs desséchés sur des claies, (un mois d'exposition) (1851)	1140
1852	1099
1853	1082
1854	1104
1855	1090
1856	1096
1857	1102
1858	1112
1859	1105
1860	1070
1861	1098
1862	1095
1863	1089
1864	1112
1865	1115
1866	1076

En 1846, le moût du gamet avait une densité de
1088 et de 1070 en 1866. En général la densité des
moûts des cépages communs varie de 1070 à 1080,
et leur richesse en sucre de 15 à 20 pour 100 du
poids du moût, tandis que les moûts de pinot et des
plants fins contiennent de 20 à 29 pour 100 de sucre.

2.

Schubler a cherché à évaluer la bonté des moûts
d'après la densité et au point de vue des vins qu'ils
peuvent fournir. Voici les résultats qu'il a déduits de
ses expériences :

Densités.

    1030 moût de raisins acides et non mûrs;
    1040 raisins non mûrs, vins faibles;
    1050 moût aqueux et médiocre;
    1060 moût léger et de qualité moyenne;
    1070 bon moût au-dessus de la moyenne;
    1080 moût très-bon. C'est celui des bons vins de table de
         France et d'Allemagne;
    1090 moût distingué du Necker et du Rhin;
    1100 moût supérieur des années chaudes;
    1110 moût très-riche des vins du midi de la France, de
         l'Italie et de l'Espagne.

Nous trouvons que les indications de densités de
Schubler ne correspondent pas avec ses appréciations
comparatives. Il faudrait dans son tableau faire remonter les densités d'un rang, pour être, selon nous,
dans le vrai.

Nous terminerons cette étude de la vendange en
donnant, dans le tableau suivant, la date de la vendange de Volnay, depuis l'année 1716 jusqu'en 1866.

Années.	Jours de vendanges.	Années.	Jours de vendanges.	Années.	Jours de vendanges.	Années.	Jours de vendanges.	Années.	Jours de vendanges.	Années.	Jours de vendanges.
1716	30 sept.	1746	26 sept.	1776	30 sept.	1806	27 sept.	1836	6 oct.		
1717	23 sept.	1747	2 oct.	1777	1 oct.	1807	24 sept.	1837	10 oct.		
1718	2 sept.	1748	25 s pt.	1778	»	1808	28 sept.	1838	8 oct.		
1719	28 août.	1749	29 sept.	1779	»	1809	16 oct.	1839	30 sept.		
1720	27 sept.	1750	24 sept.	1780	18 sept.	1810	1 oct.	1840	25 sept.		
1721	30 sept.	1751	5 oct.	1781	10 sept.	1811	14 sept.	1841	27 sept.		
1722	21 sept.	1752	28 sept.	1782	30 sept.	1812	8 oct.	1842	20 sept.		
1723	10 sept.	1753	19 sept.	1783	16 sept.	1813	11 oct.	1843	16 oct.		
1724	9 sept.	1754	30 sept.	1784	15 sept.	1814	6 oct.	1844	22 sept.		
1725	10 oct.	1755	16 sept.	1785	22 sept.	1815	23 sept.	1845	6 oct.		
1726	9 sept.	1756	4 oct.	1786	26 sept.	1816	15 oct.	1846	11 sept.		
1727	9 sept.	1757	26 sept.	1787	3 oct.	1817	11 oct.	1847	4 oct.		
1728	13 sept.	1758	25 sept.	1788	15 sept.	1818	26 sept.	1848	28 sept.		
1729	29 sept.	1759	24 sept.	1789	7 oct.	1819	25 oct.	1849	25 sept.		
1730	27 sept.	1760	15 sept.	1790	27 sept.	1820	11 oct.	1850	5 oct.		
1731	19 sept.	1761	14 sept.	1791	19 sept.	1821	17 oct.	1851	4 oct.		
1732	17 sept.	1762	15 sept.	1792	3 oct.	1822	2 sept.	1852	23 sept.		
1733	21 sept.	1763	5 oct.	1793	23 sept.	1823	13 oct.	1853	5 oct.		
1734	13 sept.	1764	12 sept.	1794	15 sept.	1824	11 oct.	1854	28 sept.		
1735	6 oct.	1765	23 sept.	1795	26 sept.	1825	19 sept.	1855	7 oct.		
1736	17 sept.	1766	29 sept.	1796	7 oct.	1826	2 oct.	1856	1 oct.		
1737	16 sept.	1767	5 oct.	1797	12 oct.	1827	28 sept.	1857	21 sept.		
1738	29 sept.	1768	27 sept.	1798	15 sept.	1828	1 oct.	1858	20 sept.		
1739	26 sept.	1769	27 sept.	1799	10 sept.	1829	12 oct.	1859	20 sept.		
1740	18 oct.	1770	8 sept.	1800	25 sept.	1830	28 sept.	1860	5 oct.		
1741	25 sept.	1771	26 sept.	1801	28 sept.	1831	28 sept.	1861	25 sept.		
1742	1 oct.	1772	24 sept.	1802	27 s. 16 o.	1832	4 oct.	1862	22 sept.		
1743	25 sept.	1773	27 sept.	1803	29 sept.	1833	28 sept.	1863	27 sept.		
1744	30 sept.	1774	22 sept.	1804	29 sept.	1834	15 sept.	1864	27 sept.		
1745	27 sept.	1775	25 sept.	1805	15 oct.	1835	5 oct.	1865	11 sept.		
								1866	18 sept.		

Pour résumer la discussion qui précède, nous dirons que c'est la vendange qui fait le vin. Puisque l'on n'est pas toujours maître de la qualité des raisins que l'on récolte, on doit, en apportant de grands soins à la fermentation des cuves, suppléer autant que possible à ce que la vendange laisse à désirer.

En donnant pour deux années, exceptionnelles par la manière dont les saisons se sont conduites, exceptionnelles par les caractères des vins qu'elles ont produits (celles de 1865 et 1866), une sorte de procès-verbal des observations que nous avons faites sur les vendanges et les moûts, nous avons pensé que le lecteur pourrait trouver d'utiles enseignements dans cet exposé.

Il en résulte que les vins sains sont ceux que l'on obtient par la récolte de raisins sains. La pourriture, la grêle, la brûlure, la gelée déterminent dans la fermentation des phénomènes de nature chimique ou organique qui entrent pour une grande part dans les causes des maladies des vins.

Ces maladies, on peut en général les prévenir en prenant avec la vendange et les vins les soins que nous recommandons. A cet effet, il est très-important de connaître, sommairement tout au moins, la composition des moûts et celle des vins. Aussi donnons-nous les moyens indiqués par la science pour la recherche de la richesse des moûts en sucre et en acides libres.

Enfin, nous donnons dans plusieurs tableaux la densité et la composition d'une certaine quantité de moûts. On y verra que dans les vins communs, les acides libres dominent. Ils ne contiennent souvent que de faibles proportions d'alcool, et cependant ils se conservent bien. Dans les vins fins de la France, nous trouvons moins d'acides libres et plus de matières extractives que dans les vins ordinaires.

I

DE LA FERMENTATION

Au fur et à mesure que se fait la vendange, les raisins sont portés à la cuve; si ce sont des raisins blancs, ils sont généralement portés sur le pressoir et immédiatement pressurés.

On rencontrait autrefois dans les vignes des grands crus rouges de la Bourgogne un nombre considérable de pinots blancs. Souvent la proportion de ces pinots s'élevait au huitième du nombre total des ceps. On les a arrachés presque partout. C'est au clos de Vougeot que nous avons pu en voir encore quelques-uns, il y a une vingtaine d'années. Des œnologues de mérite ont pensé qu'on avait eu tort d'agir ainsi, et nous en connaissons qui, chaque année, jettent dans leurs cuves, après les avoir foulés, une certaine quantité de pinots blancs qu'ils récoltent dans les crus qui les produisent. Ils trouvent que cette addition donne au vin quelque chose de plus vif. D'ailleurs, ajoutât-on un huitième de vendange de raisins blancs aux cuves de vins rouges, la couleur restera la même.

Nous allons d'abord nous occuper de la fermentation en cuves ouvertes. Ces cuves sont en moyenne d'une contenance de 40 hectolitres et presque partout on les fait en bois. S'il s'agit de vins fins, on ne se contente pas d'y jeter les raisins tels qu'on les apporte de la vigne. Ils subissent auparavant diverses opérations. Ainsi on les cylindre ou on les égrappe.

Nous avons dit ailleurs que, contre l'opinion généralement admise, la grappe ne contenait pas de tan-

Fig. 2. — Coupe d'une cuve.

nin. Mais elle est riche en acides, et dans les vignobles, tels que ceux du Midi, dont les raisins sont peu acides, il peut être nécessaire de laisser la grappe dans la vendange. Dans ce cas la présence de la grappe aura pour but d'aider au développement de la fermentation; effet très-connu des acides par tous ceux qui en ont étudié les phénomènes. Ailleurs, avec des vins plats, sans vinosité, et qui ne se conservent qu'à l'aide des acides, la grappe pourra encore avoir son utilité. Aussi, maintenant que nous avons dit ce qu'elle est, ce sera à l'œnologue à connaître ses vins et à agir d'après l'appréciation qu'il en aura faite.

On a remarqué que plus les raisins étaient broyés et manipulés avant l'encuvage, plus on était sûr de voir la fermentation alcoolique se produire promptement et régulièrement dans la sorte de magma qu'on obtient ainsi en travaillant le raisin. Ce résultat est de la plus grande importance, car souvent on voit à la surface de la cuve des indices de fermentation autres que ceux de la fermentation alcoolique.

Examinons d'abord comment ces choses se passent quand la fermentation est régulière, et, disons-le, c'est le cas le plus général. Il ne faut jamais remplir entièrement les cuves ; dans les années chaudes et si le moût est riche, on doit laisser 0 m. 30 de vide dans le haut de la cuve, et moins si les moûts sont sucrés. On égrappe au moins les derniers paniers de raisins qu'on met dans la cuve. Souvent il est essentiel d'en écraser tout le contenu. Ainsi dans les années très-chaudes, si le grain du fruit est figué, il est très-important de bien le passer au cylindre, autrement il resterait quelques portions de sucre sous la pellicule du raisin. C'est surtout avec les raisins blancs qu'on s'en aperçoit, et il en résulte que, à l'encontre de ce que nous savons et verrons plus tard, les dernières portions qui s'écoulent du marc, par l'action du pressurage, sont plus riches en sucre que les premières. La préparation qu'on fait aujourd'hui subir aux vins de chaudière dans les Charentes, en ajoutant de l'eau à la vendange, n'a pas d'autre but que d'enlever à la peau du raisin les parties de sucre qu'elle retient presque toujours, surtout dans les années chaudes et sèches.

Lorsque la cuve est suffisamment pleine, il ne tarde pas à se produire dans la masse un léger mouvement de fermentation qui soulève toutes les parties solides du mélange. C'est ce qui forme ce que l'on appelle le

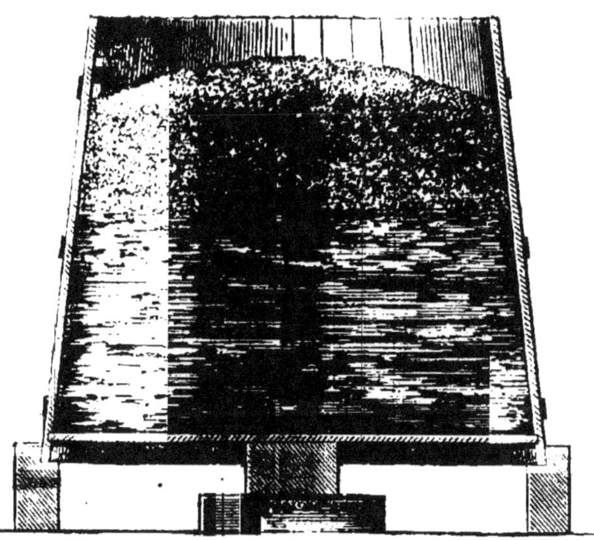

Fig. 3. — Cuvée en fermentation.

chapeau de la cuve. On unit autant que possible avec la main et le dos d'une pelle en bois la surface de ce chapeau, et, si la fermentation est bonne, il n'y a rien à craindre pour le travail de la vinification. On voit alors le chapeau monter de 25 à 30 centimètres. De belles écumes d'un rose vif s'échappent des

bords de la cuve, et ce que nous appelons la fermentation tumultueuse marche rapidement. Sa durée est
ordinairement de vingt-quatre heures, et il n'est pas
rare de voir en ce moment la température du centre
de la cuve s'élever jusqu'à 35 et même 37° centigrades. Le plus souvent cette température varie entre
25 et 30 degrés.

Dès que le mouvement fermentescible faiblit, on
fait baigner le chapeau dans le vin. Cette opération a
deux buts, d'abord celui d'écraser quelques grains
qui auraient pu échapper à l'action du cylindre, et
ensuite celui de mettre au contact du vin, déjà riche
en alcool, les parties sapides et solides du grain. Nous
avons, dans un mémoire sur la physiologie du raisin (1), dit où se trouvent, dans le fruit, le tannin,
les acides, les matières colorantes, etc. Il est donc
très-essentiel que les parties solides des raisins qui
contiennent ces substances soient mises au contact
du vin. Mais on comprendra dès lors combien il importe que toutes ces parties solides aient été franches
de toute atteinte, puisqu'alors les foulages produi-
raient un effet tout contraire à celui qu'on en attend.
Ainsi donc peu ou point de foulage, si les raisins
ont été pourris, brûlés ou grêlés.

On a l'habitude de décuver, en Bourgogne, lorsque
le vin a une densité qui se rapproche de celle de
l'eau. C'est sur ce principe que sont construits tous
les aréomètres de décuvage. Nous en avons nous
même donné un qui consiste en deux sphères creuses

(1) Voir l'Appendice.

en métal, qui sont calculées de telle sorte que toutes les deux plongent dans l'eau distillée à 15° centigrades, que l'une plonge et l'autre surnage dans une solution ayant la densité de 1006, et enfin que toutes les deux surnagent si cette densité est de 1012. Cet aréomètre s'est assez répandu, parce qu'il est d'un usage facile et surtout parce qu'il n'est pas fragile.

On tire tout le vin clair de la cuve au moyen d'un robinet ou d'un siphon (fig. 4). Le marc est porté sur le pressoir et pressuré jusqu'à trois reprises. Le dernier vin est de très-médiocre qualité ; il est généralement acide, peu riche en tannin et en alcool. Il n'y a, comme nous l'avons dit, d'exception que si la plus grande partie des grains avait été piquée, et si, par le fait de cet excès de matière sucrée, le ferment alcoolique était devenu inerte avant qu'elle eût pu être tout entière transformée en alcool. Ce fait est très-rare, et, en Bourgogne, nous

Fig. 4. — Siphon.

ne l'avions pas vu se produire depuis l'année 1834. Nous disons donc que, dans ce cas exceptionnel, le dernier vin de presse est quelquefois riche en sucre.

Nous avons conseillé l'égrappage (fig. 5) après avoir reconnu que la grappe, qui est rarement ligneuse, se comporte dans la cuve comme les fruits que l'on met confire dans l'eau-de-vie; en d'autres termes la grappe. dans la cuve, échange les acides qu'elle contient contre l'alcool qu'elle ab-

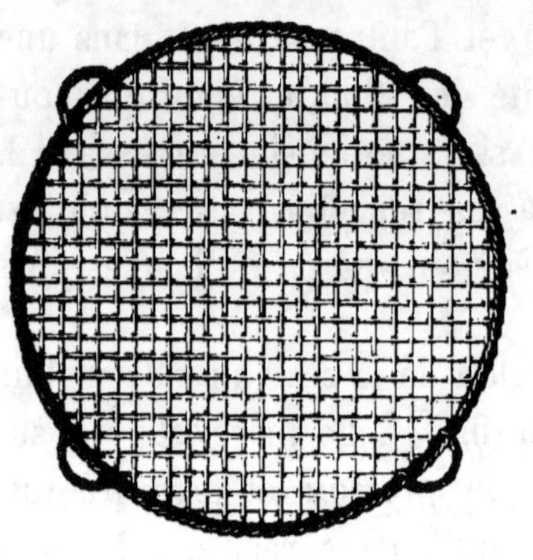

Fig. 5. — Claie à égrapper.

sorbe. Son action est donc doublement nuisible. En laissant digérer pendant un temps plus ou moins long, comme cela se pratique dans le Bordelais, les pepins avec le vin, il est évident qu'on les charge de tannin. C'est une pratique dont nous avons compris les effets, dès que nous avons eu découvert que le tannin du raisin se trouve dans la mince pellicule qui enveloppe le pepin (1). Chaptal avait reconnu qu'en ajoutant à de l'eau sucrée des feuilles de vigne pilées, on provoquait dans le liquide la fermentation alcoolique. Les mêmes faits se reproduisent si on remplace les feuilles de vigne par des grappes de raisin vertes et écrasées. Enfin la grappe contient des acides , comme nous l'avons dit. Il est donc possible que, dans certains vignobles, ceux du midi de la France, par exemple, pour lesquels le départ de la fermentation

(1) Voyez le Mémoire de l'Appendice.

n'est pas régulier, la présence de la grappe ait un effet utile dans la cuve. Mais dans le plus grand nombre de cas son action sera plutôt nuisible que nécessaire.

Afin d'éviter les foulages, on a proposé depuis longtemps l'emploi d'un couvercle qu'on fixe sur le chapeau à 40 cent. du bord de la cuve. Ce couvercle, maintenu par des traverses, mal joint, et souvent percé d'un nombre considérable de trous, maintient le chapeau au milieu du liquide, et c'est le vin qui vient à la surface de la cuve. Malgré le second couvercle qu'on place sur les bords de la cuve, nous doutons qu'en exposant ainsi le vin au contact de l'air à une température souvent élevée, on n'ait pas quelques mauvais effets à craindre de ce procédé. Nous l'avons employé, et, ce qui est certain, c'est qu'avec ce système il n'y a plus après l'encuvage à s'occuper de la manière dont marche la fermentation. Si le second couvercle fermait hermétiquement la cuve et que les gaz du vin n'eussent de communication avec l'air extérieur que par l'intermédiaire d'une bonde hydraulique, le système serait évidemment bon. Ajoutons que, pour nous, son effet utile ne tient pas à ce qu'il empêche les pertes de substances alcooliques ou d'huiles essentielles que fait la cuve en fermentant à l'air libre, car nous avons reconnu que ces pertes étaient insignifiantes pour ne pas dire nulles, mais s'il agit efficacement c'est en privant le vin ou le chapeau de tout contact avec l'air extérieur. Lorsqu'on opère sur des vins communs, nous avons souvent employé, avec succès, le moyen que voici pour préserver le chapeau de toute altération provenant des agents extérieurs : après avoir soigneusement nivelé la surface des raisins de la cuvée, nous couvrons le chapeau d'une couche de plâtre fin, que nous distribuons également avec un tamis, et à laquelle nous donnons une épaisseur de 1 centimètre. Nous créons ainsi à la surface de la cuvée une véritable fermeture hermétique qui se meut avec le chapeau et préserve les raisins de toute action extérieure. Il est bien entendu qu'on enlève cette couche de plâtre avant de fouler la cuvée.

Nous avons dit comment la fermentation marchait lorsque le raisin était sain et bien travaillé avant d'être mis dans la cuve. Mais il n'en est pas toujours ainsi, en sorte que nous avons à voir ce qui arrive lorsque l'on encuve des raisins peu sains ou que cette opération se fait sans soins. Ici nous rapportons les faits tels qu'ils sont et comme nous les avons observés, sans leur appliquer aucune théorie, parce que nous avons trouvé, le plus souvent, que ces théories ne les expliquaient pas.

Ainsi, lorsque le raisin est récolté peu mûr, et par un temps froid (comme à la récolte de 1845, dont les raisins ont été couverts de neige au moment de la vendange), une fermentation visqueuse peut se produire sur la surface du chapeau, et si on ne chauffe pas les cuves, la fermentation alcoolique du vin qui est sous ce chapeau est lente et presque toujours incomplète.

En général, la fermentation alcoolique s'établit difficilement dans la cuve, quand la température du moût est inférieure à 12° cent. Dans ce cas, nous avons deux manières de hâter le départ de la fermentation; l'une consiste à chauffer le moût, l'autre à verser dans la cuve une portion de vin qui soit en pleine fermentation.

On peut élever la température de la cuve en y versant quelques hectolitres de moût qu'on a chauffé à feu nu dans une vaste chaudière. On peut obtenir le même résultat en employant à cet effet un cylindre de bain en fer-blanc ou en cuivre étamé, ayant une hauteur de 2 m. 50 (fig. 6). On le place au centre de la cuve ; on le chauffe au charbon de bois, en ayant soin

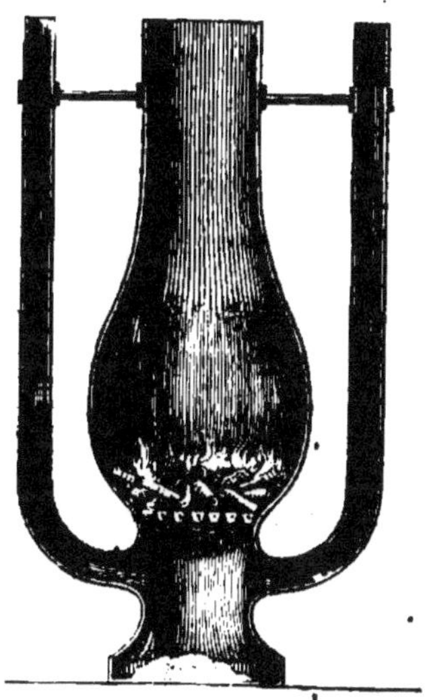

Fig. 6. — Cylindre de bain.

de n'y introduire le feu que lorsqu'il est en place ; et, au bout de deux heures, une cuve de 50 hectolitres est assez échauffée pour que la fermentation s'y établisse.

Voici comment nous opérons pour préparer les vins destinés à développer la fermentation des cuvées qui restent inertes. Nous tirons à l'avance en vin blanc quelques hectolitres de vin. On les enfûte et on les place dans une cave chaude. Le moût fermente promptement dans ces conditions. Il suffit, lorsqu'une cuvée ne fermente pas, de jeter au milieu de la vendange quelques hectolitres de ce moût qui est en plein mouvement. La fermentation part presqu'aussitôt et se propage à la manière d'une vraie contagion.

On avait conseillé de chauffer les cuveries dès que la récolte était terminée; ce moyen n'a pas réussi. D'abord, il donnait à la surface de la cuvée, au chapeau, une température élevée qui contribuait à y développer la fermentation acétique, et d'ailleurs le volume que présente la cuve ne permettait pas à la chaleur de pénétrer la masse de la vendange.

Lorsque l'on vendange par la pluie ou le lendemain d'un jour de pluie, surtout si les raisins ont quelques grains ouverts par la grêle ou la brûlure, on ne tarde pas à remarquer sur les bords de la cuve, au contact du bois, un commencement de fermentation acétique qui, si l'on n'y prend garde, a bien vite envahi toute la surface du chapeau. Fort heureusement l'acétification ne pénètre pas profondément, et il suffit d'enlever quelques kilogrammes de marc pour préserver la cuve de toute altération ultérieure. Mais si malheureusement on plongeait ce marc infecté d'acide acétique dans le vin de la cuve, ce vin serait perdu sans ressource, rien ne pouvant lui enlever le goût de vinaigre qu'il prendrait sur l'heure. On appelle cela un goût de cuve, ou un goût d'échaud, lorsqu'il n'est pas trop prononcé, et certains négociants en vins communs ne craignent pas toujours cette saveur étrangère qu'ils savent utiliser dans leurs mélanges, mais en de faibles proportions.

Il est remarquable que cette acescence se produit surtout avec les cuves ou cuveaux d'une faible contenance, et que la température reste toujours faible au début, dans les chapeaux infectés; cela n'empêche d'ailleurs en rien la fermentation alcoolique de s'accomplir en dessous dans les portions liquides de la cuvée. .

Il arrive que les raisins qui ont été gelés dans l'arrière-saison, et gelés sans être mûrs, deviennent rouges et flasques. Ils cessent dans cet état de participer à la vie du cep, et leur maturation ne fait plus de progrès. Eh bien, ces raisins, à la cuve, ont une très-grande disposition à subir la fermentation acétique.

Nous avons dit comment les choses se passaient, lorsque les raisins de la vendange appartenaient à des cépages fins. Dans les vignobles qui sont cultivés en gamet, on ne peut (le temps et la rareté de la main-d'œuvre s'y opposent souvent) prendre de l'encuvage tous les soins que nous avons recommandés. Les raisins sont jetés dans la cuve sans être foulés, sans être égrappés et surtout sans qu'on donne au chapeau une forme qui le prive autant que possible du contact de l'air extérieur.

Aussi, le plus souvent, lorsque l'on entre dans une cuverie de vins communs, on croirait entrer dans une vinaigrerie; il n'y a qu'un remède à cette acescence du chapeau, c'est, avant le tirage de la cuve comme avant les foulages, d'enlever toutes les parties qui n'ont pas une odeur franche, et, mieux encore, comme cela se pratique dans les grands vignobles qui font mal leurs vins, de séparer les vins de goutte des vins de presse. On verra constamment les premiers très-supérieurs aux autres.

Il est une manière de faire cuver les vins communs, que nous recommandons à tous les viticulteurs. Nous voulons parler du cuvage en foudres.

Voici comment nous avons disposé les vaisseaux vinaires que nous destinons à cet usage. Une large ouverture est laissée à la partie supérieure du foudre; elle est de 20 centimètres sur 30. Elle se ferme au moyen d'une porte qui s'ouvre du dehors en dedans, et que deux traverses, munies chacune de deux boulons, fixent au foudre. Cette porte est percée d'une ouverture qui reçoit une bonde ayant les dimensions ordinaires des bondes de tonneau.

On met les raisins dans le foudre au moyen d'un vaste entonnoir, dont la large douille a les dimensions de la porte. Comme le marc doit être sorti par le bas du foudre, nous avons dû lui adapter une porte qui s'ouvre du dedans au dehors. Une traverse, armée de deux boulons fixés sur le foudre, maintient la porte hermétiquement fermée.

Voyons maintenant quels sont les avantages de ce cuvage et quels essais nous avons pu faire avec ce système. On peut écraser les raisins avant de les encuver; on laisse de 30 à 45 cent. de vide entre les raisins et la douve de bonde, et la fermentation ne tarde pas à s'établir. Le résultat le plus remarquable

3.

de ce procédé, c'est que jamais le *chapeau* du foudre ne prend de mauvais goût, jamais il n'aigrit. Nous avons aussi remarqué que ces foudres conservaient bien leur chaleur, ce qui est une bonne condition des fermentations régulières.

Si on est obligé de retarder le décuvage, on met en place la porte de bonde, on en ferme l'ouverture avec une feuille de vigne chargée d'une pierre, et le vin comme le chapeau attendent, intacts de toute méfranchise, qu'on veuille bien procéder au tirage de la cuvée. Nous ajouterons que nos essais n'ont pas dépassé un mois, et en général, surtout avec des raisins mal récoltés, nous n'aimons pas les cuvages prolongés.

Tout le monde a entendu parler du procédé Sampayo. Ce procédé de cuvage est basé sur ce principe que les fruits, après qu'ils ont été récoltés, perdent une partie de leurs acides et deviennent au contraire plus sucrés qu'ils ne l'étaient sur l'arbre. C'est là un fait que nous avons tous observé avec les pommes, et chacun sait quelle est la différence de goût, d'acidité entre des pommes que l'on mange à Pâques et celles que l'on mange à l'époque de la cueillette.

M. Sampayo admet qu'il se produirait quelque chose. d'analogue dans les cuves si on les remplissait de raisins encuvés entiers, tels qu'on les détache du cep. D'abord il nous paraît difficile qu'on puisse faire la vendange dans ces conditions, et nous savons que, pour peu que des raisins soient mouillés par le moût des baies écrasées, il n'est pas rare de voir ce moût passer très-rapidement, l'oxygène de l'air aidant, à l'état de

vinaigre. Mais en mettant la vendange dans un foudre ou dans une cuve fermée hermétiquement, et cela
sans l'écraser, ne pourrait-il pas arriver que le procédé
Sampayo se vérifiât pour quelques-uns des raisins,
pour ceux, par exemple, qui resteront entiers dans
le chapeau, au milieu d'une atmosphère d'acide carbonique. Ce qu'il y a de certain, c'est que quelquefois cette manière d'opérer nous a bien réussi,
et que nous avons obtenu des vins plus riches en
alcool.

Une toute autre méthode de faire le vin est celle qui
est usitée en Lorraine, et qui consiste dans un brassage
de la vendange continué sans interruption pendant
quarante-huit heures. Ce brassage se fait avec des pelles, et c'est de là que vient au vin son nom de vin de
pelle. M. Payen a rendu compte des résultats que
donne ce procédé, et dit que le vin de pelle était
toujours plus alcoolique et plus agréable que le vin
provenant d'une vendange qu'on n'avait pas pelletée.
Les cuves dans lesquelles on doit pelleter le vin ne
sont remplies qu'aux deux tiers. Le brassage de 50
hectolitres de vendange exige le travail de quatre
hommes; il se fait avec des pelles en fer, et dure,
comme nous l'avons dit, quarante-huit heures.

Quand l'opération est terminée, le chapeau monte,
et, en général, douze heures après le brassage, on
décuve. La fermentation s'achève dans le tonneau.

Les vins de pelle sont plus alcooliques que les vins
qui n'ont pas subi ce traitement. On a reconnu aussi
qu'ils se conservaient mieux. Il paraîtrait que, dans

l'aération qu'il subit pendant le brassage, le moût augmenterait très-sensiblement de densité.

Un fait que nous avons observé avec le cuvage des foudres est le suivant : lorsque des raisins entiers baignent au milieu du vin de la cuve, il se produit un effet d'endosmose qui fait que le grain est rempli d'un liquide très-coloré, ni vineux, ni sucré, et que les vins de presse sont tout aussi colorés que si les raisins avaient été écrasés.

Malgré cela, nous ne conseillerons qu'à titre d'essai cette manière d'opérer. Lorsque l'on n'aura pas écrasé les raisins que l'on encuve dans les foudres, on devra mettre de côté les vins de presse qui conservent toujours une certaine saveur sucrée provenant du suc des grains qui n'ont pas été écrasés. Ces vins fermentent plus longtemps dans le tonneau que les vins de goutte, et ils mettent plus de temps à s'éclaircir.

En employant des foudres pour le cuvage des raisins, nous trouvons encore cet avantage, c'est que lorsque nous en avons sorti le marc, on les remplit de vin, et que notre cuve devient un vaisseau vinaire. De là une grande économie pour le viticulteur.

On doit avoir grand soin de ne jamais mettre de raisins ni de vins dans une cuve ou un foudre que l'on vient de vider, avant de les avoir préalablement lavés. Il arrive fréquemment, en effet, si on néglige de le faire, qu'il se produit sur les parois des cuves encore mouillées des liquides qu'on vient de tirer, un commencement de fermentation acétique qui se communique à la nouvelle vendange que l'on met dans la cuve.

Nous avons omis de recommander de n'entrer dans les foudres, pour en retirer le marc, qu'après avoir établi un courant d'air entre la porte du bas et celle du dessus de ces foudres. Pour cela, on retire les premières parties de la genne, depuis le dehors. On se sert, à cet effet, d'une grappe munie d'un long manche. On s'assure encore, avant d'entrer dans le foudre, que la flamme d'une bougie ne s'y éteint pas.

Ainsi donc, lorsque la vendange est terminée, les raisins sont portés dans les cuves; que ces cuves soient ouvertes ou fermées, on doit d'abord fouler les raisins et souvent les égrapper.

Nous avons démontré que la grappe contenait peu de tannin. Riche en acides, elle peut agir dans la cuve en aidant, par le fait de cette propriété, au développement de la fermentation; d'ailleurs elle absorbe l'alcool du vin. En présence de ces deux effets contraires, nous pouvons dire cependant qu'en général la grappe sera plutôt nuisible qu'utile dans la cuve.

Le foulage et toutes les manipulations qu'on fait subir au moût concourent au prompt départ de la fermentation alcoolique, et nous avons démontré que c'était une des conditions importantes des bonnes fermentations; c'est à cet effet que nous attribuerons les qualités des vins de pelle.

Si l'année est froide, si le raisin n'est ni sain ni mûr, on doit craindre de voir s'établir sur la cuve des fermentations de mauvaise nature. Pour éviter ces accidents, on peut chauffer le moût de manière à déterminer la fermentation alcoolique. Un autre moyen d'obtenir ce résultat consiste à jeter dans la cuve un moût qui soit déjà en plein mouvement de bonne fermentation.

Les cuves fermées, les foudres-cuves surtout, ont cet avantage que la surface du chapeau, constamment recouverte par une couche d'acide carbonique, ne s'altère jamais, et nous recommanderons cette méthode pour le cuvage des vins communs.

Disons maintenant quelques mots des diverses théories qui ont été proposées pour expliquer les phénomènes de la fermentation alcoolique.

Fabroni a découvert que ces phénomènes étaient dus à l'action d'une substance végéto-animale qu'on rencontrait dans le raisin comme dans l'orge.

On doit à Lavoisier d'avoir décrit le premier les résultats de la fermentation, en indiquant qu'un poids donné de sucre se transformait en alcool et en acide carbonique, et que le poids de ces deux substances représentait celui du sucre. Dumas et Boullay démontrèrent que les chiffres donnés par Lavoisier n'étaient pas exacts et qu'ils ne le deviennent qu'à la condition que le sucre de canne s'assimile les éléments d'une molécule d'eau; en un mot, que les chiffres donnés par le dédoublement du sucre $C^{12} H^{12} O^{12}$ dans l'acte de la fermentation, ne sont pas applicables au sucre de canne $C^{12} H^{11} C^{11}$.

M. Dubrunfaut reconnut qu'avant de fermenter le

sucre de canne se transformait en sucre de raisin.

En 1835, Cagniard-Latour et Turpin étudient la fermentation alcoolique au moyen du microscope; ils suivent le développement de la levure de bière et émettent cette idée nouvelle que la levure est un amas de globules susceptibles de se reproduire par bourgeonnement, et que, par un des effets de cette végétation, les globules consomment la matière sucrée et produisent comme résidu, dans cet acte de leur vie, de l'alcool et de l'acide carbonique.

Cette théorie, si neuve et si séduisante par sa simplicité, ne fut pas admise par Liebig, et on regardait généralement avec lui que la cause de la fermentation alcoolique n'était autre chose que le mouvement qu'un corps en décomposition, de nature végéto-animale, communiquait au sucre.

M. Payen, dans son *Traité de la distillation des Betteraves*, donne l'analyse de la levure de bière et trouve cette remarquable coïncidence que sa composition est celle des plantes cryptogames. Voilà donc un fait qui vient à l'appui de la théorie de Cagniard.

Composition de la levure :

Matières azotées, albuminoïdes............	62	7
Substances grasses......................	2	1
Cellulose et autres matières organiques non azotées........................•.............	29	4
Phosphates de chaux, magnésie, potasse....	5	8
	100	0

M. Pasteur reprend les expériences des savants —

et ils sont nombreux (1) — qui s'étaient occupés de la
fermentation alcoolique, et, en définitive, c'est la
théorie de Cagniard qu'il accepte ; seulement Cagniard
veut que les globules se produisent dans le grain
d'orge, et M. Pasteur que le germe de ces globules soit
dans l'atmosphère.

Mais ce chimiste ajoute un fait nouveau à la théorie
du dédoublement du sucre, à savoir que, dans la fermentation alcoolique, le sucre ne donnait pas seulement de l'acide carbonique et de l'alcool, mais qu'on
trouvait encore dans la liqueur de la glycérine et de
l'acide succinique. Ainsi, dans l'ancienne théorie, on
admettait que 100 parties de sucre donnaient :

$$\left.\begin{array}{ll} \text{Acide carbonique.......} & 48.8 \\ \text{Alcool................} & 51.2 \end{array}\right\} 100$$

tandis que, d'après les plus récents travaux qui ont été
publiés sur cette question, 100 parties de sucre produisent dans l'acte de la fermentation :

$$\left.\begin{array}{ll} \text{Acide carbonique..........} & 46.67 \\ \text{Alcool...................} & 48.46 \\ \text{Glycérine................} & 3.23 \\ \text{Acide succinique..........} & 0.61 \\ \text{Matières cédées au ferment...} & 1.03 \end{array}\right\} 100$$

Les éléments du sucre qui sont cédés au ferment
paraissent intervenir dans le phénomène, dans la formation de la cellulose qui forme l'enveloppe des cel-

(1) Après Fabroni et Lavoisier, il faut citer Gay-Lussac, Thénard, Demazières, Dumas, Frémy, Berzelius, Liebig, Berthelot, etc.

lules. Parmi les globules du ferment alcoolique, les uns sont translucides sans granulations intérieures : ce sont ceux qui bourgeonnent ; les autres présentent beaucoup de granulations : ce sont les globules de la levure inférieure, globules qui ont perdu une partie de leur activité.

On obtient l'acide succinique en évaporant à une douce chaleur le liquide fermenté. On traite à diverses reprises le résidu par l'éther. La dissolution qu'on obtient est soumise à l'évaporation spontanée dans une capsule dont les parois ne tardent pas à être couvertes de cristaux d'acide succinique (1).

On avait reconnu depuis longtemps, et nous-même en avions fait l'observation, que les quantités d'alcool produites dans la fermentation ne correspondaient pas aux quantités de sucre qui étaient décomposées. M. Pasteur a découvert que 6 pour 100 du sucre ne donnaient ni alcool, ni acide carbonique, et que la glycérine et l'acide succinique, produits obligés de l'action de la levure de bière sur le sucre, existaient dans tous les liquides fermentés et représentaient à peu près le sucre qui n'avait pas été transformé en alcool.

(1) Pour obtenir la glycérine, on évapore de même le vin à une douce chaleur. Le résidu est repris par un mélange d'alcool et d'éther. La dissolution obtenue est évaporée en partie, saturée par l'eau de chaux et filtrée. On l'évapore alors complétement et à une douce chaleur ; puis on reprend le résidu par un mélange d'alcool et d'éther. C'est cette nouvelle dissolution qu'on évapore lentement et qui donne la glycérine pour résidu.

Enfin on sait, par les belles expériences de Cagniard-Làtour et Turpin, que dans la fermentation la levure de bière se reproduit si les liquides sucrés viennent de l'orge ou du raisin ; tandis que si on emploie dans la fermentation, des liquides sucrés obtenus en dissolvant dans l'eau du sucre de canne, la levure vit aux dépens de sa propre substance et diminue.

Dans les brasseries on obtient deux sortes de levure, la levure supérieure et la levure inférieure. Cette dernière, moins énergique, paraît provenir de vieux globules, tandis que la levure supérieure serait composée de globules plus jeunes et plus actifs.

Nous avons remarqué ceci depuis 1845 ; lorsque dans un moût de raisin le sucre est en trop grande quantité par rapport au ferment qu'il contient, ce qui se présente, par exemple, lorsqu'on ajoute du sucre aux liquides de la cuve, la fermentation ne peut s'achever et se prolonge souvent pendant plusieurs années.

Les fermentations de la cuve ne se conduisent pas avec la régularité des fermentations qu'on étudie dans un laboratoire. Cependant avec les vins blancs, qui fermentent dans le tonneau, les effets sont moins complexes. Dans le travail des brasseries, il se passe une série de phénomènes sur lesquels la lumière n'est pas encore faite.

Ainsi M. Velten, très-savant et très-habile brasseur de Marseille, écrivait ceci au 2 août 1866. « La fermentation de la bière a été peu étudiée par nos sommités en chimie. Les travaux des chimistes portent principalement sur la fermentation des vins ou des solutions sucrées par l'addition de ferment et sur l'examen des produits constants qui en résultent.

« Cependant la fermentation de la bière donne en pratique des produits bien plus variables. Le moût provenant de la dissolution des principes extractifs du malt et du houblon est des plus complexes. Il se décompose sous l'action du ferment qu'on y ajoute et selon la nature de ce ferment ; de sorte que le brasseur peut obtenir d'un même moût des bières plus ou moins limpides, plus ou moins faciles à conserver, plus ou moins gazeuses, plus ou moins amères et ayant des goûts et des aromes différents.

« Cela vient de ce que la levure de bière n'est pas toujours un ferment purement alcoolique. Il est le plus souvent accompagné d'autres ferments qui, agissant pour leur compte dans une fermentation ultérieure, peuvent se régénérer dans un milieu qui leur est convenable et donnent des produits qui leur sont propres.

« Une température de 25 à 30 degrés est la plus favorable au développement de ces ferments qui forment dans le moût des produits acétiques, lactiques, amyliques, ainsi que des éthers à goût d'empyreume, et ces ferments empêchent encore la conversion en levure insoluble des substances albumineuses qui concourent à la former.

« Ces ferments sont autant de ferments nuisibles pour le travail des brasseurs.

« La chaleur aide au développement des ferments

nuisibles. Aussi l'expérience a-t-elle indiqué aux brasseurs qu'ils devaient faire fermenter la bière à une
basse température. C'est dans ce but que les brasseurs d'Allemagne et d'Alsace ne fabriquent qu'en
hiver et qu'ils débitent en été les bières conservées
dans des caves fraîches et entourées de glacières. »

Si nous nous adressons aux distillateurs de betteraves, nous trouvons là encore des industriels qui se
plaignent quelquefois de l'irrégularité du travail des
cuves ; les fermentations qui s'y produisent sont aussi
chez eux très-complexes.

Ainsi nous avons vu, dans une distillerie des en-
virons de Châlons, des cuves qui ne pouvaient entrer
en fermentation, et c'était seulement après qu'on
avait lavé avec soin les vaisseaux vinaires, et donné
aux moûts une levure fraîche et abondante, que l'on
pouvait rétablir les fermentations.

M. Dubrunfaut nous apprend qu'il a obtenu beaucoup d'acide lactique dans certaines fermentations
alcooliques. Voici ce qu'il dit à ce sujet :

« Dans nos travaux de distillation de fécules à Ver-
sailles, de 1831 à 1835, nous faisions rentrer indéfiniment les vinasses en fermentation faute d'eau, et
nous les *saturions préalablement avec de la craie.* Ces
vinasses, après un certain temps, avaient acquis une
densité de 12 à 14° Baumé. Étonnés d'un pareil fait,
nous en fîmes concentrer quelques milliers de litres à
consistance sirupeuse, et nous en déposâmes le produit dans de grandes formes à sucre. Nous ne fûmes
pas peu surpris d'y trouver, quelques jours après, une

abondante cristallisation qui se présentait avec l'aspect du glucose mamelonné de raisin et qui n'était autre chose que du lactate de chaux ! » Mais cette présence de l'acide lactique dans ces vinasses ne pouvait-elle pas être attribuée à l'action de la craie?

Voici en effet qu'un très-habile et très-consciencieux observateur, M. Béchamp, qui s'occupe des fermentations, vient de faire à l'Académie une communication des plus curieuses sur *l'action que doit avoir la craie sur certains phénomènes de la fermentation*. Voici comment cet habile physiologiste s'exprime dans son mémoire du 10 septembre 1866 :

« La craie blanche, qui appartient à la partie supérieure du terrain crétacé, paraît être formée, pour la plus grande partie, de la dépouille minérale d'un reste de monde microscopique disparu. D'après M. Ehrenberg, ces fossiles appartiennent aux petits êtres organisés de deux familles qu'il a nommées polythalamies et nautilites. On sait que ces restes, jadis organisés, sont si petits et si nombreux, qu'il peut y en avoir plus de 3,000,000 dans un morceau pesant 100 grammes. Mais indépendamment de ces restes d'êtres qui ne sont plus, la craie blanche contient encore aujourd'hui toute une génération d'organismes beaucoup plus petits que tous ceux que nous connaissons, plus petits que tous les infusoires ou mycrophytes que nous étudions dans les fermentations; et non-seulement ils existent, mais ils sont vivants et adultes, quoique sans doute très-vieux. Ils agissent avec une rare énergie comme ferments (j'emploie

à dessein ce langage vulgaire) et, dans l'état actuel de
nos connaissances, ils sont les ferments les plus puissants que j'ai rencontrés, en ce sens qu'ils sont capables de se nourrir des substances organiques les
plus diverses, ainsi que je tenterai de le démontrer
dans une prochaine note. »

M. Béchamp se sert, pour observer ces nouveaux
ferments, du microscope sous le grossissement oc. 7
obj. 2. Nachet.

Comme on aurait pu attribuer au mouvement brownien le mouvement de trépidation très-vif dont sont
animés ces organismes, il a recours à deux genres
de preuves pour établir le contraire.

Ainsi 1º M. Béchamp démontre que la craie, sans
addition de matière albuminoïde, agit comme ferment ; 2º que la craie contient du carbone, de l'hydrogène et de l'azote à l'état de matière organique.

Mais ces petits ferments de la craie, que M. Béchamp nomme mycrozyma, on les retrouve partout.
On les rencontre dans d'autres calcaires, dans certaines eaux minérales, dans les terres cultivées et dans
les dépôts de vins vieux.

Voilà donc de nouveaux faits qui, s'ils n'expliquent
pas tous les phénomènes de la fermentation, vont nous
éclairer sur quelques-uns d'entre eux.

Nous avons dit que ces phénomènes étaient très-
complexes, et, en examinant ce qui se passait dans
les brasseries ou les distilleries de betteraves, nous
avons vu qu'il y avait là bien des faits qui restent
encore inexpliqués.

Nous pouvons en dire autant de la fermentation de nos cuvées et de celle de nos vins.

La fermentation de nos vins blancs ne se compliquant pas de la présence de ce chapeau dans lequel on peut trouver tout ce qu'on veut, voyons comment les choses se passent dans cette circonstance.

Dès que les raisins ont été écrasés ou pressurés, le moût est mis dans le tonneau et, en général, il fermente presque immédiatement.

Ce travail nous donne deux ferments, le ferment superficiel qui s'échappe par la bonde, et le ferment par dépôt. Au microscope la forme de ces deux levures paraît la même. D'après les remarques de quelques micrographes, c'est dans la lie que nous devons rencontrer les plus vieux globules du moût ; les plus jeunes et les plus actifs se trouveraient à la surface du vin et sont ceux qui sont rejetés par la bonde sous la forme d'une écume jaune et sale.

Disons en passant que, lorsqu'il s'agit des vins blancs qui proviennent des grands crus, nous mettons le plus grand soin à faire sortir du tonneau tout ce ferment superficiel. Nous avons reconnu que si l'on ne remplit pas les fûts de manière à ce que cette levure en sorte, le vin n'est jamais aussi franc de goût que si l'on a pris le soin contraire. Nous savons, enfin, que les vins blancs qu'on n'a pas dépouillés de leur levure superficielle sont plus amers que les vins traités comme nous le conseillons.

La fermentation des cuves commence franchement dès que la température atteint 15° centigrades. Elle s'établit par centres d'action irrégulièrement placés au milieu du marc; les décompositions se propagent sphériquement autour de ces centres; le maximum d'effet s'observe lorsqu'il y a réunion des groupes en mouvement. Toutefois, le moût pris sur les bords de la cuve, dans le chapeau, présente, jusqu'à la fin, plus de densité et moins de chaleur que le moût du milieu; souvent on constate des différences de 6° centigrades.

Dès que la fermentation tumultueuse des vins blancs est terminée, on ne voit plus d'écume à la surface du vin, et la fermentation continue par le fait de la levure inférieure. A ce moment on couvre la bonde avec une feuille de vigne fixée à cette place par le poids d'un caillou; la fermentation s'achève alors paisiblement et dure quelquefois un mois entier avant que le vin s'éclaircisse; la température du liquide n'atteint jamais la température élevée qu'on observe dans le travail des cuves, et on la voit rarement dépasser 25° centigrades.

Dans le cours de ce travail, le vin blanc devient laiteux. A ce moment les quantités d'alcool qui ont été déjà produites sont suffisantes pour coaguler certaines matières albuminoïdes et précipiter le bitartrate de sa solution; c'est à ce précipité qu'il faut attribuer l'aspect laiteux que présente alors le vin.

Si la levure supérieure n'a pas été rejetée du tonneau par la manière dont on a conduit la fermentation, elle retombe au fond du liquide et augmente d'autant la lie ou la levure inférieure.

Cette lie, lorsqu'on l'examine au microscope, n'a pas l'homogénéité que l'on rencontre dans les ferments de laboratoire. Si l'on y voit quelques globules de ferments, ils sont perdus au milieu des débris de plantes, des fragments de terre végétale, des cristaux de tartrate a. de potasse, etc., etc. Ces dépôts ne doivent-ils pas aussi nous donner les mycrozyma de M. Béchamp? Ce qu'il y a de certain, c'est qu'on voit très-souvent dans ces dépôts se produire ce mouvement qu'on était convenu d'appeler mouvement brownien.

Si on laisse la levure supérieure qui est sortie du tonneau se dessécher autour de la bonde, elle ne tarde pas à être envahie par de petits moucherons, et le ferment se couvre de vibrions et aussi de végétations microscopiques. Aussi les caves où l'on a mis fermenter des vins blancs et que l'on ne tient pas très-propres, prennent-elles aisément une odeur acétique très-prononcée.

On le voit, lorsqu'il s'agit des vins blancs, la conduite de la fermentation marche avec une grande régularité et on n'a pas d'accidents à craindre. Car, lors même que l'on ne prend pas les soins que nous avons indiqués, il ne paraît pas qu'il se produise dans le fût d'autre fermentation que la fermentation alcoolique.

Mais en est-il de même lorsque le vin est dans la cuve surmonté de ce chapeau si souvent infect?

Nous avons déjà indiqué les caractères de la fermentation des cuves, lorsque cette fermentation était régulière, ce qui est le cas le plus ordinaire, il faut en convenir.

Si les raisins ont été écrasés, si les premières parties de vendange qui ont été encuvées l'ont été à midi par un temps chaud et non pluvieux, la fermentation se produit immédiatement, et nous avons encore ici un ferment supérieur et un ferment inférieur. Ce que nous appelons la fermentation tumultueuse constitue la période d'action du ferment supérieur. Elle s'accompagne de la production d'abondantes écumes, d'un rose plus ou moins vif, suivant les qualités du raisin. Ce mouvement dure vingt-quatre heures, rarement davantage.

A la fermentation tumultueuse succède une fermentation lente qui part du fond de la cuve ; c'est celle que nous devons à la levure inférieure. Mais que devient le chapeau pendant le temps plus ou moins long qu'il reste alors exposé à l'action de l'atmosphère. Il subit évidemment des réactions chimiques dues à la présence de l'oxygène, et probablement aussi des décompositions spéciales dues aux germes d'organismes inférieurs qu'il contient.

Et d'ailleurs, lorsque le raisin n'est pas sain quand on le récolte, ne le trouvons-nous pas couvert de végétations microscopiques, qui, si elles périssent dans la cuve, peuvent, avec un changement de milieu, donner naissance à des organismes qui diffèrent peu des premiers et qui auront la propriété de s'y développer.

N'avons-nous pas vu déjà que souvent, dès le jour

de la vendange, si le raisin est encore froid et mouillé, il se produit sur les bords de la cuve une fermentation étrangère qui donne des produits acétiques? Nous savons que les vibrions et d'autres organismes inférieurs apparaissent dans les débris de la levure supérieure des vins blancs qu'on a laissée sur le tonneau. Pense-t-on que les bords de la cuve doivent être à l'abri de cette invasion, lorsqu'a cessé la fermentation tumultueuse?

Et que deviendra le vin quand, après des foulages répétés et le mélange du vin du chapeau avec celui du fond de la cuve, on aura mis en présence dans les fûts tant de germes, tant d'organismes, tant de mycrozyma? Et l'on s'étonne que les vins soient malades! On devrait plutôt s'étonner qu'ils ne le soient pas davantage.

Nous avons toujours été vivement préoccupé de l'action délétère que le chapeau de la vendange pouvait exercer sur le vin (1), et nous avions demandé deux choses : 1° qu'on enlevât ce chapeau avant le tirage de la cuve, et cela sur une épaisseur de 10 à 12 centimètres; 2° qu'on mît de côté le vin de goutte et celui de pressurage.

Nous remarquerons que moins le chapeau sera de temps en contact avec l'air, moins il sera exposé aux influences délétères que nous avons signalées. En faisant peu cuver les raisins, on serait donc dans de meilleures conditions pour éviter certaines mala-

(1) Mémoire de 1845.

dies. On nous dira, d'un autre côté, qu'en laissant longtemps le vin au contact du marc, on le sature davantage des principes sapides et âpres qu'il trouve dans la peau et le pepin du raisin, et on sait que c'est aujourd'hui vers les vins rouges et corsés que se porte le goût du consommateur. Nous avons déjà dit qu'on pouvait maintenir le chapeau au milieu du vin pendant la durée du cuvage. Voici comment, dans ce cas, on dispose les raisins dans les cuves.

Lorsqu'elles seront remplies de vendange foulée et égrappée jusqu'à 30 centimètres du bord, on placera sur cette vendange un fond diaphragme percé de trous nombreux et composé de planches mal jointes ; ces trous et vides du fond laissent passer le vin et ne permettent pas au marc de jamais venir à la surface. Ce fond diaphragme repose sur des tasseaux ; on le fixe au moyen d'un certain nombre de barres qui s'engagent sous d'autres tasseaux vissés sur les parois de la cuve.

Avec cette disposition, le marc est hors du contact de l'air, et il reste toujours couvert de quelques centimètres de vin. Ne se pourrait-il pas maintenant que ce vin s'altérât sous l'action de l'air, puisqu'il se trouve en contact avec lui à une température qui, souvent, s'élève à 35 et même 37° centigrades ?

On remarquera que, par le fait de la fermentation, il s'établit dans la cuve un double mouvement : le vin monte et descend. Le fond diaphragme n'empêchera pas les choses de se passer ainsi. Toute la masse du vin arrivera donc de la sorte jusqu'à la couche atmosphérique et peut-être subira-t-elle quelque altération légère qui ne sera pas appréciable parce que les parties altérées seront mélangées à la masse totale du liquide de la cuve.

C'est ainsi que, souvent, des vignerons inintelligents, lorsqu'ils trouvent un commencement d'altération au chapeau, se hâtent de le faire baigner dans le liquide et s'applaudissent du résultat qu'ils obtiennent, parce que le marc devient franc de goût et que, d'un autre côté, le vin ne paraît pas altéré. Il est évident que, dans ce cas, il y a eu une altération du vin, et, si elle reste quelquefois inappréciable, c'est lorsque la masse du liquide est assez grande pour dissimuler le mal.

Mais si les maladies des vins ont pour cause les végétations d'organismes inférieurs, qui les envahissent à l'époque de la vendange et du cuvage, il est évident que le fait que nous venons de signaler doit contribuer aussi plus tard à rendre les vins malades.

Nous sommes toujours assez curieux de connaître les anciennes pratiques de nos vignobles. Voici comment au dernier siècle on faisait le vin en Bourgogne. Nous copierons textuellement le vieux manuscrit que nous avons déjà eu l'occasion de citer :

« La vendange finie, le vigneron met de niveau les raisins qui sont dans la cuve qu'on ne doit jamais remplir qu'à un demi-pied du bord. C'est tout ce qu'il faut faire dans ce moment.

« Le lendemain de grand matin, il commence à

4.

fouler le raisin à qui il trouve déjà quelque chaleur, plus ou moins considérable, si on a vendangé par un soleil plus ou moins ardent. Pour cette opération de foulée, il entre nu dans la cuve. Il perce avec peine jusqu'au fond. Il la parcourt; bientôt le raisin brisé répand sa liqueur, il va plus librement. Sa foulée n'est plus embarrassée. Il faut une ou deux heures de cet exercice si la cuve contient 20 à 25 pièces.

« Après cette première foulée, la cuve commence à s'échauffer, il s'élève un petit bouillon d'écume qui surnage les raisins. La liqueur au-dessous se met en mouvement; les raisins s'élèvent à mesure que la chaleur s'augmente et viennent jusqu'au bord de la cuve. Le milieu est souvent plus élevé. Cette chaleur qui se porte partout divise les petits vaisseaux du mucilage, il n'a plus de consistance. La liqueur dégagée de ses petites cellules se mêle avec la substance rouge qui était enfermée dans le tissu de l'enveloppe du grain, brisée par la foulée et la fermentation; elle prend ce brillant vermeil dont les nuances s'augmentent de plus en plus à mesure du degré de chaleur.

« On laisse dans cet état la cuvée pendant trois ou quatre heures, quelquefois moins, quelquefois plus. Pour connaître l'effet de la fermentation, on fait une ouverture en séparant les raisins qui ont monté. C'est alors, quand on approche de la liqueur, qu'on la voit s'échapper avec force; elle est surmontée d'une écume qui se présente à gros bouillons. On va chercher au bas de cette écume la liqueur dans une lasse. *Si elle est d'un beau rouge portant une odeur vive et pénétrante, c'en est assez ; on tire les raisins de la cuve* pour être portés sur le pressoir préparé proprement. On passe sur ces raisins la liqueur qu'on y porte également.

« Si le vin n'a pas la couleur et autres qualités susdites, le vigneron foule la cuvée une seconde fois.... L'ouverture faite, il s'agite comme la première fois, il la parcourt deux ou trois fois, il se retire ; il a soin, au moment où il fait l'ouverture, de tenir la tête hors de la cuve, car le spiritueux qui s'en exhale dans ces premiers moments tue à l'instant le malavisé.

« Cette seconde foulée augmente et la chaleur et la couleur. L'écume devient plus abondante, elle surnage partout, quelquefois elle se répand hors des bords de la cuve ; l'enveloppe du grain qui a déchargé toute sa couleur rouge n'a plus qu'une couleur pâle. L'agitation de la cuvée annonce qu'il faut la porter sur le pressoir.

« J'ai dit ci-devant qu'on y portait aussi la liqueur. Il y a des personnes qui la tirent par un gros robinet placé au bas de la cuve ; elles prétendent que le vin en a moins de lie ; et en effet cette liqueur, en s'écoulant, se filtre à travers les grappes et les enveloppes des grains qui lui servent de râpé. Elle dépose sur les uns et les autres les parties les plus grossières. Aussi sont-elles presque au clair. Mais aussi il est vrai qu'elle prend plus de rouge lorsqu'elle est portée sur le pressoir par la foulée qui s'y fait au fur et à mesure qu'on y apporte les raisins.

« Voici une autre méthode de façonner le vin dans
la cuve. Ceux qui prétendent que la fermentation du
raisin dans la cuve n'est pas nécessaire, disent pour
autoriser leur système qu'elle cause une trop grande
évaporation des parties spiritueuses, que celle du vin
dans le tonneau doit lui suffire, et qu'il faut dégager
le vin de la grappe qui peut lui donner de l'amertume ou de l'acreté, et de l'enveloppe du grain dont
il n'a pas besoin pour prendre de la couleur. Cette
méthode donne un vin plus franc, plus moelleux, plus
vif et enfin plus odorant.

« Voici la méthode des partisans de ce système pour
façonner leur vin.

« Le lendemain de la vendange, ils font entrer dans
la cuve un homme fort et vigoureux, et même deux
si la cuve est grande. *Ceux-ci agitent, remuent le
raisin; ils le foulent partout, en tous sens.* Il n'en
tient pas à eux qu'ils ne puissent écraser chaque
grain en particulier. Ce travail *dure quatre ou cinq
heures.* Ils ne sortent de la cuve que lorsque tout le
raisin est en liqueur.

« Lorsque les raisins sont élevés au-dessus de la
liqueur, ils font mettre sur le pressoir.

« D'autrefois, si la vendange est froide, ils font
fouler le raisin à mesure qu'on l'apporte des vignes,
et le lendemain de la vendange ils font mettre sur le
pressoir.

« Cependant il est bon d'observer ici que tout ce
que j'ai dit ci-dessus touchant les deux méthodes de
façonner le vin dans la cuve ne doit s'entendre que

pour les années chaudes ; car si l'année ou le temps
de la vendange ont été pluvieux ou froids, ou même
si une gelée blanche a précédé le temps de la vendange, il arrive que les raisins fermentent peu ou point
dans la cuve, *au lieu de douze à quinze heures
qu'on les laisse dans la cuve*, on les y laisse plus
longtemps ; cela ira *à trente-six heures*. Au lieu de
deux foulées il y en aura trois. Les gelées, principalement, empêchent la couleur, et quoique belle
et bien foncée dans le temps du pressurage, elle
sera affaiblie après la fermentation du vin dans le
tonneau. »

Cette méthode de faire les vins avait de grands
avantages. Le plus grand pour nous était que le vin
restant très-peu dans la cuve, le chapeau n'avait pas
le temps d'y prendre mauvais goût. D'ailleurs, il est à
remarquer que la vendange était brassée pendant plusieurs heures, et, si on veut bien se rappeler ce que
M. Payen a dit des vins de pelle, il est évident qu'on
était dans de bonnes conditions pour faire de l'excellent vin.

Mais d'un autre côté, il est certain que, si le marc
baigne longtemps dans le vin, ce vin qui se trouvera
en contact avec l'enveloppe du pepin se saturera de
tannin et dissoudra d'ailleurs une plus grande
quantité de matières colorantes que dans le cas d'un
cuvage peu prolongé. On sait enfin que le goût actuel
des consommateurs est pour les vins riches en couleur, et en parties sapides.

Voyons maintenant en peu de mots quelles sont les

méthodes de cuvage que l'on emploie dans les principaux vignobles.

Dans le Bordelais, les raisins restent dans la cuve
jusqu'à ce que le vin vienne baigner la surface du
marc.

Sur les côtes du Rhône, à l'Hermitage, par exemple, le raisin reste en cuve de vingt à trente jours, et
le marc est très-fréquemment foulé et plongé dans le
vin.

En Alsace et dans le Palatinat (où l'on fait cuver
même les raisins blancs), ce sont des foudres placés
dans les caves qui reçoivent la vendange. Les raisins
sont écrasés avant d'être portés au tonneau, et le
cuvage dure de dix jours à un mois. C'est ce cuvage
prolongé des raisins blancs qui donne ces vins jaunes
d'Alsace si durs et si peu agréables. Il est hors de
doute qu'avec les excellents cépages qu'on rencontre
dans les vignes de cette belle et riche contrée (les
riesling et les traminer), on aurait, en les tirant en
blanc, des vins meilleurs et bien plus appréciés.

C'est dans le Jura que les vins restent le plus longtemps en cuve. Dans ces vignobles, le cuvage se prolonge souvent pendant trois mois. Si le chapeau a
un mauvais goût, on met de côté le vin que donne le
pressurage des marcs.

Nous discuterons et résumerons en peu de mots
les divers faits que nous avons mis sous les yeux du
lecteur, et en déduirons, autant que cela est possible,
une méthode rationnelle de vinification.

Il est constant qu'il y a un siècle, et dans tous les

vignobles, les vins restaient très-peu de temps en cuve. Cette méthode, nous le répétons, avait cet avantage que, si tous les principes des maladies des vins résident dans le chapeau, comme nous sommes disposés à l'admettre, le marc n'avait pas pendant la courte durée du cuvage, le temps d'être profondément infecté.

Mais le goût, les usages, et même la remarque que l'on a dû faire que les vins âpres et chargés de tannin se conservaient plus aisément, ont conduit presque partout les viticulteurs à la pratique des cuvages prolongés. Un des derniers vignobles qui était resté fidèle aux anciens usages, le Beaujolais, ne livre plus aujourd'hui à la consommation ces vins fins et légers de couleur que l'on buvait sous le nom de vins de Mâcon; ses vins aujourd'hui sont aussi rouges que ceux de la Bourgogne; et les méthodes de cuvage sont celles que nous y employons.

Il résulte de ce qui précède que plus le cuvage se prolonge, plus le vin se charge des parties sapides qu'il emprunte à la peau, au pepin et même à la grappe du raisin. D'ailleurs, plus aussi le vin reste dans la cuve en contact avec le chapeau, et plus il est exposé aux diverses sortes d'altération, sur lesquelles nous avons appelé l'attention du public. Ces faits reconnus et admis, le viticulteur devra se guider chaque année pour cette durée de cuvage, sur l'état de la vendange et le goût du consommateur. Disons cependant qu'en thèse générale on se trouvera dans de bonnes conditions pour décuver, lorsque la densité des liquides de la cuve se rapprochera sensiblement de la densité de l'eau.

Il est évident que les cuves avaient été faites pour les usages anciens et elles étaient très-suffisantes. Elles étaient larges à leur surface, et peu profondes. Dès qu'elles étaient pleines, le raisin était brassé plusieurs heures de suite, et, douze heures après, le marc et le vin étaient portés sur le pressoir.

Aujourd'hui les vins cuvent longtemps, et pour nous les cuves larges et ouvertes sont défectueuses. Mlle Gervais et d'autres ont proposé des appareils destinés à fermer les cuves. Leur but était d'empêcher, avec le cuvage en vases clos, les pertes d'alcool et d'aromes qui devaient avoir lieu dans le cuvage à l'air libre.

Nous avons démontré dans un de nos mémoires sur la vinification que si l'on recueille les vapeurs qui s'élèvent de la cuve avec l'acide carbonique, on n'obtient qu'un liquide fade ayant à peine le goût vineux. Cette expérience nous avait fait regarder comme inutiles les couvercles des cuves. Depuis, nous avons pensé que les bons résultats qu'on disait en avoir obtenus tenaient peut-être à un tout autre effet que celui qu'on avait soupçonné, et c'est à un nouveau point de vue que nous avons étudié les cuves couvertes. Nous avons alors admis que leur grand avantage est de mettre le chapeau à l'abri des influences chimiques et organiques de l'atmosphère.

Un fait très-digne de remarque et connu dans tous les vignobles, c'est que les bonnes fermentations sont instantanées. On sait, d'ailleurs, que rien n'aide plus au prompt départ des fermentations qu'une manipulation prolongée des raisins et du moût. Déjà, il y a plus d'un siècle, alors que le vin restait peu de temps en cuve, on avait soin de fouler les raisins, de les remuer dans tous les sens, et cela pendant *cinq heures de suite.*

A l'Hermitage, et dans tous les grands vignobles de la Bourgogne et de la France, on foule les raisins et on les égrappe avant l'encuvage. Savait-on qu'en opérant ainsi on obtenait surtout ce résultat, une fermentation prompte et toujours franchement alcoolique. On se trouvait bien de cette méthode quoiqu'on ne l'eût pas expliquée. Ce ne sera pas nous qui dirons à nos devanciers qu'ils n'ont rien compris à leurs procédés, et que c'est à ceux qui leur en donnent la théorie que revient tout le mérite de la découverte.

Il est très-probable que le pelletage des vins dans la Lorraine produit des effets semblables.

De ces faits reconnus vrais dans tous les vignobles, il résulte évidemment que le moût demande à être très-aéré pour que la fermentation alcoolique s'établisse franchement dans le cuvage. Et l'expérience de Gay-Lussac, qui n'obtenait de fermentation dans les grains de raisin introduits sous une éprouvette placée sur une cuve à mercure qu'en y faisant passer de l'oxygène, n'aurait-elle pas dû depuis longtemps nous éclairer à ce sujet.

Maintenant, qu'est-ce que le ferment alcoolique et comment agit-il? Ici nous acceptons la théorie de

Cagniard-Latour et Turpin, et pour nous la fermentation sera due au bourgeonnement de globules qui, dans cet acte de leur vie, consomment la matière sucrée et donnent comme résidus de l'alcool et de l'acide carbonique.

Les germes de ces globules sont-ils dans l'air? Deux faits viennent à l'appui de cette théorie. D'abord nous avons dit que l'aération et le brassage des moûts contribuaient aux bonnes fermentations; et ensuite on a reconnu que si, dans l'expérience de Gay-Lussac, on ne donnait au moût qu'un air préalablement assez chauffé pour détruire les germes d'organismes inférieurs qu'il peut tenir en suspension, on n'obtenait sous la cloche aucun mouvement de fermentation.

D'un autre côté on n'a jamais, que nous sachions, pu faire fermenter de l'eau sucrée agitée à l'air, si préalablement on ne lui a pas ajouté de la levure; et dans les distilleries de betteraves, sans levure aussi, on n'obtient pas de fermentations alcooliques quand bien même on agiterait longtemps à l'air les liquides de la cuve; et même si l'on veut dans cette industrie avoir constamment de bonnes fermentations, on doit, comme l'a observé le baron Thénard, aussi grand agriculteur que savant chimiste, on doit, disons-nous, forcer la dose de levure des cuves. C'est une des mesures les plus essentielles à prendre pour obtenir toujours une prompte et régulière transformation du sucre en alcool.

Lorsque l'on écrase des raisins, on ne tarde pas à voir dans le moût de petits dépôts floconneux de levure, et ce ferment n'existerait-il pas dans la baie du fruit, comme la levure dans le grain d'orge? ou serait-il le produit de quelque génération spontanée?

Il y a donc encore quelque doute dans notre esprit sur l'origine des ferments. Nous laisserons cette question de physiologie à l'examen des savants qui la discutent, et M. Pasteur ne nous paraît pas encore avoir convaincu MM. Frémy, Joly, Pouchet, de la vérité de ses théories.

Ceci nous confirme de plus en plus dans notre manière de voir, sur la prudence qu'on doit apporter à l'étude de toutes les questions scientifiques qui tiennent à l'industrie. Ainsi nous voyons, puisqu'il est question des fermentations, qu'on a eu la théorie de Gay-Lussac, celle de Liebig, puis enfin celle de Cagniard-Latour, et ni les unes ni les autres n'ont encore entièrement satisfait l'esprit.

Un savant habile, M. Béchamp, a repris toutes ces questions et nous espérons, par ce que nous savons déjà des travaux qu'il a publiés, qu'ils aideront puissamment à y porter la lumière.

En attendant cette théorie complète qui explique tout, étudions les faits, ces faits qui sont toujours des vérités, sauf à nous entendre dire plus tard que nous n'y avons rien compris, et basons sur eux nos pratiques de vinification.

Une fois que la fermentation alcoolique s'est établie, le chapeau se forme, la fermentation est tumultueuse d'abord, puis lente et sourde. Il est évident que sous le chapeau, elle se fait sans qu'il y ait le moindre contact du vin avec l'air extérieur. Que les mauvais goûts viennent du chapeau, ou qu'ils viennent des germes suspendus dans l'air, il est certain que le vin de goutte en sera entièrement préservé ; ce sera donc le plus net, le plus franc. Car l'aération du moût n'a pu l'altérer, puisque nous avons reconnu de bons effets à cette manipulation, et que, depuis l'encuvage, le vin du bas de la cuve fermente sans être en contact avec l'atmosphère.

Il résulte de ces observations qu'on fera bien, dans les vignobles des grands vins, de séparer entièrement les vins de goutte des vins de pressurage.

L'emploi du faux fond qui maintient le marc au milieu des liquides de la cuve ne donnera jamais des produits aussi francs que la méthode que nous venons de recommander.

Mais le vin de presse peut devenir une charge pour le producteur, à cause de son infériorité. Là donc où pour ce motif on ne voudra pas accepter ce fractionnement des produits, nous conseillerons l'emploi du fond diaphragme et de la cuve couverte.

Lorsque l'on récolte des vins communs, il est certain que l'abondance des produits ne permettra pas, dans une grande exploitation, d'employer les procédés de manipulation que nous avons recommandés. Dans ces conditions, il est douteux qu'on se donne la peine d'écraser tous les raisins, et à plus forte raison celle de les égrapper. La plupart du temps les raisins sont jetés dans la cuve presque entiers, et le chapeau s'élève de plusieurs centimètres au-dessus des bords de cette cuve.

Cette méthode est déplorable, et c'est celle qui donne si souvent les vins acides et peu francs que la production livre au commerce des petits vins. Dans ces conditions, l'emploi du fond diaphragme rendrait de très-grands services aux producteurs.

Si l'on n'adopte pas ce système de cuvage, il faudra, de toute nécessité, que l'on mette de côté le dessus du chapeau, ou que l'on fractionne les produits en tirant d'abord le vin de goutte par le bas de la cuve et en entonnant à part le vin de presse qui sera produit par le marc.

Mais, lorsqu'il s'agit de vins communs, nous donnons la préférence au cuvage en foudres. Car, si on veut bien se rappeler ce que nous avons dit, avec les foudres, le chapeau qui reste constamment recouvert par une couche d'acide carbonique ne subit jamais ces commencements de fermentation acétique qui perdent tant de vins communs avec les cuves ouvertes, et le peu de soins que l'on apporte dans ces exploitations à la conduite des cuves.

S'il s'agit des vins blancs, la manière de les faire est telle et se trouve, comme nous l'avons expliqué, si bien dans les vrais principes qui dirigent les bonnes fermentations, que nous ne ferons qu'une seule recommandation à leur sujet. Ce sera de fouler et pressurer les raisins dès qu'ils arrivent de la vigne. Si l'on tarde à faire ce travail, le moût jaunit ; si les raisins attendent dans des cuveaux ou s'ils restent dans les paniers, surtout par la chaleur ou le lendemain d'un jour de pluie, lorsqu'ils ne sont pas sains, ils peuvent très-promptement prendre un goût prononcé d'acide acétique.

Dans tout ce qui précède, nous avons supposé qu'on avait affaire à des raisins sains, et dans ce cas, avec les soins que nous avons indiqués, il est rare que l'on n'obtienne pas de bonnes fermentations.

Lorsque les raisins ont été plus ou moins maltraités par la grêle, la pourriture ou le froid, ils apportent évidemment avec eux dans la cuve des principes de mauvaises fermentations. Ainsi un grain qui est ouvert et qui reste dans cet état exposé au soleil, devient le foyer d'une fermentation acétique; le grain pourri, bien que les liquides de l'intérieur, tant qu'il en reste, ne soient pas décomposés, est tellement couvert de végétations microscopiques, que quelques-unes, peut-être, se développeront sur le chapeau, quoique nous ne l'ayons point observé. Quant aux raisins qui ont été gelés, l'action du froid sur eux, s'ils ne sont pas suffisamment mûrs, les rend rouges, flasques, et on a reconnu qu'ils donnent à l'analyse de l'acide acétique.

C'est dans ce cas que l'on doit redoubler de soins si l'on veut obtenir de bonnes fermentations.

En 1845, nous avons vu sur la même cuve, sous le chapeau, la fermentation alcoolique; sur les bords de la cuve, entre le chapeau et le bois, la fermentation acétique; enfin, à la surface du chapeau, un commencement très-prononcé de fermentation visqueuse.

Si la cuvée est trop froide, et reste au-dessous de 12° cent., on peut l'échauffer au moyen d'un cylindre de bain disposé pour cet usage. Il suffit de donner au corps du cylindre et aux deux tubes qui doivent amener l'air sous le foyer, des dimensions telles qu'ils dépassent les bords de la cuve. On peut encore chauffer directement dans une chaudière quelques hectolitres de moût. Dans tous les cas, le principe qu'il ne faut pas perdre de vue est celui-ci : on doit, dès que l'encuvage est terminé, employer tous les moyens possibles pour obtenir le départ de la fermentation alcoolique.

C'est immédiatement après l'encuvage des raisins, ou à la suite des cuvages trop prolongés, que les fermentations d'une mauvaise nature se développent dans la masse de la cuvée, et, comme nous l'avons dit, à la surface du chapeau, et surtout sur les bords de la cuve.

Nous résumerons en peu de mots ce que nous venons de dire sur les fermentations.

On admet généralement sur cette question la théorie de Cagniard-Latour. D'après lui, la fermentation alcoolique est due au développement d'organismes inférieurs qui vivent dans le liquide sucré, consomment du sucre et produisent de l'alcool.

Il a été reconnu, depuis Gay-Lussac, que plus on aérait et agitait le moût des raisins, plus on précipitait la fermentation alcoolique. Nous conseillerons donc de fouler, d'égrapper, de pelleter les raisins avant de les porter dans la cuve.

Comme le moût fermente difficilement, si la température de la vendange reste inférieure à 12° cent., on devra chauffer une partie du liquide de la cuve dans les années froides; on se trouvera bien aussi d'ajouter quelques hectolitres d'un moût qui sera en pleine fermentation.

Les brasseries, les distilleries de betteraves, et le travail des cuves dans les vignobles ne présentent pas des fermentations aussi régulières que le sont celles d'un laboratoire.

D'autres fermentations peuvent se produire, celle surtout qui, pour les vins, donne en dernier résultat de l'acide acétique.

Lorsque les raisins sont peu acides et peu sucrés, la fermentation visqueuse se développe quelquefois à la surface du chapeau des cuves. M. Dubrunfaut a depuis longtemps signalé la présence de l'acide lactique dans les vinasses qui provenaient de mauvaises fermentations.

C'est surtout lorsque les raisins ont été altérés par la grêle, la gelée ou la pourriture, que l'on doit craindre ces altérations des liquides de la cuve.

On a reconnu qu'on pouvait presque toujours les attribuer au contact prolongé du chapeau avec le vin, rien de pareil ne s'observant dans la fermentation des vins blancs; et ceci explique les avantages qu'on obtenait autrefois de procédés de vinification qui laissaient à peine le marc baigner pendant vingt-quatre heures dans le vin.

Le fractionnement des produits, l'usage des cuves

couvertes, l'emploi des foudres-cuves, contribueront
à préserver le vin des maladies dont on peut attribuer
la cause au contact de ce vin avec le chapeau.

On se trouvera bien aussi de fouler et de pressurer, au sortir de la vigne, les raisins atteints par la
grêle ou la pourriture; les vins blancs ou rosés qu'on
obtient par cette méthode sont moins disposés à devenir malades que s'ils eussent fermenté dans la cuve
avec des marcs plus ou moins altérés.

III

DES FUTS VINAIRES

Lorsqu'on récolte des vins fins, la valeur de ces
produits est telle qu'on les loge toujours dans des fûts
neufs. On comprend en effet que de vieux fûts peuvent
n'être pas francs de goût. Ils peuvent d'ailleurs avoir
contenu des vins acides ou fades, et si l'on admet les
théories nouvelles, il est hors de doute que tous les
mauvais ferments doivent se trouver dans les vieux
fûts.

On sait encore que les vins nouveaux se dépouillent plus aisément de leur lie dans les fûts neufs que
dans les vieux.

Lorsque les vins se séparent de leurs dépôts, cette
séparation ne se fait pas par couches horizontales

comme on est tenté de le croire ; les parois latérales du fût exercent une sorte d'attraction moléculaire sur ces dépôts, et on explique ainsi comment, lorsqu'il n'y a aucun mouvement fermentescible dans le vin, ils affectent dans le fût les dispositions que représentent les figures suivantes :

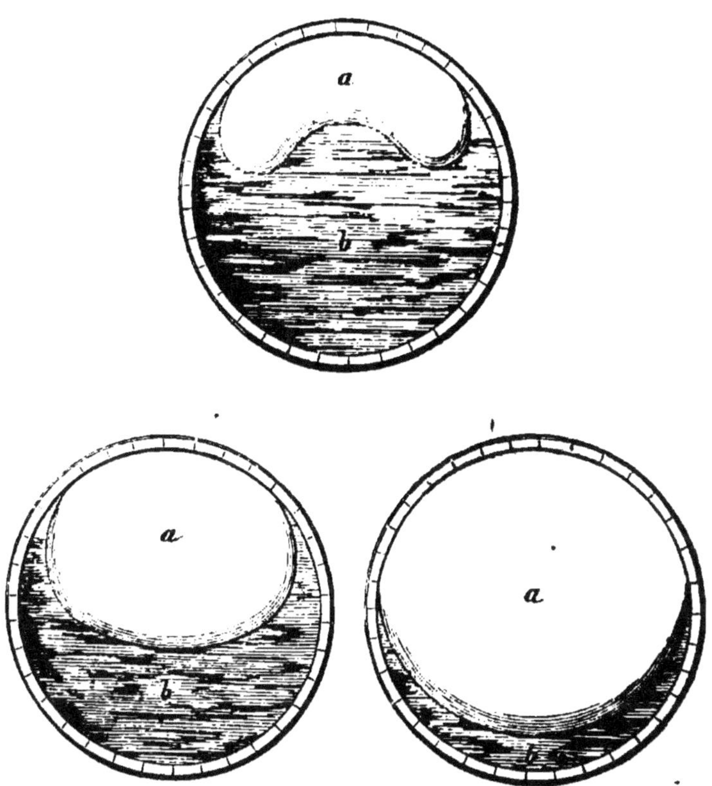

Fig. 7. — Vins se séparant de leurs dépôts. — *a* vin. — *b* dépôt.

On admet enfin jusqu'à un certain point que le contact du vin avec un bois de chêne bien sec et bien sain doit lui être favorable.

Les fûts de la Bourgogne contiennent 228 litres. C'est aussi la contenance des fûts du Bordelais, et à peu près celle de ceux de l'Hermitage. Lorsqu'on entonne le vin, on a soin que le vin de presse soit mélangé à celui de goutte de manière qu'il n'y ait point de différence entre le vin des fûts d'une même cuvée.

Nous avons dit notre manière de voir à ce sujet. Les vins de presse, surtout les derniers, sont moins colorés, moins riches en alcool, et contrairement à l'opinion qui a prévalu longtemps, moins riches en tannin que les vins de goutte. On peut s'en assurer bien facilement lorsqu'on essaye ces diverses espèces de vin, en y versant, avec une burette décime, une solution de gélatine.

La distillation et l'essai alcoométrique conduisent aussi aux résultats que nous venons de faire connaître. Les derniers vins de presse ont une âpreté et une amertume particulières, qui doivent venir des sucs de la grappe. Dans les vins blancs qui sont pressurés avant d'avoir fermenté, le vin de presse est fade, jaune, et à peine a-t-il les 70 pour 100 de la teneur en sucre des moûts de goutte.

Les caves, ou plutôt les celliers, dans lesquels les vins nouveaux sont entonnés, ont la température de l'air extérieur, et la fermentation (fermentation lente et de bonne nature) s'y achève au bout de quelques jours.

Il arrive quelquefois, et ce fait se reproduit surtout lorsque la récolte est d'excellente qualité, que cette seconde fermentation dure un mois ou plus, et dans ce cas les vins tardent à s'éclaircir. Tous les viticulteurs savent que, dans cet état, les vins nouveaux sont à peine colorés, et si on n'avait pour soi l'expérience des autres récoltes, on serait souvent fort inquiet sur l'avenir des vins qui se présentent ainsi. Troubles, et presque sans couleur, ils laissent au palais une saveur piquante qui vient de l'acide carbonique qu'ils tiennent en dissolution; et souvent dans ces conditions on jugerait les vins très-défavorablement. Mais dès que les froids arrivent, et que la fermentation a cessé, le vin s'éclaircit subitement, surtout si la pression barométrique est considérable et lorsque le vent souffle du nord. Alors le vin change promptement et d'aspect et de goût.

Une recommandation sur laquelle nous insisterons est celle-ci : tous les vases, les fûts, les entonnoirs, les cuves, les égrappoirs, fouloirs, etc., que l'on emploie dans la vinification, ne servent qu'une fois par an. Aussi arrive-t-il fréquemment qu'ils sont couverts de moisissures et exhalent des odeurs spéciales. Il est de la plus grande importance que tous ces meubles du pressoir et de la cave soient bien lavés, avant qu'on s'en serve. En négligeant ces soins, on s'expose à communiquer au vin des saveurs étrangères. Ainsi, nous avons vu que si on enfûte le vin au moyen d'un entonnoir qui soit couvert de moisissures, le liquide contractait souvent un goût prononcé de moisi, goût dont on a beaucoup de peine à l'affranchir

IV

REMPLISSAGE DES VINS NOUVEAUX

Les fûts de vins nouveaux demandent à être remplis souvent. Pendant la première semaine qui suit l'enfûtage, il est nécessaire de les remplir tous les jours; car lorsque les vins viennent d'être entonnés, le refroidissement du liquide comme l'imbibition du bois du tonneau tendent à faire un vide dans les fûts. Plus tard on n'ouille que deux fois, puis une seule fois par semaine. Avant de sceller définitivement les vins, on présente sur le trou de bonde un sceau en bois qui ferme mal. Ce n'est qu'un mois et même quelquefois six semaines après le tirage du vin, qu'on scelle hermétiquement les fûts; cela dépend de la richesse du vin. Lorsque la fermentation alcoolique est achevée et que le dégagement d'acide carbonique a cessé, le vin, s'il reste exposé à l'air, peut en absorber l'oxygène et éprouver un commencement de fermentation acétique. La fermeture hermétique des fûts, fermeture qu'on obtient en enveloppant d'un linge propre la bonde du tonneau, est donc alors très-nécessaire. Ajoutons qu'après l'époque du scellement, on remplit encore les vins une fois par mois.

Ce n'est souvent qu'à la fin du mois de décembre

que les vins s'éclaircissent, et plus tard encore si les vins ont été descendus à la cave. En Bourgogne, on laisse volontiers, pendant quelques mois, les vins nouveaux dans des celliers situés au niveau du sol et dans lesquels la température est assez variable. Il semblerait plus rationnel de les loger dans une cave dont la température plus élevée permît à la fermentation de s'achever; cela avait été d'abord notre manière de voir. Mais si l'on veut bien considérer que jusqu'au mois de décembre, c'est-à-dire pendant six semaines au moins, souvent deux mois, la température de nos celliers ne descend jamais au-dessous de 10°, que d'ailleurs la fermentation qui s'achève dans le tonneau est cette fermentation lente que donne le ferment inférieur, on comprendra que ce travail du vin peut très-bien s'achever dans les celliers, et même dans cette circonstance il est permis de se demander s'il n'est pas avantageux que le vin fermente lentement et sous une basse température.

Nous verrons plus tard quels effets on obtient, suivant la durée plus ou moins longue des opérations, quand on gèle ou que l'on chauffe les vins, et il est très-possible qu'il se passe ici quelque chose d'analogue aux faits dont nous entretiendrons bientôt le lecteur.

S'il s'agit de vins communs, on les loge généralement dans des foudres d'une contenance plus ou moins grande. Les fûts vieux qui sont restés vides peuvent, répétons-le, n'être pas francs de goût; si ce sont des foudres ou des cuves, on entre dedans, et on les lave avec une brosse de manière à les affranchir de ces mauvais goûts. C'est le goût de moisi qui est le plus à redouter parce qu'il se communique très-facilement aux vins.

Si les fûts méfranes sont des tonneaux, il faut les défoncer pour les laver; et si on ne veut pas de ce moyen, il faut mettre dans chaque fût un mélange d'une partie d'acide-sulfurique commun (huile de vitriol du commerce) et de trois parties d'eau, soit un litre en tout. L'action de l'acide sulfurique détruit toutes les moisissures et il ne reste plus qu'à bien laver le tonneau avant d'y mettre le vin.

Quand on se sert des foudres-cuves dont nous avons parlé, il faut prendre quelques précautions avant l'entonnage. Ainsi il est important, alors même que le vin de la vendange en aurait été retiré depuis très-peu de temps, de laver rigoureusement ces foudres avant d'y loger le vin. Nous avons souvent remarqué que les parois du foudre-cuve, comme de toutes les cuves en général, au moment où l'on vient de les vider, prennent très-facilement un goût d'acide acétique; il y a là évidemment un commencement d'acescence, et il n'est pas rare, si l'on remplit un foudre ou une cuve qui aient ce goût de méfranchise, que la masse entière du vin en soit plus tard infectée.

Nous avons dit un foudre ou une *cuve*. Il arrive souvent, en effet, que dans les années de grande abondance, ou dans de très-petites exploitations ayant un outillage incomplet, on soit obligé de loger son vin dans les cuves. Il faut, avant l'entonnage, laver ces cuves comme nous l'avons conseillé; puis, lorsqu'elles sont pleines, on les couvre avec un fond que devra baigner le vin. Ce fond est placé sur des tasseaux; et pour rendre cette fermeture aussi complète que possible, on coule du plâtre sur toute la surface du couvercle. On a eu le soin préalable de percer dans ce fond, près du bord de la cuve, un trou de bonde qui permet au vigneron de voir son vin toutes les fois qu'il le juge convenable. On devra remplir très-fréquemment, au début, les vins que l'on a ainsi envaisselés; la disposition du fond laissant souvent un grand vide entre le vin et le couvercle, il n'est pas rare, si la saison est chaude et le vin médiocre, que ce vin tourne au vinaigre.

Comment autrefois en Bourgogne on soignait les vins dans les tonneaux. — Nous citerons toujours notre vieux manuscrit :

« Le vin est fait en trois bonnes serrées ou pressurages. Si on en fait une quatrième, le vin qu'elle donne n'est point mêlé avec celui des trois premières; l'action du pressoir lui donne une dureté et un goût d'âcreté qui nuirait au premier vin.

« L'article essentiel consiste à faire un mélange exact du vin des trois premières serrées avant que de le mettre au tonneau. C'est dans des cuveaux ou rondeaux placés au-devant du pressoir que se fait le mélange. Il est important que tout le vin d'une même cuvée soit d'une même qualité et d'une même couleur. Le vin de la seconde serre a quelques nuances de plus que celui de la première. La troisième également plus que les deux premières (1).

---

(1) C'est tout le contraire qui se présente lorsque les vins sont restés longtemps dans la cuve, comme nous procédons aujourd'hui.

« Il est à remarquer que le moût qui sort de la cuve et de la première serre pourrait suffire pour remplir chaque tonneau aux deux tiers. La deuxième et la troisième doivent les remplir.

« Si on a vendangé par un temps chaud, le moût, dans le moment qu'il est fait, se charge d'une écume épaisse. Elle s'élève dans les rondeaux quelquefois à la hauteur de six à huit pouces. C'est par cette raison qu'il ne faut pas remplir les tonneaux jusqu'à leur ouverture ; l'écume qui s'y présente avertit qu'il ne faut pas mettre du vin davantage. Souvent même il ne faut pas attendre cet avertissement. Il y a des années où les tonneaux remplis aux trois quarts commencent à pousser l'écume. Il faut attendre que cette première fougue soit passée pour mettre de nouveau du vin, et toujours avec la même précaution ; on s'exposerait autrement à en perdre considérablement.

« Les tonneaux étant remplis, il ne reste plus qu'à reconnaître s'ils coulent ou sur les fonds ou sur les côtés pour y porter promptement remède. On ne se sert en Bourgogne que de tonneaux d'un bois neuf de chêne. Il serait dangereux d'employer des tonneaux où il y aurait eu ci-devant du vin, à cause de l'ancienne lie ou du tartre qui s'attache aux parois des douves. Le vin nouveau aurait bientôt pris le goût de vieille lie.

« On les laisse ainsi pendant douze ou quinze heures. On remplit les tonneaux du même vin de la cuvée. Ce remplissage se fait deux ou trois fois par

jour, et autant de temps qu'il ne discontinue pas de jeter la grosse lie. Cela peut durer trois ou quatre jours.

« Lorsqu'il en est débarrassé, il se trouve chaud
suffisamment pour communiquer au bois du tonneau
sa chaleur. C'est dans cette effervescence que la couleur est mise à l'épreuve, c'est l'or dans la fournaise.
Elle semble s'éclipser pour quelques jours. Elle
devient laiteuse ; on remplit encore, et, dans ce moment du remplissage, le vin s'élève à gros bouillons ;
il jette une lie moins épaisse que la première, bientôt
il s'abaisse. Il commence alors à donner une odeur
vive et pénétrante.

« S'il est dans une cave ou dans un cellier trop
fermé, dès le commencement de la fermentation,
l'accès en est difficile et même dangereux. Si on y
porte une lumière, elle s'éteint.

« Le sixième ou huitième jour, le vin est tranquille, ou du moins il n'est plus en fureur ; il ne
paraît plus de lie à l'ouverture du tonneau. On peut
sceller le vin en laissant au-dessus de la bonde une
petite ouverture faite avec la pointe du foret. On
le remplit à la hauteur d'un pouce une ou deux fois
par semaine, et lorsqu'on s'aperçoit enfin qu'il est
dans une tranquillité parfaite, on le scelle exactement pour que l'air n'y puisse pénétrer.

« La couleur alors commence à revenir au vin ;
et bientôt, dans l'espace de quinze jours environ, elle
est venue au point qu'elle doit rester.

« Le vin commence à s'éclaircir et à se clarifier ;
si la bise vient à souffler, ou si le froid commence à

se faire sentir, il acquiert plus promptement ce brillant vermeil.

« C'est ainsi que se conduisent les vins de ceux qui ont suivi l'ancienne méthode pour façonner le vin dans la cuve, et qui admettent les deux fermentations.

« Les vins des partisans du second système sont un temps infini à se façonner dans le tonneau. Il leur faut trois mois pour se clarifier. Ce n'est qu'au mois de janvier qu'ils commencent à être bien découverts. Jusqu'à ce temps, ils sont assoupis, ils ne donnent presque point de bouquet.

« Après ce temps, ils sont en état de paraître. Ils portent et présentent toutes les qualités qui caractérisent le bon vin ; il faut même convenir qu'ils sont plus fins et plus entrants. Mais finiront-ils comme les premiers, pourra-t-on les conserver autant que ceux-ci ? »

D'après cette citation, le cuvage que nos pères appelaient un cuvage prolongé durait à peine deux jours, et on voit à la vivacité que la fermentation conserve dans le tonneau, que même la fermentation tumultueuse ne s'était pas terminée dans la cuve.

Les soins que demandaient les vins faits d'après le second système sont ceux que nous donnons aujourd'hui aux vins blancs. Le cuvage n'avait alors réellement qu'un but, celui de pouvoir brasser dans tous les sens les raisins encuvés. Nous avons vu quels avantages présente ce broiement de la vendange, et nous avons dit que les vins de pelle doivent leurs qualités à l'emploi encore plus prolongé de cette méthode de brassage.

En résumé, les grands vins doivent toujours être logés dans des fûts neufs. En effet, si d'un côté le bois de chêne paraît avoir une action favorable sur le vin, de l'autre les fûts vieux peuvent être entachés de mauvais goûts, et contenir aussi les germes des organismes inférieurs qu'on rencontre dans les vins malades.

La fermentation s'achève lentement et à une basse température dans le tonneau. On a remarqué que le séjour des celliers convenait mieux aux vins que celui des caves dans cette première période de leur élevage.

Les vins nouveaux doivent d'abord être remplis très-fréquemment, presque tous les deux jours; plus tard, tous les huit jours. On ne les scelle et les traite à cet endroit comme les autres vins, que s'ils sont limpides et n'accusent plus aucun mouvement de fermentation.

S'agit-il de vins communs, on les loge généralement dans de vieux fûts. Il est très-important de ne se servir que de fûts très-francs de goût, et nous appellerons principalement l'attention du lecteur sur les altérations que peut subir le vin lorsqu'on le loge dans les fûts qui ont servi au cuvage.

Autrefois la fermentation des vins était si peu complète, lorsqu'ils sortaient de la cuve, qu'ils se comportaient dans le tonneau presque de la même manière que les vins blancs qui sont enfûtés immédiatement après le pressurage.

V

AMÉLIORATION DES MOUTS. — SUCRAGE DE LA VENDANGE

Nous avons vu que, suivant l'état des saisons, les qualités des moûts variaient chaque année dans des limites souvent très-considérables. Ainsi, en Bourgogne, tandis qu'on peut y récolter un raisin dont le moût a, comme en 1865, une densité de 1110, et qui ne donne que 0.42 à l'analyse acidimétrique, nous pouvons au contraire (en 1866), avec les mêmes cépages, n'obtenir que des moûts acides, à 0.75 d'acide libre, et si peu sucrés que leur densité est seulement de 1080.

Ces différences sont encore plus sensibles en ce qui concerne les vins communs; car avec les cépages fins, même dans les circonstances les plus défavorables, on fait toujours quelque chose qui ressemble à du vin. Dans les années froides et humides, nos gamets et, en général, tous les plants communs et productifs, surtout ceux qui viennent de vignes jeunes, très-garnies et sur lesquelles on fait de la culture intensive, ces plants communs, disons-nous, donnent des produits détestables.

Le propriétaire peut-il, doit-il chercher à améliorer ces moûts de manière à tirer parti de ses récoltes? La réponse n'est pas douteuse. Seulement les moyens auxquels il aura recours ne devront pas être nuisibles à la santé publique, et au point de vue de ses relations commerciales, il devra déclarer carrément à l'acheteur comment son vin a été fabriqué.

Ces réserves faites, nous allons examiner les moyens qui ont été proposés pour améliorer les moûts.

Le sucrage de la vendange est le premier procédé qui se présente à l'esprit. Dans les années froides et humides, les moûts contiennent des quantités de sucre insuffisantes; en ajoutant du sucre à ces moûts, on corrige donc leur pauvreté et il est évident que le vin fermentera mieux et sera plus riche en alcool que s'il eût été fait sans cette addition.

Le sucrage des vins paraît avoir été pratiqué très-anciennement, soit en concentrant les moûts par la chaleur, soit en ajoutant du miel à la vendange.

En faisant évaporer une certaine quantité de moût et le mélangeant, à la cuve, et au reste de la vendange, après une convenable concentration, on augmente sans nul doute la densité de cette vendange et on peut porter cette densité au degré moyen que l'on observe dans les années favorables. Mais cette méthode a l'inconvénient de laisser dans le vin des proportions d'acides très-considérables, puisque les liquides concentrés contiennent tous les acides du moût sur lequel on a opéré. D'ailleurs elle exige des frais de main-d'œuvre, d'appareils et de combustibles qui sont impossibles dans une grande exploitation.

Le miel laisse au vin un goût caractéristique, et, en

trouvât-on des quantités suffisantes, son emploi devrait être rejeté.

Le premier qui ait employé le sucre de canne paraît être Marquet; c'était à la fin du siècle dernier, en 1776. C'est Chaptal qui, vers 1800, a donné un véritable traité du sucrage de la vendange dans son livre sur la fabrication du vin, et c'est de là que nous est venue l'expression de *chaptaliser* les vins, appliquée à ce procédé.

Nous savons enfin de source certaine qu'avant 1790 les moines de Citeaux mettaient du sucre blanc en morceaux dans les vins du clos de Vougeot, lorsque ce vin venait d'être mis dans les fûts. Cette addition ne se faisait d'ailleurs que dans de faibles proportions et seulement lorsque les vins manquaient de couleur et de vinosité.

Lorsque Kirchoff eut découvert le sirop de fécule, un habile et savant industriel de la Bourgogne, M. Mollerat, établit une grande fabrique de ce sirop, et, sur ses recommandations, le sucrage au sucre de fécule fut employé dans un grand nombre de vignobles. Mais on ne tarda pas à s'apercevoir que les vins qui avaient été préparés par cette méthode avaient une saveur fade et amère caractéristique. Il y eut donc en 1845, au congrès des vignerons de Dijon, une réaction contre l'emploi des sirops de fécule et en général de tous les sucres.

Depuis, on a mis plus de discernement dans le sucrage du moût. D'abord abandonnant presque partout les sirops de fécule qu'on n'emploie même guère pour les moûts des plus mauvais gouais ou gamets, on n'a plus fait usage que de sucre cristallisé en pain, ou des sucres bruts de canne qu'on trouve dans le commerce sous le nom de sucre Martinique bonne quatrième.

Mais voici surtout en quoi consiste le progrès. On a calculé ce qu'il fallait ajouter de sucre pour amener la densité du moût à la densité normale, et on n'a pas dépassé des proportions convenables. D'ailleurs comme le sucre de canne, avant de subir la fermentation alcoolique, doit prendre une molécule d'eau au moût, on comprend qu'il y ait encore de ce côté un avantage réel à le préférer au sucre de fécule.

Ayant eu en 1845 l'occasion d'examiner des vins qui avaient été très-fortement sucrés, nous n'y trouvâmes pas la quantité d'alcool qui devait correspondre au sucre ajouté, et ce fait nous le reconnûmes aussi sur les autres vins. Plus tard M. Dubrunfaut fit la même remarque : il trouvait que le déficit était constant pour une même espèce de sucre.

« Ce déficit n'est pas inexplicable, disait-il, si l'on considère que la fermentation alcoolique, telle qu'on la conçoit depuis les travaux si remarquables de Cagniard-Latour et Turpin, ne serait que l'effet secondaire d'une réaction organique due aux fonctions vitales du ferment. On trouve en effet dans toute espèce de vin divers produits qui sont indubitablement les résultats nécessaires de ces fonctions vitales et des sécrétions qui les accompagnent. Le vin s'appauvrit en azote quand le ferment pullule ; il s'enrichit au contraire en azote quand le ferment accomplit sa vie or-

ganique sans reproduction. L'ammoniaque paraît dans
ce cas être un des produits inévitables des fonctions
du ferment opérant la transformation alcoolique des
sucres. »

« On avait remarqué que tous les sucres ne donnaient pas par la fermentation alcoolique avec un
même ferment des boissons vineuses identiques. »

Ce qui est vrai pour les sucres purs, l'est à plus
forte raison lorsqu'on additionne ces sucres au vin.
Ils lui communiquent, comme nous l'avons déjà dit à
propos des sucres de fécule, une saveur particulière
qui doit varier avec chacun d'eux. On comprend,
dès lors, d'après ces remarques, combien il importe, dans le sucrage, que les doses du sucre restent
dans les limites indiquées par la science.

La théorie nous dit que 100 parties de sucre
donnent 51.04 en alcool. Les plus récents travaux qui
ont paru sur la fermentation alcoolique, établissent
que 100 parties de sucre au lieu de produire, comme
on l'avait admis :

Acide carbonique............	48.96	⎱ 100
Alcool......................	51.04	⎰

doivent donner :

Acide carbonique............	46.67	
Alcool......................	48.46	
Glycérine...................	3.23	⎱ 100
Acide succinique............	0.61	
Matières cédées au ferment..	1.03	

Lorsqu'au lieu d'opérer sur des sucres purs, on
agit sur des mouts de raisin, matières, comme nous

l'avons vu, qui sont de composition très-complexe, on obtient des proportions plus considérables de glycérine. Dans la pratique, on évalue que 1,700 grammes de sucre raffiné ordinaire peuvent développer 1 pour 100 d'alcool dans 1 hectolitre de moût. Ce sont ces derniers chiffres que nous adopterons pour les indications que nous allons donner sur le sucrage des vins.

Du sucrage des moûts provenant des cépages fins. — Nous rappellerons que les cépages fins, même dans les années les plus mauvaises, donnent encore des vins passables. Cependant il peut arriver qu'ils aient si peu de vinosité et de couleur qu'il soit impossible au commerce d'en tirer parti.

Nous donnons plus loin un tableau des richesses alcooliques des vins. On y verra que les vins d'ordinaire doivent avoir au moins une teneur alcoolique de 10 pour 100. Les vins fins, consommés comme vins de bouteilles, sont riches de 11 à 14 pour 100. Les vins qui sont livrés à la consommation de l'ouvrier ne doivent pas avoir une richesse alcoolique moindre de 7 à 8 pour 100.

Il est certain que, dans les grands centres de population, on vend au litre des vins qui sont loin d'avoir cette teneur en alcool. Mais on sait que le plus souvent ce sont des vins préparés pour une vente immédiate, et ces vins ne pourraient ni se conserver ni, à plus forte raison, voyager, ne fût-ce que quelques jours.

Ces indications bien comprises, il pourra se présenter ceci : c'est que les vins des cépages fins n'auront, comme en 1860, que 8 pour 100 d'alcool, et les vins communs que 6 à 6 1/2. Comme le producteur peut être exposé à garder longtemps ces vins dans ses caves, que, d'un autre côté, il est fort possible que ces vins médiocres ou mauvais s'y conservent mal, il aura recours au sucrage de sa vendange, si ses vignobles sont situés dans le centre ou dans le nord de la France, et au vinage s'il a ses vignes dans les départements du Midi.

Avec ce procédé, il pourra d'abord conserver ses vins chez lui sans crainte qu'ils s'altèrent, et l'acheteur pourra, s'il le veut, les livrer à la consommation sans leur faire subir de nouveau travail.

Avec les nouveaux procédés de conservation des vins par la chaleur dont nous entretiendrons bientôt nos lecteurs, — si les vins de cet ordre n'avaient été conservés par l'emploi de ces moyens, en vue de prévenir toute altération, — ils ne seraient pas améliorés et ne pourraient être livrés tels quels à la consommation. Jamais on n'acceptera sur aucune table, ni dans les plus mauvais débits, la plupart des vins fins ou communs que la France a récoltés en 1866, par exemple, s'ils n'ont été à l'avance améliorés par le sucrage ou le vinage, ou coupés avec des vins meilleurs.

Pour ces vins sans couleur, sans goût, sans vinosité, il ne suffit pas de chercher le moyen de les conserver. Il est de toute nécessité, en outre, qu'ils soient améliorés avant d'être livrés au consommateur.

Nous insistons sur cette distinction entre les mots

améliorer et conserver, parce que de leur confusion naissent souvent les plus étranges erreurs.

Le sucrage réussit encore dans les vignobles de l'Hermitage. En allant plus au Midi, on aurait tort de l'employer. Nous avons dit qu'avec le sucre de canne, le seul dont on se serve aujourd'hui pour le sucrage de la vendange, il se passait d'abord dans la cuve, sous l'action des acides et peut-être sous l'action organique des globules du ferment, un phénomène très-remarquable que voici : Le sucre de canne $C^{12} H^{11} O^{11}$ se modifie et devient $C^{12} H^{12} O^{12}$. Ne se pourrait-il pas que, dans certains vignobles dont les produits sont peu acides, cette transformation ne fût pas complète? Ce qui est certain, c'est que même dans le centre et le nord de la France, là où l'usage du sucre est le plus répandu, c'est avec les vins les plus acides que le sucrage réussit le mieux. La décomposition du sucre est plus complète et ces vins ne laissent jamais au palais cette saveur fade et douceâtre des vins qu'on a trop sucrés, ou sucrés sans s'être rendu un compte suffisant de leur richesse en acides.

Si nous ne voulons point essayer nos moûts avec la liqueur de Fehling, et si nous nous contentons des données du densimètre, nous dirons que les moûts de vins fins, qui présentent une densité de 1090, devront être additionnés de 3,400 grammes de sucre par hectolitre, et que les moûts de vins communs, dont la densité est de 1080, en recevront aussi 3,400 grammes par hectolitre.

Comment doit-on ajouter le sucre à la vendange ? Est-ce dans la cuve ? Est-ce dans le tonneau ? Le sucre doit-il être dissous dans le moût ? ou mis en morceaux dans la cuve ? Enfin la dissolution du sucre doit-elle se faire dans le moût à froid ou à chaud ?

Il est très-important de connaître d'abord à quel moment de la fermentation de la cuvée le sucre doit être ajouté à la vendange. Tant que la fermentation ne marche pas franchement dans la cuve, il serait imprudent d'ajouter le sucre au moût. Cette addition de matière sucrée est alors prématurée et retarde encore, s'il est possible, le départ de la fermentation.

On est dans l'usage d'attendre pour sucrer le moût, que la fermentation tumultueuse soit terminée. On peut alors, si le chapeau est franc de goût, se contenter de le couvrir avec le sucre que doit recevoir la cuvée, et, cela fait, enfoncer le chapeau dans le vin.

D'autres fois, on fait fondre le sucre à froid ou à chaud (si l'on a une chaudière à sa disposition) dans une certaine quantité de vin qu'on a sorti de la cuve, et la dissolution est versée au centre de cette cuve.

Si on se sert de cuves couvertes ou de foudres, il faudra toujours faire fondre le sucre dans quelques hectolitres de vin avant de l'introduire dans le vase qui contient la vendange que l'on veut sucrer.

Dès que l'opération est terminée, et qu'elle a été

faite dans les conditions que nous avons recommandées, la fermentation prend une nouvelle activité, la température s'élève, et le vin ne tarde pas à prendre un aspect et un goût différents de ceux qu'il avait.

Voyons maintenant quel peut être le prix de revient de cette opération, et si elle est rémunératrice pour le producteur. Le sucre brut qu'on emploie dans le sucrage vaut, dans le commerce, 1 fr. 20 le kilog. Nous avons dit que, pour augmenter de 2 pour 100 le degré alcoolique des vins, on devait leur ajouter 3,400 grammes par hectolitre. Le sucrage à la cuve coûtera donc 4 fr. 08 par hectolitre. Il est certain que pour les vins communs souvent vendus de 17 fr. 50 à 22 fr. l'hectolitre, cette augmentation de prix sera considérable et que le producteur pourra ne faire que rentrer dans ses déboursés ; mais, nous le répétons, il trouvera dans cette opération l'avantage d'avoir pu conserver ses vins, et il les aura assez améliorés pour que le commerce en trouve un emploi facile.

Pour les vins ordinaires, vendus souvent le double des vins communs, soit de 35 à 45 fr. l'hectolitre, l'amélioration que l'on obtient est si sensible que l'opération sera toujours bonne pour le producteur. Dans ces calculs de prix de revient, il faut tenir compte de l'augmentation de volume que la cuvée doit à l'emploi de ce procédé. Nous avons reconnu (et le calcul et l'expérience sont d'accord sur l'exactitude de ces chiffres) qu'il fallait ajouter à la cuvée de 150 à 170 kilog. de sucre de canne pour obtenir un accroissement en volume de 1 hectolitre.

On a remarqué que les vins sucrés étaient très-disposés à fermenter longtemps. Nous verrons, quand nous traiterons des soins que demande l'élevage des vins, quels soins particuliers sont nécessaires à cò genre de produit. Disons, dès maintenant, qu'une pratique, qu'on a reconnue bonne pour empêcher ces fermentations prolongées, est celle-ci : on se trouvera bien de viner à faible dose les vins sucrés.

Ce vinage se fait à la cuve et on peut y employer les eaux-de-vie de marc. Il est remarquable que les plus mauvaises eaux-de-vie, les moins franches de goût, lorsqu'elles sont ajoutées au vin pendant la fermentation, ne lui donnent aucune de leurs saveurs ou odeurs les plus prononcées.

On opère en versant l'eau-de-vie dans la cuve la veille du jour où elle doit être tirée. Les quantités employées sont ordinairement de un à deux litres par hectolitre de vin.

Nous résumerons brièvement cette question du sucrage de la vendange.

Dans les années froides et humides, lorsque le raisin n'atteint pas une maturité suffisante, si la densité de son moût est au-dessous de 1090 avec des cépages fins, et de 1075 avec les plants communs, on améliore très-sensiblement les moûts en les sucrant ou les *procédant*, suivant l'expression consacrée dans les vignobles.

Cette méthode est ancienne ; mais c'est Chaptal qui l'a vulgarisée.

Après la découverte du sucre de fécule par Kirchoff,

Mollerat a conseillé l'emploi de ce produit nouveau dans le sucrage de la vendange. Il n'a pas toujours donné de bons résultats et, depuis les travaux de Dubrunfaut et ceux d'autres chimistes et œnologues, on se sert surtout pour l'amélioration des moûts du sucre de canne $C^{12} H^{11} O^{11}$.

C'est dans la cuve que le *procédé* donne les meilleurs résultats. On ne doit ajouter le sucre au moût que lorsque la fermentation tumultueuse est achevée.

Les vins acides sont ceux qui supportent le mieux le sucrage et ceux qui décomposent le plus complétement les matières sucrées.

Les vins suffisamment riches en parties saccharines et que l'on *procède*, malgré cela, conservent une saveur sucrée et fermentent longtemps. On limite la durée de cette fermentation en vinant les vins en même temps qu'on les sucre.

L'opportunité de cette opération est donc très-difficile à saisir, et c'est à cela qu'on doit attribuer tous les abus que nous avons signalés dans le sucrage. Ce sera au viticultèur à apprécier ce que nous avons dit sur cette question.

Dans tous les cas, s'il emploie cette méthode d'amélioration pour son vin, il devra le déclarer à l'acheteur, l'élevage des vins sucrés demandant des soins tout spéciaux.

VI

DU VINAGE DES VINS

Dans une notice qu'il a publiée en 1864, notre savant ami, M. le baron Thénard, a fait de cette pratique un exposé si complet, que nous ne pouvons faire mieux que de le donner au lecteur. Il nous a du reste autorisé à reproduire cette partie technique de son travail :

« Le vinage est une opération qui consiste à augmenter artificiellement la proportion d'alcool qui existe naturellement dans un vin.

« Est-ce une fraude? Ce n'est pas le moment de discuter cette question ; elle a, d'ailleurs, été si souvent controversée, que notre avis, à moins d'être très-fortement motivé, ce qui nous entraînerait dans de trop longues digressions, serait sans importance.

« Nous rappellerons seulement que le vinage existe depuis que l'alcool a été découvert ; qu'il est indispensable à la conservation de certains vins, tels que les vins d'Espagne, de Portugal, de Madère, du Cap, de l'Australie, de Chypre, de la Grèce, d'une partie de la Hongrie, de la Sicile, de l'Italie et du midi de la France, c'est-à-dire à l'immense majorité des vins qui se produisent et se consomment dans le monde.

Il est même si indispensable, qu'avant la découverte de l'alcool, il était remplacé par une pratique qui, aujourd'hui, dégoûterait le consommateur de toute espèce de vins, s'il pouvait se douter qu'elle pût être employée : c'était le poissage. La poix, en effet, jouit, comme l'alcool, de la propriété d'arrêter les fermentations secondaires, si nuisibles aux vins n'ayant pas d'alcool. On enduisait de poix les parois internes des vases qui devaient renfermer le vin ; quel goût lui communiquait-on ? nous n'avons pas à nous en expliquer ; mais le poissage, sous le rapport de la conservation des vins, était si utile, que nous le voyons décrit dans les plus vieux traités d'agriculture, tels que celui de Caton l'Ancien, avec une minutie de détails qui ne peuvent laisser de doutes.

« Mais est-ce à dire qu'indispensable à certains vins, le vinage ne soit pas utile à d'autres ? Comme on va le voir, la nature produit peu de vins complets, et, bien que les vins du Nord puissent se conserver sans le vinage, il en est beaucoup que le vinage améliore d'une manière très-remarquable, et qui, par conséquent, devraient être habituellement vinés ; ce sont tout particulièrement les vins faibles et acides, dont la production est immense, si on la compare à celle des vins de qualité même ordinaire, et c'est au point de vue de l'amélioration de ces vins et de la conservation des vins du Midi que nous allons traiter tout spécialement la question du vinage, laissant de côté ou nous occupant peu de ce qu'elle peut avoir d'intéressant pour les vins de qualité.

« *Divers modes de vinage.* — Cette opération se pratique soit à la cuve, c'est-à-dire au moment où on fait le vin, soit au tonneau, c'est-à-dire quand il est déjà fait.

« *Du vinage à la cuve.* — Le vinage à la cuve s'exécute en ajoutant à la vendange de l'alcool, du sucre ou de la glucose (sucre d'amidon ou de pommes de terre) (1).

« Dans ces deux derniers cas, le sucre ou la glucose, en fermentant avec les matières sucrées du raisin, apportent ainsi le contingent d'alcool qu'on veut ajouter au vin.

« *Du vinage au tonneau.* — Le vinage au tonneau se pratique par trois procédés différents :

1º Quand le vin a déjà plusieurs mois de fabrication, on y ajoute la proportion d'alcool dont on veut l'enrichir ;

2º On recoupe des vins faibles avec des vins trop capiteux, et, les défauts opposés de ces vins se corrigeant en partie mutuellement, on obtient des mélanges meilleurs que chacun des vins constituants considérés en particulier ;

(1) Si le vinage était pratiqué avant que la fermentation fût à peu près terminée, il serait possible qu'elle la ralentît. Nous pensons donc que l'on ne doit viner à la cuve, comme nous l'avons dit, que douze heures avant le moment où l'on tire le vin.

D'ailleurs nous avons expliqué que nous n'admettions pas qu'on pût sucrer avec avantage en employant les sucres de fécule. Dans tous les cas, cette pratique ne serait acceptable que pour les vins les plus communs. Nous avons pour nous l'autorité d'un savant industriel très-compétent, du chimiste Dubrunfaut. (De V. L.)

3° On extrait, par la congélation, une partie de l'eau que contient le vin.

« Pour cela, on le soumet pendant un temps suffisant à un froid d'au moins 8 degrés sous glace; alors il s'y forme de grandes feuilles de glace, qui, à l'analyse, ne représentent guère plus que de l'eau pure, et quand on juge que l'opération a été suffisamment prolongée, on sépare, par le soutirage, le vin qui a refusé de geler, et qui nécessairement héritant de la plupart des principes actifs qui se trouvaient unis à l'eau congelée, s'enrichit d'autant plus que la congélation a été poussée plus loin.

« *Des conditions dans lesquelles s'exécute le vinage.* —C'est dans sept départements du Midi seulement (1), où cette opération est franche de droit, qu'on vine les vins au tonneau par le procédé direct, c'est-à-dire en y ajoutant directement de l'alcool.

« Cependant, à moins de commettre une contravention aux règlements administratifs sur la matière, on ne peut, sans payer les droits sur l'alcool, porter le titre alcoolique du vin à plus de 18 pour 100.

« C'est surtout à Paris, et généralement pour l'usage particulier des grandes villes, qu'on recoupe les vins faibles avec des vins capiteux.

« La congélation ne se pratique guère qu'en Bourgogne et seulement sur les grands vins, quand ils sont trop aqueux; elle serait trop coûteuse et peu fa-

---

(1) Aujourd'hui il n'est pas un seul département en France qui jouisse du droit de vinage en franchise.

vorable aux vins médiocres et même aux bons ordinaires.

« Le sucrage à la cuve, à cause du prix élevé du sucre de canne, n'est applicable qu'à des vins d'une qualité déjà supérieure. On n'emploie d'ailleurs ce procédé que dans les années où la maturité du raisin est incomplète, ou quand il est trop aqueux.

« La glucose, bien que moitié moins chère que le sucre de canne, mais à cause de son moindre rendement en alcool, et surtout par suite de l'amertume qu'elle laisse après elle, ne sert que rarement, et on n'oserait conseiller d'en étendre l'emploi.

« Enfin l'addition de l'alcool à la cuve, qui conviendrait si bien aux vins faibles et acides, ne se pratique non plus que fort peu, parce que les vins, n'étant en grande partie produits que par des départements où l'alcool pour vinage n'est pas exonéré des droits, le vinage, à cause de ces mêmes droits et de la faible valeur des vins, reviendrait trop cher. Il serait presque aussi économique de viner avec le sucre de canne.

« *But du vinage*. —Recherchons maintenant le but qu'on poursuit en vinant les vins. Beaucoup de personnes s'imaginent qu'on ne cherche à monter leur titre en alcool que pour l'alcool lui-même; or le but est singulièrement plus complexe, et c'est là un des points les plus importants de cet exposé.

« En effet, en outre de son action directe et immédiatement saisissable, l'alcool en exerce encore d'autres plus latentes mais des plus utiles, en réagissant de la façon la plus heureuse sur les autres principes des vins, tels que les acides, les sels, la couleur, les ferments : il pondère et équilibre en quelque sorte ces divers éléments, soit en éliminant en partie les uns quand ils sont trop abondants, ou en en atténuant les effets, soit au contraire en facilitant le développement de ceux qui font défaut et en augmentant la proportion.

« *De l'importance du vinage pour adoucir les vins trop acides.* — Mais à ce sujet qu'on nous permette d'entrer dans quelques détails. Chacun sait combien les vins acides sont désagréables au goût et nuisibles à l'estomac : or, sans vouloir dire qu'un vin peu alcoolique est toujours très-acide, on peut dire qu'un vin très-acide est toujours peu alcoolique, et que le vinage atténue d'autant plus en lui ce grave défaut, qu'il a été pratiqué à plus haute dose. Déjà le goût confirme cette proposition ; mais, en outre, une expérience des plus simples la démontre.

« Le vin en effet doit son acidité, d'une part à une série d'acides libres toujours en proportion relativement restreinte, et d'autre part à un sel communément appelé *crème de tartre*, d'une saveur acide singulière, et qui est le plus souvent si abondant qu'il cristallise sur les parois du tonneau.

« Or si, dans de l'eau saturée de crème de tartre, on verse un peu d'alcool, elle se trouble aussitôt et laisse déposer une poudre blanche qui n'est que de la crème de tartre ; si, à cette petite dose d'alcool, on en ajoute une seconde, le dépôt augmente encore, si.

bien que quand la quantité d'alcool arrive à une certaine limite, toute la crème de tartre est précipitée,
et la liqueur a perdu toute espèce d'acidité.

« Cependant, qu'au lieu d'une dissolution aqueuse
de crème de tartre on prenne un vin très-clair, mais
très-acide, et qu'on recommence la même expérience,
les mêmes phénomènes se reproduisent aussitôt. De
plus, l'expérience directe prouve qu'un vin riche
par lui-même ou amené par le vinage à 10 pour
100 d'alcool rentre toujours dans des limites d'acidité
qui n'ont rien d'exagéré.

« Ainsi, comme nous l'avancions tout à l'heure, le
vinage désacidifie un vin trop acide en précipitant
l'excès de crème de tartre auquel il doit sa trop grande
acidité.

« *De l'action de l'alcool sur les acides libres.* —
Quant aux acides libres, l'alcool, et par suite le vinage, réagit aussi sur eux, mais d'une manière plus
remarquable encore, car son effet est double, puisqu'il transforme un élément essentiellement nuisible
en un autre des plus précieux et des plus agréables.

« La chimie nous enseigne que les acides ont la propriété de se combiner avec le principe même de l'alcool, pour former avec lui des corps particuliers
qu'on nomme des éthers; or, les éthers, et particulièrement ceux des acides du vin, ont une odeur balsa-
mique et souvent un goût des plus puissants en même
temps que des plus délicats.

« Cependant pour que des éthers se forment, même
très à la longue et surtout à la température ordinaire,

dans une dissolution acide très-étendue, il faut
qu'elle contienne plusieurs centièmes d'alcool, et 10
pour 100 ne sont pas de trop quand on veut que l'action soit sensible au bout de quelques mois, comme
il est nécessaire quand il s'agit des vins médiocres,
qui, pour éviter les frais de cave, doivent être consommés jeunes.

« D'après cela, pour que les acides se neutralisent,
et que les éthers se forment dans un vin faible et trop
acide, il faut de toute nécessité le viner, et le viner à
la cuve, afin de profiter de cette force que les chimistes appellent l'état naissant, et de la température élevée que développe la fermentation, parce que la
chaleur favorise singulièrement ce genre de réaction.

« Comme on le voit, le vinage n'a pas ici pour but
unique de combattre un élément nuisible, il le transforme encore en un produit précieux, qui communique au vin le goût le plus suave.

« Les faits pratiques les mieux et les plus anciennement établis sont également d'accord avec cette théorie, récente, il est vrai, mais basée sur les synthèses
les plus complètes et les analyses les plus précises.
Le nom de son éminent auteur, M. Berthelot, répond
d'ailleurs de sa valeur.

« *De l'influence du vinage sur la couleur des vins
rouges.* — Examinons maintenant l'influence du
vinage sur la couleur du vin rouge.

« Les vins rouges doivent leur couleur à un principe
colorant qui, à part les variétés dites raisins de teinte

et qu'on cultive peu, n'existe que dans la pellicule de la baie.

« Ce principe, d'un violet foncé tirant sur le bleu, est soluble dans l'alcool et insoluble dans les autres éléments du vin ; dès lors, en s'en tenant là, les vins seraient d'autant plus riches en couleur que, pour une même quantité de matière colorante contenue dans le raisin, ils seraient plus alcooliques.

« Cependant, chacun le sait, il est des vins peu alcooliques qui ont une très-belle couleur ; mais, si on veut bien le remarquer, ils sont généralement très-acides.

« D'après cela, l'acidité jouerait donc un rôle dans la coloration du vin, et c'est ce qui arrive.

« En effet, le principe colorant violet est très-oxydable sous l'influence combinée de l'air et des liqueurs acides ; mais alors du violet il vire au rouge vif tirant sur l'orangé, et d'insoluble qu'il était dans les liqueurs acides il y devient soluble, pendant qu'il perd sa solubilité dans l'alcool.

« Dès lors, avec cette nouvelle donnée, on comprend que si on brise bien une vendange acide avant de la mettre à la cuve, si on la foule à plusieurs reprises vers la fin de la fermentation, et surtout si on la laisse cuver longtemps, c'est-à-dire si on l'expose à l'air par tous les moyens, elle pourra donner un vin très-coloré. Il s'y développera en effet beaucoup de matière colorante rouge, qui se dissoudra dans la masse acide, et la teinte rouge ardent qu'on obtiendra ainsi, venant s'ajouter à la teinte violette provenant du fait de l'alcool, devra constituer un liquide d'autant plus haut monté en couleur, que la pellicule du raisin sera plus riche elle-même. Telle est la théorie, telle est aussi la pratique : *ce vin manque de couleur, il n'a pas assez cuvé,* disent les vignerons, et les vignerons ont raison.

« D'après cela, on devrait, *à priori*, conclure que le vinage, mais le vinage à la cuve, ne serait, au point de vue de la couleur, utile qu'aux vins peu alcooliques, en même temps que peu acides. Malheureusement il n'en est pas ainsi, et, sous le rapport de la couleur comme sous bien d'autres, les vins acides en ont le plus grand besoin.

« Ce n'est pas, en effet, impunément qu'on met des masses d'air en contact avec de la vendange encore chaude du fait de la fermentation : quoi qu'on fasse, et sans qu'on s'en doute généralement, on aigrit plus ou moins son vin, on le tourne en partie en vinaigre, et, pour le brillant qu'on lui donne en le colorant davantage, on le rend des plus désagréables au goût et des plus indigestes.

« Par conséquent, pour tous les vins peu alcooliques, qu'ils soient acides ou non, le vinage à la cuve a donc les plus heureux effets sur la coloration.

« Quant au vinage au tonneau, on comprend que, n'ayant aucun rapport avec la pellicule qui recèle la matière colorante, il ne puisse, dans la circonstance, avoir aucun effet favorable : mais si l'effet ne peut être favorable, ne peut-il pas être funeste ?

« Nous avons dit précédemment que le vinage précipitait les excès de crème de tartre et neutralisait les acides libres en formant avec eux des éthers; or, si on vient à viner au tonneau des vins qui doivent en grande partie leur coloration à leur acidité, nécessairement la matière rouge, qui n'est soluble qu'à la faveur de ces mêmes sels acides, devra proportionnellement disparaître avec eux en se précipitant sous forme de lie; et c'est encore ce qui arrive : on n'a qu'à le demander aux vignerons du Midi ; il est vrai que pour leurs vins, déjà trop riches en couleur, le fait n'a pas grande importance, qu'il est même plutôt avantageux, puisqu'ils les épurent ainsi et leur donnent du brillant; mais il en est tout autrement pour les vins acides très-colorés.

« En conséquence, en ce qui touche à la couleur, le vinage, mais le vinage à la cuve, est utile aux vins peu alcooliques, qu'ils soient acides ou non, et le vinage au tonneau, qui, sous ce rapport, est plutôt favorable que nuisible aux vins peu acides du Midi, serait très-préjudiciable aux vins acides des autres contrées; par conséquent, quand, un jour ou l'autre, on accordera la franchise du vinage à la France entière, on devra, dans les règlements à intervenir, bien tenir compte de cette différence importante.

« *Des divers genres de fermentation.* — Le vinage exerce encore la plus grande influence sur la conservation des vins, mais cette influence peut être favorable ou funeste, suivant le mode d'opérer.

« Une liqueur telle que le moût de raisin, abandonnée à elle-même à la température ordinaire, si elle ne s'échauffe pas trop par le fait de la fermentation même, fermente toujours spontanément, et la fermentation est alcoolique et n'est qu'alcoolique; c'est le sucre qui se dédouble et dont une partie se transforme en alcool, pendant que l'autre disparaît sous forme gazeuse.

« Mais si la température s'élève à plus de trente degrés, le sucre peut encore se dédoubler, mais donner de l'acide lactique ; alors le vin est fort compromis. Heureusement, avec le raisin, ce genre de fermentation est rare, et nous ne nous y arrêterons pas (1).

« Cependant, si à une température de vingt à vingt-cinq degrés vient se joindre l'action de l'air, la fermentation tend à prendre la forme acétique et engendre plus ou moins de vinaigre ; c'est alors l'alcool déjà formé qui en fait les frais.

« Toutefois, à la longue, même à la température des caves, mais toujours avec l'intervention de l'air, la fermentation acétique peut se produire, surtout si dans le vin il préexiste déjà du vinaigre; c'est ce qui arrive quand les fûts restent trop longtemps en vidange.

« Quant à la fermentation putride, qui est la dernière, elle ne dérive pas, comme les précédentes, du principe sucré du raisin, mais de matières albuminoïdes encore mal déterminées, peut-être du ferment lui-même; c'est une maladie plus particulière aux vins peu acides, qu'ils soient alcooliques ou non.

(1) La fermentation lactique ne se produit seulement que si on a récolté des raisins peu acides et en partie déjà décomposés sur le cep par la pourriture.

« D'après cela, c'est donc la fermentation alcoolique qui fait le vin ; les autres le détruisent.

« *Du vinage au tonneau sous le rapport de la solidité des vins.* — Cependant, pourquoi, sans le vinage, les vins du Midi, même les plus alcooliques, ne se conservent-ils pas?

« Ici, il faut distinguer entre les vins très-alcooliques et ceux qui contiennent à peine 10 pour 100 d'alcool, car dans le Midi il y en a beaucoup de cette espèce, puisque tous les anciens vins de chaudière sont de ce nombre.

« Or, en s'en tenant d'abord à ceux-ci, il nous suffira de faire remarquer qu'ils sont tout à la fois peu acides, médiocrement alcooliques et peu chargés en tannin, c'est-à-dire qu'ils manquent des trois principaux éléments conservateurs du vin, et que, de plus, étant sous un climat plus chaud que le reste de la France, ils ne remplissent aucune des conditions pour être des vins solides; aussi ne le sont-ils pas et tournent-ils facilement.

« Quant aux vins très-alcooliques, la cause de leur défaut de solidité est un peu plus complexe; les raisins qui donnent ce genre de vins sont si sucrés, que si tout ce sucre se convertissait en alcool, comme il arrive pour les vins modérément alcooliques, leur titre alcoolique dépasserait souvent 18 pour 100. Or, comme à ce titre la fermentation alcoolique s'arrête, il en résulte que ces vins contiennent presque toujours un excès de sucre libre, qui, à la moindre évaporation de l'alcool, à la moindre élévation de tempé-

7.

rature, au moindre abaissement de pression, à la moindre circonstance, enfin, tend à rentrer en fermentation. Or, comme parmi ces mille et une petites circonstances plus ou moins saisissables, il y en a toujours quelqu'une qui se reproduit chaque jour, ces vins sont dans un état perpétuel de fermentation latente, qui les entretient dans un état incessant de malaise, et les rend bien plus sujets à tomber dans la fermentation acétique ou putride, ce qui arrive pour peu que leurs autres éléments conservateurs diminuent en quantité ou en puissance.

« Maintenant, comment parer à de tels et si graves accidents?

« En ce qui touche aux vins très-alcooliques, il faut ou ajouter de l'eau à leur vendange, afin de rabaisser suffisamment leur titre alcoolique, pour que le sucre qu'ils conservent dans les conditions ordinaires disparaisse à la fermentation, ou les viner au tonneau, de façon à les porter au-dessus du titre où toute fermentation s'arrête, et c'est ce dernier parti qu'on prend en les vinant à 18°; mais en ce qui touche aux vins faibles du Midi, il faut, ou leur ajouter de la crème de tartre et du tannin, ou bien les viner : et c'est encore ce que l'on fait.

« *Du rôle de l'alcool dans le vin.* — En dehors de son action directe, l'alcool désacidifie donc les vins trop acides, développe en eux un goût et un bouquet agréables, en augmente la couleur et permet par là d'éviter les pratiques nuisibles qui tendent à lui en donner.

. « Quant au vinage, il produit tous ces heureux effets, et de plus il donne aux vins une telle solidité, que sous son influence ils peuvent braver les plus longs voyages, sous les températures les plus extrêmes, et résister à l'action délétère des caves les plus malsaines. »

Il résulte du travail de M. Thénard que le vinage des vins est l'opération qui contribue le plus à leur conservation. On sait que la plus grande partie des vins du Midi sont vinés, et, lorsque les saisons n'ont point été favorables au développement du raisin, c'est en coupant avec ces vins du Midi vinés les vins plats, acides, détestables en un mot du centre de la France, qu'on peut les livrer à la consommation.

Ajoutons d'ailleurs que, dans notre manière de voir, les coupages toujours et le plus souvent les vinages sont des opérations qui ne doivent pas être pratiquées par le producteur. . ·

Ce que nous venons de dire de l'utilité du vinage affligera sans nul doute un grand nombre de consommateurs. Mais malheureusement il y a des années néfastes pour la vigne. Et dans ces conditions et de tout temps, on a alcoolisé les vins pour les conserver. Aujourd'hui on les conservera par la chaleur; mais cependant tels qu'ils seront, ils devront encore être coupés par le commerce avec les vins colorés et vinés du Midi.

Souvent, tandis que les vignobles du centre et du nord de la France doivent aux intempéries de l'année les détestables vins qu'ils récoltent, les départements

du Midi se trouvent dans des conditions toutes contraires. Ce fait, qui s'était déjà produit en 1860, s'est
renouvelé en 1866, et leurs vins colorés et pleins de
séve servent presque tous dans ces années-là à l'a-
mélioration des vins acides des autres vignobles.

Ainsi donc, en résumé, de tous les principes qui
contribuent à la conservation des vins, le plus énergique, le plus efficace est sans contredit l'alcool. C'est
à ce point que, si on n'avait pas à craindre que le vinage rendît les vins trop capiteux, ce serait le seul
procédé qui devrait être employé dans leur traitement.

Mais, s'il précipite les tartrates et les ferments, se
combine avec les acides libres en donnant des éthers,
s'il dissout la matière colorante qui est en excès dans
les vins, il est évident que si ces vins ont une richesse
alcoolique qui dépasse 14 pour 100, leur usage n'est
plus hygiénique.

A quels vins devra-t-on appliquer le vinage ?

D'abord aux vins du Midi qui, peu acides, peu alcooliques, peu riches en tannin et souvent chargés
d'ailleurs de sucre non décomposé et de matière colorante, sont, par le fait de cet inégal équilibre de
leurs principes constituants, dans un continuel état de
mouvement fermentescible.

On vinera encore les vins acides et faibles du centre de la France lorsqu'ils ne donnent à l'essai alcoométrique que 5 à 6 pour 100 d'alcool.

Les vins du Midi qu'on aura vinés à 18 pour 100
serviront encore au coupage des vins plats et peu colorés d'une partie de la France.

Le vinage à la cuve est celui qui réussit le mieux.
On vine peu de temps avant le décuvage, pendant que
le vin conserve encore un reste de fermentation,
l'effet de cette fermentation sur l'alcool étant de lui
enlever les goûts étrangers qu'il pourrait avoir.

VII

COUPAGE DES VINS

Nous venons de dire que, dans notre manière de
voir, le coupage des vins était une opération dont le
producteur devait généralement s'abstenir.

Lorsqu'il s'agit de mélanges à la cuve de différentes sortes de raisins, il y a là des combinaisons
souvent dues au hasard et qui réussissent. Ainsi
lorsqu'on a reconnu que certaines vignes donnent
des vins mous et fins, mais dépourvus de corps;
qu'avec d'autres crus, au contraire, on obtient des
vins durs et nerveux, il est certain que le mélange
des deux vendanges douées de caractères opposés,
aura de bons résultats.

On sait de longue date que l'addition dans les cuvées de vins rouges, de moûts provenant des plus fins
raisins blancs, donne au vin quelque chose de plus
vif et de plus entrant.

Si l'on veut préparer ces grands vins d'ordinaire si

recherchés autrefois en Bourgogne sous le nom de *passe-tout-grains*, on peut faire dans la cuve et dans de certaines proportions, un mélange de raisins de pinots et de raisins communs, ou même couper, au moment du tirage de la cuve, une quantité plus ou moins grande de vins fins et de vins ordinaires.

Enfin, il peut arriver que les vins fins du producteur soient de si médiocre qualité que leur mélange avec un vin meilleur de sa récolte soit nécessaire à leur élevage, et que, dans ce cas, il puisse en tirer parti comme vin d'ordinaire. Là encore il peut se permettre ce coupage très-licite et très-élémentaire.

Mais nous n'admettons pas que ses combinaisons de vins doivent dépasser les limites que nous venons de tracer, et qu'il puisse par exemple avoir recours à l'addition de vins étrangers.

Terminons en disant que si on doit pratiquer le coupage d'un vin jeune avec un vin plus vieux dans les circonstances que nous avons indiquées, il est très-important que cette opération ne soit faite qu'au mois de septembre qui suit la récolte.

Le vin le plus jeune devra avoir, à ce moment, subi plusieurs soutirages, et épuisé sa fermentation alcoolique. En procédant ainsi, on n'expose pas le vin vieux à des mouvements de fermentation qui pourraient modifier sa composition.

On voit en définitive que nous condamnons d'une manière absolue, dans les coupages, le mélange d'un vin nouveau avec un vin vieux, puisque la méthode que nous conseillons, consiste à dépouiller d'abord de ses ferments, le vin jeune qu'on veut améliorer par cette opération.

VIII

ÉTUDE DU VIN NOUVEAU

Il est souvent très-difficile, lorsque les vins sont tirés de la cuve et logés dans leurs fûts, de les juger, et surtout, quand il s'agit des vins fins, de se prononcer sur leur avenir.

Les essais qu'on peut faire dans un laboratoire sont dans ce cas d'un grand secours au viticulteur. Voici quelques-uns de ces essais que nous recommanderons. On remplit de vin de petites bouteilles en verre blanc, ou de petits tubes longs et étroits. Quelques-unes de ces bouteilles sont bouchées, d'autres ne le sont pas. C'est ce que nous appelons la mise à l'essai.

Les vins s'éclaircissent ; le tartre se dépose sur les parois des tubes que nous avons eu soin d'incliner. Si nous remplissons de vin une éprouvette graduée, on voit jusqu'à quelle hauteur s'élève la couche de lie qui s'y dépose.

Dans les bouteilles bouchées, les vins qui sont bons deviennent très-limpides et sont riches en couleur ;

dans celles qui ne le sont pas, il ne se forme point de fleurs à la surface du liquide, et si on les laisse en vidange, le vin passe au vinaigre. Dans cette épreuve, les vins faibles se couvrent de fleurs, deviennent fades, se troublent, se décolorent et se décomposent.

Avec nos liqueurs titrées, nous recherchons quelle est la quantité d'acide libre que contient le vin ; nous prenons sa densité.

Nous évaporons dans une capsule d'argent ou de porcelaine un poids de vin et nous recherchons quel est le poids d'extrait que nous donne cet essai.

Enfin, et c'est le plus important des essais, nous recherchons ce que notre vin contient d'alcool. Avant de donner dans des tableaux et pour un certain nombre d'années, les chiffres qui résultent de ces expériences, nous énumérerons en quelques mots les conclusions qu'on peut tirer de ces analyses.

Les grands vins ont, au moment du tirage, une densité qui est à peu près celle de l'eau.

Ils contiennent peu d'acides libres ; et leur acidité tient surtout à la présence du tartrate acide de potasse. Si le tartre entre pour une forte proportion dans la composition du vin, c'est une bonne condition pour qu'il se conserve bien.

L'extrait qu'il donne à l'évaporation varie de 3 à 4 pour 100 dans les grands vins, lorsqu'ils sont nouveaux.

Nous traiterons dans un chapitre séparé la question de l'alcoométrie ; dès maintenant disons que dans les vins qui, pour la Bourgogne, doivent plus tard donner les vins de bouteille, la richesse alcoolique ne doit pas être au-dessous de 11 pour 100; quelquefois, comme en 1865, elle est de 14 et s'élève à 15 pour 100 pour les grands vins blancs, fait unique que nous avons constaté en 1846 dans les Montrachets de cette année.

Si on applique ces essais aux vins communs qui proviennent de la culture des gamets, les indications sont très-variables.

Dans les années chaudes et favorables à la culture de la vigne, le gamet et en général les plants communs qui mûrissent de huit à quinze jours plus tard que les plants fins, se trouvent dans des conditions de maturation quelquefois si favorables que leurs moûts ont presque la richesse des moûts des plants fins ; ceci arrive quand la saison est peu avancée et qu'on peut assez retarder la vendange pour que le gamet atteigne une maturité complète et puisse même présenter un commencement de dessiccation. Dans cet état, le moût des gamets a une densité de 1090. Son vin très-coloré, très-sapide, a une richesse alcoolique qui peut s'élever à 11 pour 100. Seulement, ce qui le distinguera toujours du vin de pinot, c'est qu'il contient plus d'acides libres et qu'il a une dureté qui ne l'abandonne jamais.

Si on met à l'essai des vins de plants communs récoltés dans ces conditions et présentant ces qualités, ils se conduisent à cet essai comme les vins de plants fins. Seulement ils donnent moins de lie, souvent moins de tartre, et si on les soumet à une ana-

lyse complète, on trouve en effet qu'ils contiennent plus d'acides malique et acétique que les vins fins, ce qui explique pourquoi leur acidité dure presque toujours, tandis que celle des plants fins diminue avec l'âge et le dépôt du tartre.

Ainsi nous recommanderons la mise à l'essai des vins nouveaux.

Si les vins ont de la qualité, ils deviennent limpides, se séparent facilement de leur lie et laissent déposer de nombreux cristaux de tartre. Laissés en vidange, ils ne se couvrent point de fleurs, et éprouvent la fermentation acétique. Les vins faibles et plats fleurissent dans ce cas, se troublent, deviennent fades et se décomposent sans que l'acide acétique soit le produit principal de cette décomposition.

Les vins ont à peu près la densité de l'eau. Leur richesse alcoolique est au moins de 11 pour 100, rarement de 14 pour 100, s'il s'agit des vins de bouteilles ; et dans ce cas la teneur en acides libres varie de 0.45 à 60.

Ce qui distinguera toujours, même dans les conditions les plus favorables, les vins des cépages communs des vins fins, c'est leur plus grande acidité et leur dureté. Et si souvent, lorsque les plants communs atteignent une maturité complète, on voit leurs vins riches à 11 pour 100 et quelquefois 12 pour 100 d'alcool, ils n'en restent pas moins toujours acides et durs.

L'essai acidimétrique est donc pour nous de la plus haute importance dans l'étude des vins.

IX

RICHESSE ALCOOLIQUE DES VINS

Alcoométrie. — Nous admettons, comme on vient de le voir, que l'alcool est des principes constituants qui entrent dans la composition du vin, celui qui contribue le plus à leur conservation. Il est donc fort essentiel de déterminer d'une manière exacte dans quelles proportions.ce corps se trouve contenu dans les liquides alcooliques.

Cette recherche de l'alcool dans un vin ne présente aucune difficulté ; seulement elle exige quelques soins de manipulation dont je vais donner le détail. Le seul moyen que nous ayons d'apprécier rigoureusement la richesse alcoolique d'un vin, consiste à le distiller et à mesurer, au moyen de l'alcoomètre, la richesse du liquide spiritueux qui résulte de cette opération. On a reconnu qu'en distillant le vin au tiers de son volume, le résidu ne contient plus d'alcool ; au moyen de petits appareils en verre ou en métal, disposés en alambic, avec leur foyer d'évaporation et leur réfrigérant, on soumet à la distillation un volume préalablement connu du vin que l'on veut essayer. Quand le volume de l'alcool recueilli égale le tiers du volume du vin que l'on essaye, l'opération est terminée ; il suffit alors de mesurer la richesse du liquide spiritueux obtenu.

On sait que la force d'un liquide spiritueux étant le nombre de centièmes, en volume d'alcool pur, que ce liquide renferme à la température de 15° centigrades, et que dans l'alcoomètre centésimal la division 0 correspondant à l'eau pure et la division 100 à l'alcool pur, cet alcoomètre plongé dans un liquide spiritueux à la température de 15°, en fait connaître exactement la force.

Mais comme dans les liquides spiritueux, quand ils sont chauds, l'alcoomètre s'enfonce davantage que quand ils sont froids, il s'ensuit que la chaleur modifiant les indications de l'instrument, il est essentiel de tenir compte des variations qui pourraient provenir soit de la différence de température, soit de la différence de volume.

Gay-Lussac a calculé des tables qui donnent immédiatement et d'une manière exacte le nombre de litres d'alcool, à la température de 15°, que contiennent 100 litres d'un liquide spiritueux, pour chaque indication de l'alcoomètre, à toutes les températures, de 0 à 30° centigrades. Pour nous servir de ces tables, il suffira donc de connaître le degré de force qu'indique l'alcoomètre, et la température du liquide spiritueux que nous donnera la distillation. Ainsi, en résumé, avec un petit appareil distillatoire chauffé par une lampe à esprit-de-vin, un alcoomètre centésimal, un thermomètre, et les tables de Gay-Lussac, tout le monde est à même de pouvoir déterminer en quelques minutes la richesse alcoolique du vin.

Le liquide spiritueux qui résulte de la distillation des vins, cette distillation étant conduite comme nous l'avons expliqué, porte une richesse en alcool qui varie, en général, de 21 à 45° centésimaux (13 1/2 à 18 degrés de Cartier); en prenant le tiers du résultat, nous aurons la teneur en alcool du vin que l'on a essayé.

Un exemple suffira pour faire comprendre la manière de conduire cette opération :

Supposons qu'il s'agisse d'un vin de pinot de 1846, dont la richesse alcoolique est donnée dans le tableau qui suit.

Nous avons versé dans la cucurbite de notre petit appareil distillatoire trois mesures quelconques du vin à essayer; dès que par l'effet de la distillation et sous l'action du réfrigérant, le liquide spiritueux, que donne l'opération, a eu rempli la mesure qui nous avait servi à volumétrer le vin soumis à nos essais, nous avons arrêté la distillation. Le liquide spiritueux marquant 42° centésimaux à l'alcoomètre et 18°.50 centigrades au thermomètre, nous avons trouvé dans les tables de Gay-Lussac que sa richesse en alcool était de 40°.5 pour 100 ; en prenant le tiers de ce résultat, nous avons eu 13°.50 pour la richesse alcoolique du vin dont il s'agit. Nous en avons conclu que *100 litres de ce vin contiennent 13 litres 5/10 d'alcool pur.*

Quelquefois les quantités de vin que l'on destine

au dosage de l'alcool sont insuffisantes pour l'opération ; dans ce cas, on étend le vin de deux fois son
volume d'eau distillée, et on conduit l'essai comme
il a été expliqué ci-dessus. Mais on comprendra que,
puisqu'on a employé un seul volume de vin pour
deux volumes d'eau, le degré alcoométrique que
marque le liquide spiritueux qui résulte de la distillation, doit donner, toutes corrections faites, le chiffre
lui-même de la richesse en alcool soumis à l'essai.

Nous donnons dans les tableaux qui suivent la richesse alcoolique d'un grand nombre de vins de
Bourgogne et celle aussi d'autres vins de la France
et de l'étranger.

RICHESSE EN ALCOOL DES VINS DE BOURGOGNE

ANNÉES de la récolte.	NOMS DES COMMUNES où le vin a été récolté.	NOMS DES CLIMATS ou lieux dits.	OBSERVATIONS.	Nombre de litres d'alcool à la temp. de 15° que contiennent 100 lit. de vin.
1823	Vosne.	Romanée.	Après 4 ans 1/2 de cercle.	12 85
	Meursault.	Genevrières.	Vin blanc.	13.27
	Chassagne.	?	2e cuvée.	11.50
	id.	?	Passe-tout-grains.	11.33
1824	Meursault.	?	id.	10.35
1825	Vosne.	Romanée.	Après 18 mois.	14.00
	Chassagne.	?	id.	12.16
	Savigny.	Vergelesse (1er cru)	Excellent vin. Après 20 ans.	12.38
	Puligny.	Montrachet.	»	14.00
1826	Chassagne.	?	2e cuvée.	11.50
	Meursault.	Perrières.	Vin blanc.	13.25
	id.	?	Gamet.	9.60
	Corcelles.	Sans désignation.	»	9.50
1827	Meursault.	Santenot.	»	11.70
	id.	id.	»	11.50
	id.	?	Vin mousseux.	10.60
	Corcelles.	Sans désignation.	Gamet.	10.35
1830	Meursault.	Santenot.	»	12.00
1831	id.	id.	»	11.60
1832	id.	id.	»	12.10
	Vosne.	?	2e cuvée sucrée à 10 kil. par pièce.	12.66
	Pommard.	?	2e cuvée sucrée à 5 kil. par pièce.	12 50
	Chassagne.	?	2e cuvée.	10.66
	Pommard.	?	Cuvée C, procédée à....	13.00
1833	Meursault.	Santenot.	»	13 30
	Chassagne.	?	2e cuvée.	11.60
	Volnay.	?	»	12.60
1834	Meursault.	Santenot.	»	13.10
	id.	id.	9 ans de bouteilles.	12.70
	id.	id.	Gelée à 1/8.	13.35
	Pommard.	Rugiens.	6 ans de bouteilles.	13 05
	Vosne.	Tâche.	»	12 13
	Chassagne.	?	2e cuvée.	12.40
1835	Meursault.	Santenot (1er cru).	»	11.20
	id.	?	2e cuvée.	11.00
1836	id.	Santenot.	» (c)	11.00
1838	Pommard.	?	»	11.50
1839	id.	Rugiens (1er cru).	»	10.40
	Auxey.	»	1re cuvée.	10.10
	Volnay.	»	2e récolte de noiriens.	8.40
	Meursault.	»	Gamet.	8.70
1840	Volnay.	Fremiets (1er cru).	»	11.00
	Meursault.	»	Passe-tout-grains.	10.10
	Saint-Romain.	»	Gamet.	9 90
1841	Pommard.	Rugiens.	»	11.90
	Volnay.	B...	Procédé à 18 kil. par pièce (c).	14 63
	Pommard.	Rugiens.	Concentré à la gelée à 1/6.	12.80

RICHESSE EN ALCOOL DES VINS DE BOURGOGNE

ANNÉES de la récolte.	NOMS DES COMMUNES où le vin a été récolté.	NOMS DES CLIMATS ou lieux dits.	OBSERVATIONS.	Nombre de litres d'alcool, à la temp. de 15° que contiennent 100 lit. de vin.
	Meursault.	Genevrières (1 c).	Vin blanc.	12.18
	id.	id.	Concentré à la gelée à 1/6.	13.05
	id.	Santenot.	»	11.80
	id.	»	Passe-tout-grains.	10.03
1842	Pommard.	Rugiens.	»	12.61
	id.	id.	Concentré à la gelée à 1/6.	12.94
	Meursault.	»	2ᵉ cuvée.	11.45
	Volnay.	Cailleret (1ᵉʳ cru)	»	12.50
	Chassagne.	»	2ᵉ cuvée. (c)	11.70
	Meursault.	Genevrières.	Vin blanc.	13.18
	id.	id.	Concentré à la gelée à 1/8.	14.33
1843	Pommard.	»	1ʳᵉ cuvée.	14.60
1844	id.	Rugiens.	»	11.80
	Meursault.	Santenot.	Sucré à 7 k. par pièce (c).	12.70
	Chassagne.	Morgeot.	Sucré à 10 k. p. pièce (c).	13.00
	id.	»	2ᵉ cuvée.	10.50
	Meursault.	Genevrières.	»	12.90
	id.	Sous-le-Château.	Gamet.	10.53
	id.	id.	Concentré à la gelée à 1/6	10.88
1845	Pommard.	Rugiens.	»	10.36
	Meursault.	»	Passe-tout-grains	9.85
	id.	Sous-le-Château.	Gamet.	8.80
	Volnay.	Grange-le-Duc.	Gamet rouge (couleur à peine rosée).	7.35
	Pommard.	Nazarettes.	Vin gamet blanc.	8.97
	Meursault.	Genevrières.	Vin blanc.	11.51
	id.	Luxeuil.	2ᵉ cru.	10.50
1846	Pommard.	Rugiens.	»	13.50
	id.	id.	Tiré à 4° au-dessous de zéro, en vins gris.	13.05
	id.	Maison-Dieu.	3ᵉ cuvée.	12.57
	Chassagne.	»	2ᵉ cuvée.	12.50
	Meursault.	»	Passe-tout-grains.	12.74
	Volnay.	Fremiets.	»	12.86
	Meursault.	Genevrières.	Vin blanc.	14.95
	id.	Luxeuil.	id.	14.07
	id.	Sous-le-Château.	Gamet rouge.	10.97
	Pommard.	Nazarettes.	Vin blanc de plaine.	12.22
1847	id.	Rugiens.	»	11.70
	id.	Epenots.	»	11.90
	id.	Maison-Dieu.	»	10.97
	Savigny.	Gueltes.	Vendange 13 oct.	11.54
	id.	Vergelesse.	id. 7 oct.	10.27
	Volnay.	Chevrey.	Sucré à 12 k. p. pièce (c).	13.60
	Beaune.	B..... d.	Sucré à 10 k. p. pièce (c).	13.00
	Meursault.	Genevrières.	Vin blanc. Vendange 18 octobre.	13.24
	id.	»	1ᵉʳ passe-tout-grains.	11.06
	id.	Sous-le-Château.	1ᵉʳ gamet rouge.	9.08
	Volnay.	Grange-le-Duc.	Gamet rouge de la plaine.	8.90
1848	Pommard.	....	Vin de pinot.	11.84
	id.		Gamet.	8.70

RICHESSE EN ALCOOL DES VINS DE BOURGOGNE

ANNÉES de la récolte.	NOMS DES COMMUNES où le vin a été récolté.	NOMS DES CLIMATS ou lieux dits.	OBSERVATIONS.	Nombre de litres d'alcool, à la temp. de 15° que contiennent 100 lit. de vin.
1849	Pommard.	....	Vin de pinot.	11 60
	id.	»	Gamet.	8.95
1850	Pommard.	....	Vin de pinot.	10.74
	id.	»	Gamet.	7.50
1851	Pommard.	... .	Vin de pinot.	9 90
	id.	»	Gamet.	7.00
1852	Pommard.	....	Vin de pinot.	10.90
	id.	»	Gamet.	7.00
1853	Pommard.	....	Vin de pinot.	10.44
	id.	»	Gamet.	7.05
1854	Pommard.	... .	Vin de pinot	12.25
	id.	»	Gamet.	9.95
1835	Pommard.	....	Vin de pinot.	10.00
	id.	»	Gamet.	6.90
1856	Pommard.	....	Vin de pinot.	11.15
	id.	»	Gamet.	6 80
1857	Pommard.	. . ..	Vin de pinot.	12.20
	id.	. »	Gamet.	9.50
1858	Pommard.	....	Vin de pinot.	13 21
	Meursault.	Genevrières.	Vin blanc.	14.10
	Savigny.	Clos des Guettes.	1re vendange.	12.24
	id.	id.	2e vendange.	13.07
	Pommard	....	Gamet.	9.50
	Meursault.	»	Passe-tout-grains.	11.37
	Gigny.	Lamôtte-Gigny.	Gamet	10.02
1859	Pommard.	....	Vin de pinot.	12 20
	id.	»	Gamet.	8.90
1860	Pommard.	... .	Vin de pinot.	8.46
	Meursault.	Genevrières.	Vin blanc.	9.04
	Savigny.	Clos-des-Guettes.	»	8.54
	Pommard.	»	Gamet.	5.99
	Volnay.	Grange-le-Duc	Gamet de plaine.	5.80
1861	Pommard.	....	Vin de pinot.	11.42
	Puligny.	Montrachet.	Vin blanc.	13.50
	Pommard.	»	Gamet	11.06
	Savigny.	Clos-des-Guettes.	2e vendange.	12.05
1862	Pommard.	....	Vin de pinot.	11.29
	id.	»	Gamet.	7.91
1863	Pommard.	... .	Vin de pinot.	10.97
	id.	»	Gamet.	8.34
1864	Pommard.	....	Vin de pinot.	13.10
	id.	»	Gamet.	8.20
1865	Pommard.	....	Vin de pinot.	14.20
	Meursault.	Genevrières.	Vin blanc.	14.95
	Savigny.	Clos-des-Guettes.	»	14.11
	Pommard.	»	Gamet.	10.09
	Meursault.	»	Passe-tout-gr. (2e vend.)	12.05
	Volnay.	Grange-le-Duc	Gamet de plaine.	9.79
1866	Pommard.	....	Vin de pinot.	9.00
	Meursault.	Genevrières.	Vin blanc.	11.05
	Savigny.	Vergelesses.	»	9.50
	Pommard.	»	Gamet.	6.50
	Volnay.	Grange-le-Duc.	Gamet de plaine.	4.75

Nous déduirons de l'examen de ces tableaux quelques faits assez importants. Ainsi, nous voyons que, parmi les vins des divers climats de la Côte-d'or, il y a pour une même année peu de différence entre la richesse en alcool des produits qui sont récoltés dans des crus de même ordre et dans des vignes de même âge.

La quantité maxima d'alcool contenue dans nos grands vins a été observée dans les 1825 et les 1846, dont quelques crus ont atteint une richesse alcoolique de 14°.95 pour 100.

Le minimum de cette richesse en alcool varie pour les grands vins, entre 8 et 9° pour 100. Dans les crus inférieurs, le degré alcoolique peut, comme cela a été observé dans certains gamets de 1866, descendre jusqu'à 4.75 pour 100.

La qualité des vins et leur santé ne sont pas toujours en rapport avec la quantité d'alcool qu'ils contiennent, puisque des vins, tels que les 1827, riches à 11°.60 pour 100, les 1832 à 12° pour 100, les 1838 à 11°.50, les 1843 à 10°.60, se sont parfaitement conservés et conservés bons, tandis que les 1840, riches à 11 pour 100, et certains 1841 et 1842, riches à 11°.80 et à 12°.50, ont eu une très-mauvaise fin.

Nos essais sur les vins provenant de vignes ayant donné une abondante récolte prouvent que le chiffre de la production est assez généralement en raison inverse de celui qui constate la richesse en alcool des vins.

Si nous voulons établir quelques comparaisons entre la richesse en alcool de nos vins et celle des vins étrangers, nous trouverons que cette richesse varie entre 9 et 11°.50 pour les vins de Bordeaux rouges, et entre 11° et 15° pour les vins de Bordeaux blancs.

Les vins de Champagne mousseux, qui sont un produit industriel, sont fabriqués à 10° ou 12° pour 100 d'alcool, suivant leur destination.

Dans les malagas, cette richesse en alcool varie de 16 à 18°.50 pour 100 : ces différents vins sont placés par les qualités qui les distinguent dans des catégories très-nettement tranchées, et pourtant le degré alcoolique en est souvent presque le même. D'autres principes constituants ont donc encore une grande influence sur le caractère et aussi quelquefois sur la longévité des vins. Nous aurons plusieurs fois dans ce livre l'occasion de revenir sur cette question de la composition des vins.

Nous terminerons ce chapitre en donnant la richesse alcoolique des vins de divers vignobles de la France et de l'étranger.

RICHESSE ALCOOLIQUE DE DIVERS VINS

NOMS DES VINS.	EXTRAIT sec.	OBSERVATIONS.	RICHESSE alcoolique.
Porto			22.92
Madère.	4.19		20.29
Malaga	18.78		16.04
Liban	16.23		17.24
Xérès			18.37
Bordeaux			11.95
Vin du Rhin			10.50
Hermitage.			15.10
Champagne (mousseux). .	9 78	de la maison Moët.	10.33
Vin de Narbonne 1860 . .	»		11.74

Comme on ne peut doser l'alcool d'un liquide spiritueux sans les tables qui indiquent les corrections
que l'on doit faire au degré de l'alcoomètre, qu'on
opère au-dessous ou au-dessus de la température de
15° centigrades, nous terminerons cet article de l'alcoométrie en donnant, des tables de Gay-Lussac, la
partie qui nous sert à connaître la force réelle des liquides spiritueux entre les degrés 0 et 45 de l'alcoomètre centésimal.

(Voir la table donnant la force réelle des liquides
spiritueux.)

TABLE DONNANT LA FORCE RÉELLE DES LIQUIDES SPIRITUEUX

Indication de l'alcoomètre.

Température de l'observation.

	1	2	3	4	5	6	7	8	9	10	11	12
0	1.3	2.4	3.4	4.4	5.4	6.5	7.5	8.6	9.7	10.9	12.2	13.4
10°	1.4	2.4	3.4	4.5	5.5	6.5	7.5	8.5	9.5	10.6	11.7	12.7
11°	1.3	2.4	3.4	4.4	5.4	6.4	7.4	8.4	9.4	10.5	11.6	12.6
12°	1.2	2.3	3.3	4.3	5.3	6.3	7.3	8.3	9.3	10.4	11.5	12.5
13°	1.2	2.2	3.2	4.2	5.2	6.2	7.2	8.2	9.2	10.3	11.4	12.4
14°	1.1	2.1	3.1	4.1	5.1	6.1	7.1	8.1	9.1	10.2	11.2	12.2
15°	1	2	3	4	5	6	7	8	9	10	11	12
16°	0.9	1.9	2.9	3.9	4.9	5.9	6.9	7.9	9.8	9.9	10.9	11.9
17°	0.8	1.8	2.8	3.8	4.8	5.8	6.8	7.8	8.8	9.8	10.8	11.7
18°	0.7	1.7	2.7	3.7	4.7	5.7	6.7	7.7	8.7	9.7	10.7	11.6
19°	0.6	1.6	2.6	3.6	4.5	5.5	6.5	7.5	8.5	9.5	10.5	11.4
20°	0.5	1.5	2.4	3.4	4.4	5.4	6.4	7.3	8.3	9.3	10.3	11.2
21°	0.4	1.4	2.3	3.3	4.3	5.2	6.2	7.1	8.1	9.1	10.1	11
22°	0.3	1.3	2.2	3.2	4.1	5.1	6.1	7	7.9	8.9	9.9	10.8
23°	0.1	1.1	2.1	3.1	4	4.9	5.9	6.8	7.8	8.7	9.7	10.6
24°	»	1	1.9	2.9	3.8	4.8	5.8	6.7	7.6	8.5	9.5	10.4
25°	»	0.8	1.7	2.7	3.6	4.6	5.5	6.5	7.4	8.3	9.3	10.2
26°	»	0.7	1.6	2.6	3.5	4.4	5.4	6.3	7.2	8.1	9	9.9
27°	»	0.5	1.5	2.4	3 3	4.3	5.2	6.1	7	7.9	8.8	9.7
28°	»	0.3	1.3	2.2	3.1	4.1	5	5.9	6.8	7.7	8.6	9.5
29°	»	0.1	1.1	2	2.9	3.9	4.8	5.7	6.6	7.5	8.4	9.2
30°	»	»	0.9	1.9	2.8	3.7	4.6	5.5	6.4	7.3	8.1	9
	1	2	3	4	5	6	7	8	9	10	11	12

Indication de l'alcoomètre.

LE VIN.

TABLE DONNANT LA FORCE RÉELLE DES LIQUIDES SPIRITUEUX (*suite*)

Indication de l'alcoomètre.

Température de l'observation.	13	14	15	16	17	18	19	20	21	22	23
0	14.7	16.1	17.5	18.9	20.3	21.6	22.9	24.2	25.6	27	28.4
10°	13.8	14.9	16	17	18.1	19.2	20.2	21.3	22.4	23.5	24.6
11°	13.6	14.7	15.8	16.8	17.9	19	20	21	22.1	23.2	24.3
12°	13.5	14.6	15.6	16.6	17.6	18.7	19.7	20.7	21.8	22.9	24
13°	13.4	14.4	15.4	16.4	17.4	18.5	19.5	20.5	21.5	22.6	23.6
14°	13.2	14.2	15.2	16.2	17.2	18.2	13.2	20.2	21.2	22.3	23.3
15°	13	14	15	16	17	18	19	20	21	22	23
16°	12.9	13.9	14.9	15.9	16.9	17.8	18.7	19.7	20.7	21.7	22.7
17°	12.7	13.7	14.7	15.6	16.6	17.5	18.4	19.4	20.4	21.4	22.4
18°	12.5	13.5	14.5	15.4	16.3	17.3	18.2	19.1	20.1	21.1	22
19°	12.4	13.3	14.3	15.2	16.1	17	17.9	18.8	19.8	20.8	21.7
20°	12.2	13.1	14	14.9	15.8	16.7	17.6	18.5	19.5	20.5	21.4
21°	11.9	12.8	13.7	14.6	15.5	16.4	17.3	18.2	19.1	20.1	21.1
22°	11.7	12.6	13.5	14.4	15.3	16.2	17	17.9	18.8	19.8	20.7
23°	11.5	12.4	13.3	14.1	15	15.9	16.7	17.6	18.5	19.5	20.4
24°	11.3	12.2	13.1	13.9	14.8	15.7	16.5	17.4	18.3	19.2	20.1
25°	11.1	12	12.8	13.6	14.5	15.4	16.2	17.1	18	18.9	19.8
26°	10.8	11.7	12.6	13.4	14.2	15.1	15.9	16.8	17.7	18.6	19.5
27°	10.6	11.5	12.3	13.1	14	14.8	15.6	16.5	17.4	18.3	19.2
28°	10.3	11.2	12	12.8	13.7	14.5	15.3	16.1	17	18	18.9
29°	10.1	11	11.8	12.6	13.4	14.2	15	15.8	16.7	17.6	18.5
30°	9.8	10.7	11.5	12.3	13.1	13.9	14.7	15.5	16.4	17.3	18.2
	13	14	15	16	17	18	19	20	21	22	23

Indication de l'alcoomètre.

TABLE DONNANT LA FORCE RÉELLE DES LIQUIDES SPIRITUEUX (*suite*)

Indication de l'alcoomètre.

Température de l'observation	24	25	26	27	28	29	30	31	32	33	34
0	29.7	30 9	32.1	33.2	34 3	35	36 3	37.6	38 6	39.6	40.6
10°	25.7	26 8	27 9	29	30	31	32	33 1	34.1	35.1	36.1
11°	25 4	26.5	27.6	28.6	29.6	30.6	31 6	32.7	33.7	34 7	35.7
12°	25.1	26 1	27.2	28 2	29 2	30.2	31.2	32 2	33.2	34.3	35.3
13°	24 7	25.7	26.8	27.8	28 8	29 8	30 8	31.8	32 8	33.8	34.8
14°	24.3	25.3	26 4	27 4	28 4	29 4	30.4	31 4	32.4	33.4	34.4
15°	24	25	26	27	28	29	30	31	32	33	34
16°	23.7	24 7	25.7	26.6	27 6	28.6	29.6	30 6	31.6	32.5	33.5
17°	23.4	24.4	25 4	26.3	27.3	28.2	29.2	30 2	31 2	32 1	33.1
18°	23	24	25	25 9	26 9	27.8	28.8	29.8	30.8	31 7	32.6
19°	22 7	23.6	24.6	25 5	26.5	27 4	28 4	29.3	30.3	31.2	32.2
20°	22.4	23.3	24 3	25 2	26.1	27.1	28	28 9	29.9	30.8	31.8
21°	22 1	23	23 9	24.8	25.7	26.7	27.6	28.5	29.5	30.4	31.4
22°	21 7	22.6	23.6	26.4	25.3	26 3	27.2	28.1	29 1	30	31
23°	21 4	22.3	23.2	24 1	25	25.9	26.8	27.7	28 7	29.6	30.6
24°	21 1	21 9	22.8	23.7	24 6	25 5	26.4	27.3	28.3	29.2	30.2
25°	20.7	21 6	22.5	23 3	24.3	25.2	26 1	26.9	27.9	28 8	29.7
26°	20.4	21.3	22.2	23	23.9	24.8	25.7	26.5	27.5	28.4	29.3
27°	20.1	20.9	21 8	22 7	23.6	24.4	25 3	26.1	27.1	27.9	28.9
28°	19.7	20.6	22 5	22 3	23.2	24	24 9	25.7	26.6	27 5	28.5
29°	19.5	20.3	21.1	21.9	22 8	23.7	24 5	25.2	26.2	27.1	28.1
30°	19 1	19.9	20 8	21 6	22.5	23.3	24	24.9	25.8	26.7	27.7
	24	25	26	27	28	29	30	31	32	33	34

Indication de l'alcoomètre.

TABLE DONNANT LA FORCE RÉELLE DES LIQUIDES SPIRITUEUX (*suite*)

Indication de l'alcoomètre.

Température de l'observation.	35	36	37	38	39	40	41	42	43	44	45
0	41.5	42.5	43.5	44.4	45.4	46.4	47.4	48.4	49.3	50.3	51.3
10°	37.1	38.1	39.1	40.1	41.1	42.1	43.1	44.1	45 1	46.1	47.1
11°	36.7	37.7	38.7	39.7	40.7	41.7	42.7	43.7	44 7	45.7	46.7
12°	36 3	37 3	38.3	39.3	40.3	41.3	42.3	43 3	44.3	45.3	46.3
13°	35 8	36.8	37.8	38.8	39.9	40.9	41.9	42 9	43 9	44.9	43.9
14°	35.4	36.4	37.4	38.4	39.4	40.4	41.4	42 4	43.4	44.4	45.4
15°	35	36	37	38	39	40	41	42	43	44	45
16°	34.5	35.5	36.5	37.5	38.5	39.5	40.6	41.6	42.6	43.6	44 6
17°	34 1	35.1	36.1	37.1	38.1	39.1	40.1	41.1	42 1	43.1	44,1
18°	33.6	34.6	35.6	36.6	37.6	38 6	39.6	40.6	41 6	42 6	43 6
19°	33 2	34.2	35.2	36.2	37.2	38.2	39.3	40.3	41 3	42.4	43.4
20°	32.8	33.8	34.8	35.8	36.8	37.8	38.9	39.9	40.9	42	43
21°	32.4	33.4	34.4	35.4	36.4	37 4	38.4	39 4	40 4	41 5	42.5
22°	32	33	34	35	36	36.9	38	39	40	41.1	42 1
23°	31.6	32.6	33 5	34.5	35.5	36.5	37 6	38.6	39 6	40 6	41.6
24°	31.1	32.1	33.1	34.1	35.1	36.1	37.2	38 2	39.2	40.2	41.2
25°	30.7	31.7	32.7	33.7	34.7	35.7	36.7	37.7	38.7	39.8	40.8
26°	31.3	31 3	32.3	33.3	34.3	35 3	36.3	37.3	38.3	39.4	40.4
27°	29.9	30.9	31.9	32.9	33.9	34.8	35.9	36.9	37.9	39	40
28°	29.5	30.5	31.5	32.5	33.5	34.4	35.4	36 5	37.5	38.6	39.6
29°	29.1	30.1	31.1	32.1	33.1	34	35	36	37 1	38.1	39.1
30°	28.7	29.7	30.7	31.6	32 6	33.6	34.6	35.6	36 6	37.7	38 7
	35	36	37	38	39	40	41	42	43	.44	45

Indication de l'alcoomètre.

LIQUOMÈTRE MUSCULUS

MM. Musculus et Valson ont dernièrement pris un brevet d'invention pour un appareil qu'ils appellent liquomètre.

Il sert à donner le titre des vins et des liquides alcooliques qui ne renferment pas de sucre ; il repose sur le principe de l'action capillaire et diffère par conséquent des alcoomètres usités qui sont fondés sur le principe de la densité et sont inapplicables aux vins ordinaires, à cause de l'influence des matières extractives, tartre, tannin, matières colorantes qu'ils contiennent.

Le liquomètre se compose essentiellement d'un tube capillaire AB divisé en degrés alcooliques. Pour s'en servir, on l'adapte à une planchette

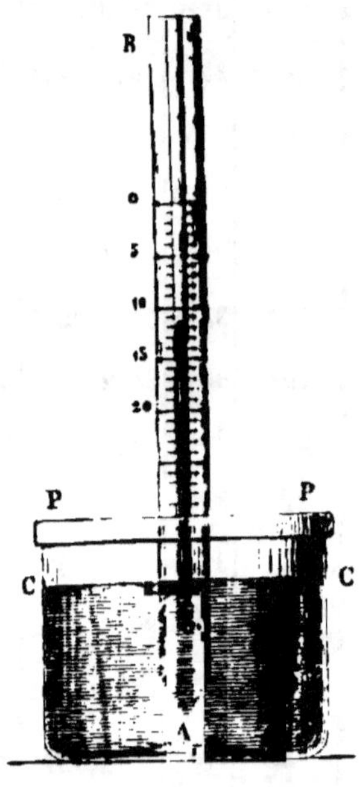

Fig. 8. — Liquomètre.

PP et on place le tout sur un verre ordinaire contenant le vin à éprouver. On fait affleurer la pointe A avec la surface CC du liquide, on aspire légèrement, et la division où ce liquide s'arrête dans le tube, indique le degré alcoolique.

Dans les opérations où l'on tient à obtenir une précision rigoureuse, il convient de se conformer aux prescriptions suivantes :

Commencer par plonger le tube pendant deux ou trois minutes dans de l'eau à la température de 15° indiquée par un thermomètre placé à côté.

Aspirer un peu d'alcool à 90 degrés à travers le tube, afin de le bien nettoyer, puis essuyer avec un linge fin et appuyer la pointe sur ce linge qui attire le liquide de l'intérieur du tube.

Placer la planchette sur un verre à boire ordinaire qu'on remplit à peu près aux trois quarts du liquide à essayer.

Prendre le tube entre le pouce et l'index par l'extrémité supérieure, l'introduire dans l'ouverture pratiquée au centre de la planchette et l'enfoncer jusqu'à ce que l'extrémité A plonge dans le liquide de 2 ou 3 millimètres. — On aspire alors le liquide par l'extrémité B, jusqu'à ce qu'il en soit arrivé un peu dans la bouche, afin de bien mouiller le tube intérieurement. — On relève ensuite le tube de sorte que la pointe A ne plonge plus, puis on le fait glisser lentement jusqu'à ce que le contact soit exactement établi par simple affleurement. — On y arrivera facilement en observant l'image du tube qui se réfléchit dans le liquide comme dans un miroir ; l'affleurement exact est obtenu au moment où le bout du tube et son image se touchent.

Aspirer de nouveau, mais légèrement et de manière qu'il ne sorte plus de liquide par l'extrémité B.

— On suit alors des yeux la colonne liquide qui redescend, et le point où elle s'arrête indique le degré alcoolique.

Il est convenable de répéter l'observation une fois ou deux comme vérification.

Cette méthode de dosage de l'alcool ne donne pas des résultats aussi précis que le procédé de Gay-Lussac. Mais ces indications sont suffisantes lorsque l'on doit faire un grand nombre d'essais ; seulement on devra bien ne pas perdre de vue que le liquomètre de Musculus et Valson donne un titre supérieur à celui qu'on obtient par l'alambic. Nous avons même trouvé que, malgré les corrections que les inventeurs recommandent dans leur notice, le titre alcoolique qui résulte de leur indication est encore trop élevé. Un des autres inconvénients de cet appareil est que la lecture des degrés est difficile, surtout lorsque la richesse alcoolique des vins que l'on essaye est considérable. Malgré cela, nous le répétons, le liquomètre doit rendre des services à l'œnologie.

Nous résumerons en peu de mots cette discussion sur la richesse alcoolique des vins et l'alcoométrie.

Nous avons vu que l'alcool est, des principes constituants du vin, celui qui contribue le plus à sa conservation. Aussi a-t-on depuis longtemps reconnu toute l'importance des essais alcoométriques. Gay-Lussac a donné à ces essais une précision toute mathématique.

La force d'un liquide spiritueux étant le nombre de centièmes d'alcool pur que le liquide renferme à

la température de 15° centigrades, Gay-Lussac a
construit un densimètre alcoolique, et calculé des tables au moyen desquelles on peut évaluer facilement
et promptement la teneur en alcool des liquides spiritueux. Seulement comme ces liquides tiennent en dissolution des substances qui agissent sur leur densité,
on distille préalablement, avant l'essai, tous les liquides dont on veut doser l'alcool. Collardot et plus

Fig. 9. — Alambic de Salleron.

tard Salleron ont construit de petits alambics, qui
dans un temps très-court, de 10 minutes à un quart
d'heure, permettent de distiller une quantité de liquide qui suffit à l'alcoométrie.

Nous avons donné dans deux tableaux la richesse
alcoolique d'un grand nombre de vins.

Si on discute ces chiffres, on verra que, à la teneur
en alcool de 16 à 17 pour 100, les vins ne craignent

plus aucune altération, qu'au-dessous de ce chiffre, la richesse alcoolique seule n'est pas pour le vin un élément assuré de conservation. Les acides pour les vins communs, les sels (les tartrates surtout) et le tannin pour les vins de l'Ouest et du Sud-Ouest sont des principes éminemment conservateurs.

Une richesse en alcool de 17 pour 100 environ permet aux vins de conserver une proportion considérable de sucre, sans que ce sucre puisse fermenter. C'est à cette particularité que nous devons les vins de liqueur dont le type est le malaga.

C'est à la présence de l'acide carbonique, plus qu'à celle de l'alcool, que les vins mousseux doivent de pouvoir rester sucrés à 9 pour 100 de sucre, sans que cette substance éprouve de décomposition.

Les grands vins de table, ceux qui sont les plus hygiéniques et les plus agréables au goût, contiennent peu d'alcool, 14 pour 100 au plus et encore très-rarement; souvent riches seulement à 11 pour 100, peu acides, ils ne donnent à l'évaporation qu'un faible résidu de 2 à 3 pour 100.

Musculus et Valson ont inventé un alcoomètre fondé sur le principe de la capillarité. Bien que ses indications soient moins précises que celles de l'alcoomètre de Gay-Lussac, nous en conseillons cependant l'essai. L'emploi de cet instrument indique très-approximativement pour un grand nombre de cas la richesse alcoolique des liquides spiritueux.

X

DES VINS OBTENUS AU MOYEN D'UNE ADDITION D'EAU ET DE SUCRE DANS LA CUVE

A l'époque des mauvaises récoltes que donnèrent les vignes depuis 1851 jusqu'en 1858, Gall en Allemagne, et M. Petiot en France indiquèrent un moyen de combler le déficit des récoltes, qui eut un grand retentissement dans le pays.

M. Dubrunfaut avait dit que la méthode du sucrage ne devait pas seulement être considérée comme méthode réparatrice d'une maturité incomplète, mais aussi comme moyen d'accroître utilement en quantité le volume des vendanges.

Pour arriver à ce résultat, lorsque l'on a tiré le vin de goutte de la cuve, on la remplit d'eau sucrée au degré de densité d'un moût ordinaire. Dans l'ouvrage de M. Maumené, M. Petiot raconte qu'il a ainsi fait jusqu'à sept cuvées de vin rouge avec le même marc de raisin.

On comprend difficilement comment dans ce marc, épuisé d'acides par les premiers mouillages, le sucre pouvait encore être interverti avant d'entrer en fermentation. M. Petiot ne nous dit pas s'il ajoutait

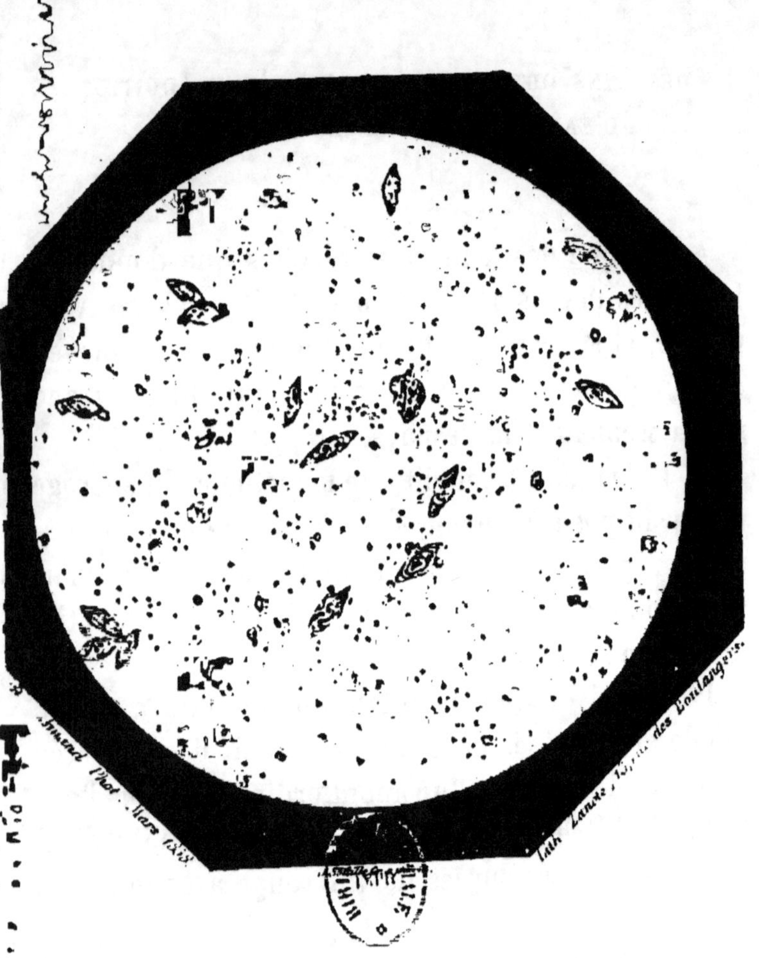

Vin de Pinot nouveau de 1857.

aux dernières cuvées des acides tartrique ou acétique destinés à activer la fermentation.

Nous avons vu de ces vins de M. Petiot. S'il avait bien réussi en 1854, année dont les raisins contenaient une telle proportion de matières colorantes que les vins ont été les plus colorés qu'on ait récoltés dans le siècle, il n'en est pas moins vrai que ceux qu'il avait faits en 1855 nous ont paru fades et sans saveur. S'ils ne manquaient pas d'une certaine finesse due aux excellents raisins de pinot qu'il avait pris pour cette opération, il y avait dans ces vins une mollesse et une couleur fausse qui leur nuisaient singulièrement.

C'est dans la fabrication des vins mousseux que les vins à l'eau ont surtout été employés dans la période de mauvaises récoltes que nous avons citées.

Dès que les récoltes devinrent plus abondantes, cette méthode Gall et Petiot fut abandonnée, et il est aisé de le comprendre. Elle ne pouvait donner à la consommation que des vins ordinaires ; en indiquant dans le tableau suivant les quantités de sucre qu'on devait employer pour faire un vin passable, on verra que le prix de revient de ces vins était fort élevé. On cessa donc d'en produire, et on fit bien. Ces vins n'étaient évidemment pas malfaisants comme on s'en plaignit à l'administration ; mais, peu riches en parties sapides, ils ne devaient pas avoir pour l'homme qui travaille la propriété nutritive du vin foncé en couleur, âpre et acide que les cépages communs produisent dans les années dont la récolte a réussi.

Si les quantités de sucre employées pour donner un moût d'une densité ordinaire étaient déjà très-considérables, un moût riche demandait une addition de 25 à 30 kilogrammes de sucre par hectolitre d'eau.

QUANTITÉS D'EAU de la dissolution.	SUCRE AJOUTÉ.	DENSITÉ.	VOLUME.
100 litres	5 k	»	102
100 —	10	1040	104
100 —	15	1060	106
100 —	20	1080	108
100 —	25	1100	110
100 —	30	1120	120

La densité du moût d'un bon gamet étant de 1080, M. Petiot, pour faire un vin de cet ordre, employait donc par hectolitre d'eau 20 kilogrammes de sucre, et par pièce de 228 litres 45 kilog. 8.

Comme le volume qui résulte de l'addition de 45 kilogrammes 8 de sucre dans 228 litres d'eau est de 246 lit. 24. la pièce de 228 litres ne contenait en réalité que 42 kil. 40.

Le sucre employé dans cette méthode de sucrage tait du sucre en pain payé à 1 fr. 50 le kilogr. C'était donc déjà de 63 fr. 60 qu'était chargée la pièce de vin à l'eau. Les frais de fabrication devaient facilement porter à 70 francs le prix de revient de la pièce de cette sorte de vin ; et cela pour obtenir un vin qui n'avait que la richesse alcoolique de nos vins communs, 8 à 8.50 pour 100.

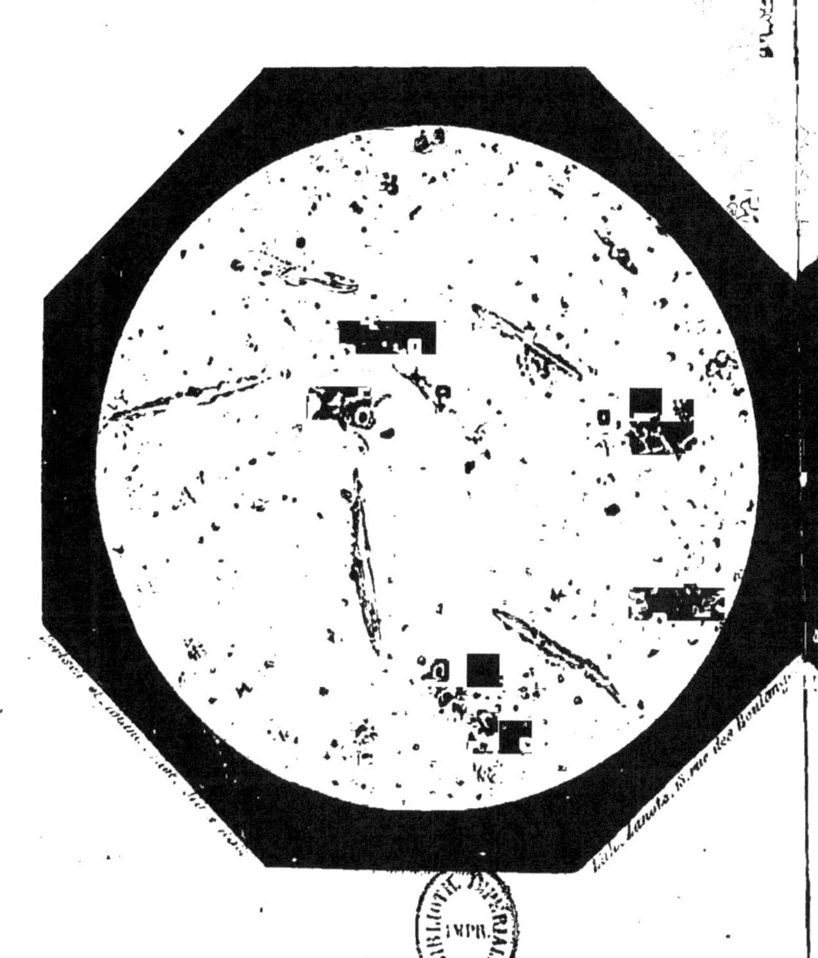

Vin de Pinot vieux (1846) excellente qualité.

Nous avons su que pour obtenir leurs meilleurs vins, MM. Gall et Petiot ajoutaient jusqu'à 30 kilogrammes de sucre par hectolitre d'eau, environ 70 kilogrammes par pièce de 228 litres, soit une valeur en sucre de plus de 100 francs.

L'abondance des récoltes a donc fait promptement abandonner cette méthode.

Si, comme le demandait M. Dubrunfaut, le gouvernement qui avait accordé à cette époque le vinage en franchise à sept départements du Midi, eût aussi concédé aux départements vinicoles le sucrage en franchise, le prix du sucre libéré d'impôt n'aurait plus été que de 90 centimes le kilogramme, et comme, à ce chiffre, le sucrage d'une pièce n'aurait pas dépassé 40 francs, peut-être eût-on continué à fabriquer ce genre de produits.

Lorsqu'en 1854 on parla pour la première fois de ces vins à l'eau, l'émoi fut grand parmi les viticulteurs. On se plaignait à l'État qu'ils étaient malfaisants, et ce qu'il y avait de plus grave, disait-on, c'est qu'il n'y avait pas de moyen de les distinguer des vins naturels !

Nous fîmes à cette époque quelques recherches à ce sujet, et c'est par l'examen microscopique de ces vins que nous arrivâmes à les reconnaître. Pour y parvenir, nous faisions évaporer sur une lame de verre une goutte de vin provenant soit de vins naturels, soit de vins factices de la même année, et la comparaison de la préparation microscopique montrait une grande différence entre les vins naturels et ceux qui ne l'é-

taient pas. C'était par leur pauveté en cristaux que
se distinguaient surtout les vins à l'eau.

Ce succès nous engagea à étudier au microscope
un très-grand nombre de vins et plus tard, en 1858,
nous reproduisîmes, comme nous l'avions annoncé en
1855, par la photographie, un certain nombre des
préparations microscopiques que nous avions obtenues.

Les trois photographies que nous donnons ici représentent : la première un vin nouveau de pinot de
la récolte de 1857 ; la seconde un vin vieux arrivé à
toute sa perfection (c'est un vin de pinot de l'année
1846) ; la troisième enfin un vin de pinot malade de
la récolte de 1852. Ce qu'il y a de remarquable dans
cette dernière photographie, c'est qu'elle est couverte
de petits articles dans lesquels le lecteur, quoi qu'en
dise M. Pasteur, reconnaîtra le *mycoderma aceti* de
la première figure de son ouvrage sur le vin.

En résumé, dans son travail sur le sucrage des
vins, M. Dubrunfaut avait annoncé que, dans les années de disette, l'emploi du sucre était un moyen
d'accroître le volume de la vendange.

En suivant ces indications, Gall en Allemagne et
Petiot en France, ont fabriqué du vin en additionnant aux marcs de la cuve, de l'eau et du sucre.

Cette fabrication a pu donner un prix rémunérateur
de 1851 à 1856, lorsque les vins avaient une grande
valeur. Disons toutefois que ces vins peu acides, peu
sapides, généralement fades et peu riches en matières colorantes, n'ont plus eu leur raison d'être,

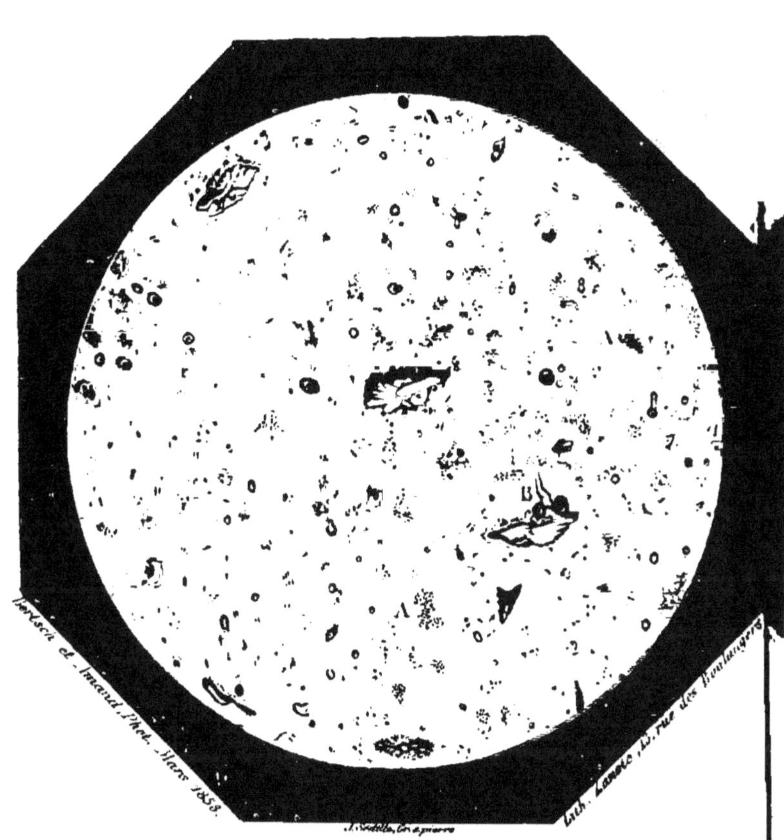

Vin de Pinot malade de 1842.

A *Mycoderma aceti*; B *Tartrate de chaux*.

lorsque l'abondance des récoltes a fait baisser le prix des liquides spiritueux, leur prix de revient étant toujours très-élevé.

On a mieux réussi dans l'emploi de ce procédé à la fabrication des vins mousseux.

D'ailleurs l'examen microscopique des vins nous a permis de les reconnaître, et c'est à cette occasion (en 1855) que nous avons donné plus d'importance à nos études microscopiques, et que nous avons eu l'idée de reproduire les vins au moyen de la photographie.

Sur l'une des figures, exécutée par Bartsch en 1858 (celle du vin malade), que nous joignons au texte de ce livre, on verra le *mycoderma aceti* de M. Pasteur.

XI

SOINS A DONNER AUX VINS PENDANT LA PREMIÈRE ANNÉE

Nous avons dit que les vins pouvaient rester dans les celliers où nous les avons laissés, jusqu'au mois de mars de l'année qui suit celle de leur récolte. Pendant l'hiver, les soins qu'on leur donne se bornent à des remplissages réguliers. Ils sont fréquents au début, comme nous l'avons fait observer, et on finit par ne plus les remplir qu'une fois par mois.

Encore arrive-t-il que, si les froids sont vifs et que la température du dehors se fait sentir dans le cellier, le vin augmente de volume et les fûts, dans ce cas, n'ont pas besoin d'être remplis.

On peut évaluer à un litre par mois le déchet qui s'opère sur une pièce de vin de 228 litres depuis le moment où les fûts ont été scellés.

C'était au mois de mars que l'on soutirait autrefois les vins nouveaux; c'est encore à la même époque que nous pratiquons ce premier soutirage. Seulement nous serons moins absolu et nous choisirons notre moment suivant l'état de la saison.

Si la pression barométrique est considérable, si le vent souffle du nord-est, sans être trop froid, le vin sera d'une grande limpidité dans le tonneau, la lie très-ramassée au fond du fût. Ce sera pour nous la meilleure indication que le soutirage est opportun. Si ces conditions atmosphériques se rencontrent au mois de janvier ou dans celui de février, nous nous hâterons d'en profiter afin de séparer le vin de sa lie.

Ce premier soutirage se fait quelquefois à l'air libre. On reçoit le vin dans des *sapines* (vases en bois de sapin), et on le verse dans un entonnoir placé sur le tonneau vide; le plus souvent, tous les soutirages qu'on pratique sur les vins fins se font au boyau et sans que le vin ait le contact de l'air dans cette opération.

Lorsqu'on a récolté des vins très-riches en matières sucrées, ou si les vins ont été *procédés*, on se trouve souvent bien de les mélanger plusieurs fois avec leur lie dans les mois qui suivent la vendange. On obtient ce résultat en roulant les tonneaux dans lesquels ils sont logés. Nous recommanderons particulièrement cette opération dans l'élevage des vins blancs. Elle a pour but aussi de blanchir ceux de ces vins qui auraient pu jaunir après l'envaisselage.

On avait autrefois l'habitude de faire souvent voyager sur leur lie les vins nouveaux de Bourgogne, lorsqu'ils devaient être exportés dans le Nord, en Belgique notamment. Cette manière d'opérer ne leur était nullement préjudiciable. Les négociants habiles et soigneux qui recevaient ainsi nos vins dans le courant de l'hiver qui suivait la récolte, les soutiraient comme nous le faisons, et on trouvait dans cet usage ce bon résultat qu'un voyage fait dans ces conditions ne fatiguait pas le vin, tandis que souvent, plus tard, il n'en était pas de même.

Disons encore en terminant que, si l'on opère sur des vins fins, il est de la plus haute importance que, dans les soutirages, ces vins soient toujours logés dans des fûts fraîchement en vidange et qui aient servi à l'envaisselage des mêmes qualités.

Il est inutile d'insister sur ce fait que, en dehors des cas tout particuliers que nous venons de citer, on devra soutirer les vins toutes les fois qu'ils devront voyager.

Collage des vins. — Quand bien même le vin serait d'une limpidité entière, on est dans l'habitude de le coller à la suite de ce premier soutirage. On colle le vin avec des blancs d'œufs ou des tablettes de gélatine. Celle de Laisné est celle à laquelle on donne la préférence.

Si on emploie des œufs pour cette opération, on met par pièce de quatre à six blancs d'œufs. On les bat avec quelques verres de vin pris dans la pièce qu'on veut coller et on les verse dans le tonneau. Le vin est alors fortement agité avec un bâton qu'on introduit par la bonde, puis le fût est exactement rempli et on le scelle.

Que se passe-t-il dans cette opération? Le vin contient plusieurs substances qui jouissent de la propriété de coaguler les matières albuminoïdes. L'alcool, le tannin, les acides agissent sur le blanc d'œuf en le coagulant, et sur la gélatine en la précipitant de sa dissolution..Dans le collage il arrive donc ceci : les substances albuminoïdes qu'on ajoute au vin y forment de suite un abondant précipité qui ne tarde pas à se déposer au fond du tonneau ; et ce précipité entraîne avec lui toutes les parties de lie et de ferment que le soutirage aurait pu laisser dans le vin à l'état flottant. A ce point de vue, le collage donne de bons résultats ; mais, sur d'autres points, il laisse beaucoup à désirer. D'abord il introduit toujours dans le vin des substances étrangères, et on sait, d'ailleurs, par les expériences de M. Bouchardat, que les matières albuminoïdes peuvent développer la fermentation ; et puis ces matières ne sont précipitées que par ce qu'elles se sont combinées avec quelques-unes des matières constituantes du vin les plus nécessaires à sa conservation, l'alcool, le tannin ou les acides. Nous verrons plus tard que souvent ce premier collage pourrait être évité, et, dans le cas contraire, on devrait peut-être employer, comme nous l'avons proposé, une colle dans la composition de laquelle entrerait une certaine quantité de tannin. Dans ce cas, si l'espèce de réseau que le précipité des matières albuminoïdes de la colle fait dans le vin, a toujours lieu, il se fait du moins avec les éléments qui sont contenus dans la colle seule, et n'emprunte rien au vin.

L'emploi des œufs ne réussit pas avec les vins blancs. Dans ce cas on se sert de gélatine. Nous préférons à la gélatine la colle de poisson; cette colle provient de la vessie natatoire du grand esturgeon. On la coupe en minces lanières; elle se gonfle dans l'eau, et la gelée fine et transparente qu'on obtient en l'y faisant digérer est facilement coagulée par l'alcool du vin. On peut, avec un kilo de gélatine, coller de trente à quarante pièces de vin de 228 litres. Qu'on opère sur des vins rouges ou des vins blancs, les proportions à prendre sont les mêmes.

Avant les chaleurs de l'été, on soutire de nouveau les vins afin de les séparer de l'abondant dépôt qui s'est formé dans le tonneau à la suite du collage. Cette fois le soutirage se fait au boyau, et on préserve autant que possible le vin de tout contact avec l'air atmosphérique.

En résumé, avec l'albumine des blancs d'œufs, albumine que coagulent la chaleur, l'alcool, les acides, etc., on forme par le collage au milieu du vin une sorte de réseau qui entraîne au fond du fût

tout ce qu'il peut contenir de dépôts lég ers ou flot
tants.

Avec la gélatine qui se combine avec le tannin du
vin, on obtient un résultat analogue, seulement la gélatine enlève ainsi au vin un de ses plus précieux éléments. Nous avons, il y a quelques années, publié un
opuscule sur cette question. Dans cette notice *sur l'emploi du tannin dans le collage des vins*, à laquelle les
œnologues ont bien voulu faire souvent quelques em-
prunts, nous avons indiqué dans quelles circonstances
on pouvait se servir du tannin pour le collage.

On sait que, dans certains vignobles, on est dans
l'usage d'ajouter du sel (chlorure de sodium) à la colle
que l'on emploie. Pour nous, le sel qui se dissout mal
dans le vin a pour effet de donner plus de poids à la
colle, et aussi une fois qu'il est mêlé au dépôt, d'empêcher ce dépôt de s'altérer. C'est encore là l'action qui
se produit, lorsque, dans les vins communs qu'on
peut croire menacés du tour et de la pousse, on
ajoute 500 grammes de sel par pièce au moment où
on les entonne au sortir de la cuve. Le sel donne de
la fixité aux lies et peut arrêter les fermentations.

On colle encore les vins avec du sang de bœuf, avec
du lait, etc., et toujours il se produit dans cette opération une double action, l'action mécanique que
nous avons décrite, et l'action chimique dont les effets
sont très-variables.

Aussi ne conseillerons-nous qu'avec beaucoup de
réserve l'emploi des colles dont la composition est
tenue secrète, et leur préférerons-nous celui des colles

dont nous pourrons constater la pureté et la fraîcheur.

Dans les vins, le tannin est si intimement lié aux matières colorantes qu'ils contiennent, que les combinaisons du tannin avec la gélatine entraînent toujours des quantités très-appréciables de ces matières. Aussi dit-on que les collages dépouillent le vin.

Lorsque le commerce envoie ses produits au consommateur, il est aujourd'hui dans l'usage d'expédier les vins après les avoir préalablement collés. Pendant le voyage, la colle se mêle au vin, agit sur ses éléments, et on a reconnu qu'arrivé chez le destinataire et après quelques jours de repos, ce vin acquérait une limpidité parfaite.

Dans le cas où, après un collage fait dans de bonnes conditions, le vin ne présenterait pas cette limpidité qui est un de ses principaux avantages, nous recommanderons de ne point avoir recours à un nouveau collage. Il est probable, dans ce cas, que ce vin conserve un reste de fermentation, et on devra lui appliquer d'autres soins.

XII

FERMENTATION DES VINS AU TONNEAU

Il n'est pas rare qu'à la fin du mois de juillet, ou au commencement du mois d'août, à l'époque de l'année où les caves ont la température la plus élevée, il n'est pas rare, disons-nous, que les vins (1) éprouvent un léger mouvement de fermentation.

Cet effet se produit surtout si l'on a récolté des raisins très-mûrs, figués même, et si le vin a conservé un reste de saveur sucrée. Mais on le remarque presque toujours sur les vins qui ont été sucrés à la cuve d'après les procédés que nous avons décrits, quand les quantités de sucre qui ont été ajoutées au moût ne l'ont pas été dans des proportions convenables.

Ajoutons que, si l'on opère sur des vins de cette qualité, que leur saveur sucrée soit naturelle ou qu'elle soit artificielle, les collages du printemps sont contre-indiqués.

Si les vins fermentent, on perce au-dessus du ton-

(1) Il est toujours ici question des vins que nous appellerons encore vins nouveaux, parce que ce sont les derniers que nous avons récoltés.

neau, à côté de la bonde, un petit trou qu'on ferme légèrement avec un fausset, et on lève ce fausset de temps en temps afin de faire sortir l'acide carbonique que la fermentation dégage du vin. La fermentation alcoolique dure ainsi quelquefois une année entière dans ces sortes de vins, et les collages qui réussissent, si on opère sur des vins tranquilles, n'auraient, dans ce cas, d'autre effet que d'introduire dans le liquide des substances étrangères qui pourraient prendre part à la fermentation et en altérer le goût.

Il est très-important d'empêcher au mois d'août la fermentation secondaire qui se produit quelquefois dans les vins nouveaux. Sa nature est cependant encore bien franchement alcoolique. Mais le mouvement qu'elle imprime à la masse soulève le dépôt, trouble le vin, et il peut arriver que des fermentations de mauvaise nature lui succèdent, sans qu'on puisse saisir la transition qui, nécessairement, doit se faire de l'une à l'autre de ces fermentations.

Nous donnerons donc à nos vins, sur la fin de juillet, un troisième soutirage. Cette fois encore, cette opération se fera avec l'aide du boyau, et on brûlera un peu de mèche de soufre dans le tonneau vide et fraîchement en vidange qui devra recevoir le vin.

Nous n'entrerons dans aucun détail sur l'action de la mèche soufrée. Tout le monde sait que, par sa combustion, le soufre donne de l'acide sulfureux, et que ce gaz est un des plus puissants agents qu'on emploie contre les fermentations.

Nous dirons cependant quelques mots des effets qu'on lui demande et qu'on en obtient dans le méchage des fûts de vins. Il est très-important, comme nous l'avons vu, que les tonneaux dans lesquels on loge du vin aient un goût très-franc. Or si, lorsqu'ils viennent d'être vidés, on n'a pas le soin de les laver et de brûler un peu de mèche soufrée dans l'atmosphère du fût, leurs parois, couvertes de substances très-avides d'oxygène, sont promptement envahies par des végétations microscopiques, et elles prennent soit un goût de moisi, si les fûts ont contenu des vins fades et plats, soit un goût d'acide acétique, si ces vins étaient riches en alcool. Nous savons que l'acide sulfureux, les sulfites alcalins et surtout les bisulfites de soude et de chaux jouissent de la propriété d'arrêter les fermentations. Le méchage, en remplissant les fûts d'acide sulfureux, remédiera donc à l'inconvénient que nous venons de signaler.

Lorsque l'on tarde trop d'avoir recours à cette opération, il peut se faire que tout l'oxygène de l'atmosphère du fût vide ait été absorbé par les actions chimiques et organiques qui se sont passées dans l'intérieur du fût, et qu'il n'y reste plus que de l'azote ; dans ce cas, la mèche soufrée ne brûle pas dans le tonneau, et il faut l'aérer avec un soufflet de tonnelier.

Nous avons souvent préparé avec le vin blanc une sorte de vin muté qui a eu assez de succès. Disons d'abord ce que c'est que le mutage du vin et comment on le pratique.

Lorsqu'on verse quelques litres de vin dans un fût qui a été préalablement rempli d'acide sulfureux, le liquide absorbe tout le gaz si on agite le fût. C'est à ce point qu'on peut de nouveau brûler un autre morceau de mèche dans la partie vide du fût, ajouter de nouvelles quantités de vin, et voir encore le gaz sulfureux se combiner avec les liquides du tonneau.

Quand on a ainsi brûlé dans les fûts plusieurs morceaux de mèche, et qu'on juge suffisante l'absorption par le vin du gaz acide sulfureux qu'on a produit, on dit que le vin est muté. Il entre très-difficilement en fermentation, et conserve la saveur qu'il avait au moment de l'opération.

Pour préparer un vin muté qui soit agréable, on choisit les vins blancs les plus fins. Quand la fermentation alcoolique qui suit la récolte en est arrivée à ce point que le vin prend l'aspect laiteux, on se hâte de soutirer le vin, on le mute fortement et on le colle avec de la colle de poisson.

Dès que le vin est clair, on le met en bouteilles, et on le laisse pendant quarante-huit heures dans une étuve chauffée de 45 à 50°.

Le vin traité de cette manière conserve le degré de saveur sucrée qu'on désire, et rappelle, par son goût, les meilleures tisanes de Champagne.

Autrefois on disait que, se combinant avec l'oxygène qui reste en présence des matières végétales, le soufre les privait de tout contact avec ce grand agent de décomposition. Aujourd'hui, on assure que l'acide sulfureux tue les organismes inférieurs qui vivent dans l'acte des fermentations. Quelle est la plus vraie de ces théories, et celle de la vie des ferments sera-t-elle la dernière? Nul ne peut le dire encore; mais enrichissons toujours les domaines de la science de tous les faits que nous pourrons recueillir. Ces faits seront vrais dans toutes les théories.

En pratiquant sur les vins le soutirage de l'été, nous avons dit qu'il avait surtout pour but d'empêcher les fermentations qui se manifestaient quelquefois à cette époque. Dans le cas où ce soutirage ne les arrêterait pas entièrement, on peut encore par excès de prudence établir sur le tonneau le fausset de sûreté dont nous venons de parler. En le levant de temps à autre, on s'assure s'il y a ou non de la fermentation dans le vin. Si cette fermentation existe, on entend alors un léger sifflement au moment où l'on enlève le fausset.

Lorsque les vins éprouvent, dans l'été, le genre de fermentation dont nous venons de parler, on a reconnu que si les gaz qui se produisent dans le tonneau ne trouvent pas d'issue, ils peuvent soulever le dépôt du vin et amener ainsi de grands troubles dans son économie.

Enfin quelquefois, au mois de novembre, à l'époque des premiers froids, on donne un quatrième soutirage aux vins nouveaux. Celui-ci s'applique surtout à des vins qui, malgré le soutirage du mois de juillet, ont continué à donner quelques indices de fermentation.

Il est inutile de dire que, pendant toute cette première année, les vins ont été remplis régulièrement tous les mois et qu'on les a, surtout pendant l'été, tenus dans des caves aussi fraîches que possible.

On ne prend pas tous ces soins lorsqu'il s'agit des vins provenant des cultures du gamet. Au mois de mars ou d'avril, on soutire ces vins afin de les séparer de leur lie. On ne les colle pas, et ce n'est qu'au mois de septembre suivant, et encore pas toujours, qu'ils reçoivent un second soutirage.

Pourquoi cette différence de méthode dans la conduite des vins? car enfin les produits des gamets, et en général ceux de tous les plants communs, sont moins riches en alcool que ceux qui proviennent des plants fins, et il semble que les vins les plus faibles sont ceux qui demandent le plus de soins. Il y a là une distinction très-essentielle à bien établir : si les cépages de plants fins (en Bourgogne du moins) sont plus rustiques que ceux des plants communs, il n'en est pas de même de leurs vins. Le vin de gamet (il est entendu que nous parlons ici de celui qui a été produit avec des raisins sains, mûrs, bien récoltés et qui a une richesse alcoolique de 8.70 à 9 pour 100), le vin de gamet, disons-nous, s'il est peu riche en matières colorantes et extractives, l'est davantage en acides et en tartre, et la dureté qu'il doit à ces principes est un des principaux et des plus précieux éléments de conservation que nous connaissions.

Le vin de pinot et les vins fins en général sont peu acides, mais riches en couleur et en matières extractives; ils tiennent en dissolution des substances très-avides

d'oxygène, ce sont les substances colorantes et albuminoïdes. Enfin, comme leurs qualités dépendent avant
tout de la franchise de leur goût, dès qu'il y a de ce côté
la moindre tache, leur valeur s'évanouit. On voit qu'il
ne se passe rien de pareil pour les vins communs. On
a souvent reproché aux grands vins rouges de la
Champagne et de la Bourgogne de ne se point conserver. Cela tient tout simplement à ce que ces vins,
surtout ceux de la Champagne, sont d'une extrême
finesse, et avec les conditions d'élevage dans lesquelles
ils ont succombé, les vins de gamet et les vins communs non-seulement se seraient conservés, mais
peut-être même se seraient-ils améliorés.

Voilà pourquoi les vins fins demandent tant de
soins. Le jour où les consommateurs préféreront les
vins durs, secs et acides, il sera très-facile de leur en
donner, et on pourra répondre de leur conservation.
Mais plus on recherchera la finesse et la délicatesse
du vin, moins celui-ci présentera de rusticité. Ceci
est élémentaire et vulgaire dans tous les vignobles.
Nous demandons donc pardon au lecteur d'avoir si
longtemps insisté sur ce point.

En résumé, lorsque les vins arrivent dans leur perfection chez le consommateur, il ne se doute pas de
tous les soins qu'a demandés leur élevage.

Ainsi, dans les premières années, les vins fins reçoivent trois et souvent quatre soutirages. Tous les mois,
on remplit le vide que l'évaporation laisse dans les fûts.
Le premier soutirage se fait à la fin de l'hiver. On
choisit, pour ce travail, le moment où l'air est vif,

sans être trop froid, et le baromètre élevé. On a reconnu depuis longtemps que c'est dans ces circonstances que les vins ont toute leur limpidité.

Si l'on n'a pas à craindre que les vins fermentent
pendant l'été, si on a reconnu que toute la matière
sucrée est décomposée, on peut coller les vins. Dans
le cas contraire, et surtout si on opère sur des vins
procédés, on s'en abstiendra.

Le collage, comme les soutirages, ont pour but de
séparer le plus complétement possible les vins de leurs
dépôts. De tout temps et dans toutes les théories,
ces dépôts ont été considérés comme la cause première des fermentations secondaires et des maladies
auxquelles ils sont sujets.

Le plus important des soutirages est celui du mois
de juillet; car souvent, à la suite de la fermentation
alcoolique qui se termine à cette époque, surviennent
des fermentations de mauvaise nature qui altèrent la
franchise du vin.

Dans la première année qui suit la récolte, on fait
souvent usage de mèches soufrées. La combustion
du soufre remplit les fûts vides de gaz acide sulfureux. Ce gaz, dont chaque théorie explique l'action à
son point de vue, arrête les fermentations des liquides
sucrés ou spiritueux.

Les vins communs demandent moins de soins que
les vins fins. Ils sont plus rustiques, plus acides,
moins colorés (du moins en Bourgogne) que les vins
fins, moins riches qu'eux en parties sapides. Ils reçoivent un soutirage la première année, quelquefois,

mais rarement deux, et on peut affirmer qu'en général, on les conserve sans apporter grande attention à leur élevage. Disons, cependant, que plus on leur donnera les soins que reçoivent les vins fins, et plus on améliorera leurs qualités.

C'est à ce moment de leur âge — quinze mois après la récolte — que l'on peut seulement bien apprécier les qualités des vins fins. Voici alors ce qu'on demandait autrefois aux vins de Bourgogne.

« Le vin doit avoir une couleur vermeille, une odeur suave et une grande franchise. Il doit être léger, moelleux et vif.

« La couleur vermeille est plus ou moins nuancée, selon la qualité des cuvées et du terrain. Il y a en Bourgogne de quoi contenter l'étranger ; les uns veulent une haute couleur, d'autres la veulent légère. *La moyenne est la meilleure et la plus sûre.*

« *L'odeur suave* est ce parfum que nous appelons le bouquet que le vin répand à l'ouverture d'une bouteille, et que l'on suit mieux en agitant le verre sous le nez. C'est un goût de fruit mais plus pénétrant.

« *La franchise* consiste à être exempte lorsque l'on goûte le vin de tout goût étranger au fruit. La langue et le palais sont la pierre de touche.

« Le vin rouge ne doit pas être liquoreux (cette qualité n'est bonne qu'aux vins blancs). Il ne doit avoir ni le goût sucré, ni le goût fade.

« Le vin *léger* a cette délicatesse et cette finesse qui le rendent de facile digestion.

« Le vin *moelleux*, celui que l'étranger appelle

soyeux, a du corps sans avoir trop de fermeté. C'est cette demi-fermeté qui le conserve.

« Le vin *vif* doit être de saveur délicate. S'il l'est trop, cela vient de la verdeur du fruit; s'il ne l'est pas assez, cela annonce ou le trop de maturité ou la faiblesse des sels qui entrent dans sa composition. Ici, quand le vin a le juste tempérament, nous disons qu'il est vineux. »

Ces qualités, que l'on demandait aux vins de la Bourgogne, il y a un siècle et demi, sont encore celles que l'on recherche chez eux aujourd'hui ; et on peut l'affirmer, ce sont celles aussi qui sont le plus appréciées dans tous les grands vignobles.

Nous avons vu que les soins apportés à la vendange, ceux qu'on donne à la fermentation, avaient toujours le même but, celui de développer dans les vins les qualités que nous venons de décrire.

Une des conditions les plus nécessaires au succès de l'élevage des vins est celle de leur logement dans de bonnes caves.

XIII

CAVES

Les caves, qu'il ne faut pas confondre avec les celliers qui sont au niveau du sol, sont toujours creusées en terre à une certaine profondeur. Elles sont voûtées, et, en admettant que leur élévation à la clef doive être de 3 m. 20 c. et que l'épaisseur de la maçonnerie et celle du pavage de l'étage supérieur soient ensemble de 70 centimètres, nos caves auront sous le sol une profondeur de 3 m. 90 c. Elles peuvent être creusées dans le rocher, dans le gravier, dans des terrains d'alluvion moderne ou enfin au milieu de terres rapportées.

Les meilleures sont celles qui sont construites dans le rocher. Ce sont les plus saines et celles dont l'atmosphère convient le mieux aux vins. Celles qui ont été établies au milieu des terrains de déblai sont les moins bonnes.

On comprendra très-bien quelle influence l'air des caves peut avoir sur le vin quand on saura que cet air pénètre incessamment dans le vin à travers les pores du bois des tonneaux, et qu'en définitive c'est là son atmosphère.

Une bonne cave ne doit être ni trop sèche, ni trop humide ; si on peut lui donner une plus grande hauteur que celle que nous avons indiquée, il ne faut pas hésiter à le faire ; les caves élevées sont très-appréciées de tous les œnologues.

Nous voulons les caves obscures, n'ayant d'ouvertures que du côté du nord.

La température est loin d'y être aussi peu variable qu'on le croit généralement. Dans une excellente cave creusée au milieu des calcaires compactes de l'oolite inférieure, cave située à 20 mètres au moins au-dessus du niveau des eaux de la localité, nous observons fréquemment en été, à la fin du mois de juillet ou au commencement de celui d'août, des températures de 16° cent., et en hiver, à l'époque des plus grands froids, le thermomètre y peut descendre à 3° cent.

Nous ne craignons pas d'ailleurs pour les vins des écarts de température qui restent dans ces limites. Nous avons souvent entendu citer à ce sujet ce fait-ci : il existe en Bourgogne une cave très-profonde; elle est à près de 12 mètres au-dessous du sol. On y arrive en traversant une cave supérieure construite au-dessus d'elle, et la température s'y maintient toute l'année à environ 12° 1/2 cent. Eh bien, on a remarqué que les vins qui y séjournent restent longtemps jeunes, et éprouvent en en sortant de notables changements dans leur composition. Ce fait n'a pas de gravité, s'ils doivent avant d'être livrés aux consommateurs être conservés pendant quelque temps dans d'autres caves; mais dans le cas contraire, ces vins, qui n'ont pas été soumis aux conditions de température ordinaire, peuvent souffrir de ce changement. On voit qu'avant d'arriver au consommateur, ils ont besoin de passer par une cave d'acclimatation. Nous devons donc nous contenter des caves qui sont construites dans les conditions que nous avons indiquées.

L'emploi général que l'on fait aujourd'hui de bonnes chaux hydrauliques pour les constructions souterraines nous permet de donner de grandes largeurs à nos caves. Nous en avons fait construire une qui a 10 mètres de largeur, la voûte n'ayant que 1 m. 50 c. de flèche. Cette largeur est nécessaire lorsque la cave doit recevoir six rangs de tonneaux ; elle ne sera que de 8 à 9 mètres pour une cave de cinq rangs et de 6 à 7 pour une de quatre. Dans toutes les caves, les naissances doivent avoir au moins 1 m. 70 c. de hauteur, afin que, même le long des murs, les fûts puissent, si le besoin s'en faisait sentir, être gerbés. On dit qu'on gerbe des vins lorsque sur un premier rang de tonneaux on en met un second. Cette méthode, dont les grands marchés de vin donnent un exemple souvent exagéré, nous permet de doubler, dans les années d'abondance, la contenance de nos caves.

Nous avons donc, comme nous l'avons dit, au bout de quinze mois, des vins très-souvent suffisamment faits de tempérament et de goût pour que nous puissions les livrer au consommateur.

Les Belges, qui sont de grands appréciateurs des vins de Bourgogne et chez qui on les boit parfaits, les reçoivent ordinairement à cet âge et les mettent en bouteilles trois ou quatre mois plus tard.

Ce ne sont pas là les habitudes de tous les pays, et d'ailleurs le producteur qui conserve dans ses caves les vins qu'il n'a pas vendus, ne pourrait mettre en bouteilles et vendre dans cet état les quantités souvent considérables de vins qu'il a chez lui.

XIV

SOINS QUE DEMANDENT LES VINS VIEUX

Voyons donc quels soins ces vins demanderont dans les années qui suivent? Ces soins se bornent à très-peu de chose. Remplir exactement les fûts tous les mois et cela toujours avec le vin de la cuvée. Deux fois par an, au mois d'avril et au mois d'août, séparer les vins de leurs dépôts.

Lorsque les vins ont été faits dans de bonnes conditions avec des raisins sains et récoltés mûrs, s'ils ont reçu tous les soins que nous avons indiqués, il est très-rare qu'ils deviennent malades dans les caves du producteur.

Mais si, lorsqu'ils sont déjà dans leur maturité, ils subissent des mélanges susceptibles de déterminer chez eux un nouveau travail; si le consommateur les conserve longtemps en fûts dans de mauvaises caves au milieu des fruits et des légumes du ménage, s'il ne les remplit pas, les met en bouteilles en s'y reprenant à plusieurs fois pour le même fût; si enfin ses caves sont chaudes, humides et si leur atmosphère est infecte, oh! alors, il faudrait des vins bien robustes pour résister à un pareil régime et nous conseillerions au consommateur, trop peu soucieux et soigneux des produits de prix qu'il a reçus, de ne jamais s'approvisionner que de vins en bouteilles.

Si l'on boit de si excellents vins dans la Belgique, c'est que ses habitants excellent à les soigner et attachent un très-grand prix aux collections de vins qu'on trouve chez eux.

Les caves des grandes villes sont mauvaises. Doit-on attribuer cet effet à la trépidation incessante que les tonneaux y subissent par le fait du mouvement des voitures? ou bien la cause en est-elle aux émanations du sol ou à celles du gaz? Le peu de vide que l'on peut ménager dans les caves des grandes villes doit aussi contribuer à leur insalubrité. Il est rare d'ailleurs que ces caves ne servent pas à toute autre chose qu'à y loger le vin de la maison. Quelle que soit la cause de cette insuffisance des caves dans les grandes villes, comme on ne peut remédier au mal, que le fait est constant, il nous faut accepter ce fait tel qu'il est. Nous verrons plus tard comment le chauffage des vins nous a permis de résoudre le problème de leur conservation dans les grands centres de population.

En résumé, les qualités d'un vin s'affirment seulement quinze mois après la récolte. Anciennement on demandait alors aux grands vins de la franchise, de la finesse, du bouquet, de la vivacité. Aujourd'hui nous voulons encore qu'ils aient beaucoup de corps, *de la chair*, comme on dit dans certains vignobles.

Les caves ont une grande influence dans l'élevage des vins. Pour nous, les bonnes caves ne seront ni trop sèches, ni trop humides. Nous préférons celles qui sont construites dans le rocher, et qui ne sont jamais exposées à être noyées à l'époque des inondations. Nous les voulons obscures, vastes et élevées. Leurs seules ouvertures seront tournées vers le nord.

Une cave peut être bonne tout en présentant des écarts très-sensibles de température.

Le vin vit et respire dans l'atmosphère de la cave ; aussi nous tenons à ce que cette atmosphère soit saine. On n'y conservera ni fruits, ni légumes. Les marres et les fûts seront souvent nettoyés. On évitera que les mousses qui s'y développent puissent les envahir, comme on l'observe souvent, et qu'elles donnent à l'air une odeur de moisi.

Si dans le travail des caves on répandait du vin sur le sol, on aurait soin d'enlever les portions de terrain qui auraient été imbibées de liquides spiritueux. Car autrement il deviendrait le foyer de mauvaises fermentations et infecterait l'atmosphère de la cave.

Si les Belges mettent leurs vins en bouteilles dix-huit mois après la récolte, on n'agit pas de même partout, et il est très-important qu'on prenne soin des caves comme nous venons de le dire.

Celles des grandes villes sont mauvaises. La trépidation incessante du sol, les émanations du terrain, celles du gaz et des légumes au milieu desquels vivent les vins, contribuent, ou isolément ou ensemble, aux fâcheux effets qui en résultant pour leur conservation.

Nous avons, comme nous l'expliquerons plus tard, au moyen du cahuffage des vins, résolu le problème de leur conservation dans les grands centres de population.

10.

XV

CONGÉLATION DES VINS

Nous avons indiqué quels étaient les moyens qu'on pouvait, à l'époque de la vendange, employer pour améliorer les moûts et les vins. Il en est un autre dont nous n'avons pas encore parlé et qui s'applique seulement aux vins. C'est le procédé de la congélation. Il nous a semblé que puisqu'on pouvait se servir de ce procédé avec des vins vieux comme avec des vins nouveaux, c'était maintenant que se présentait surtout l'occasion d'en parler.

De l'action du froid sur les vins. — Les vins, comme nous l'avons dit, ne montrent réellement ce qu'ils peuvent être un jour, que quinze mois après qu'on les a récoltés. Il est donc possible, que des vins, qu'on avait jugés favorablement dès le principe, paraissent alors faibles et peu susceptibles d'être consommés comme vins de table.

Nous aurons, dans ce cas, à notre aide, si nous ne l'avons pas employé dès le commencement, le procédé de la congélation. Mais ici on doit apporter une grande attention à la nature des vins que l'on veut traiter par cette méthode.

Voyons d'abord quels sont les effets que le froid produit sur les vins.

Les vins que l'on soumet à l'action d'un froid vif, et que l'on sépare ensuite avec soin par décantation des portions de liquide qui ont été congelées, acquièrent des propriétés nouvelles dont il ne nous a pas paru inutile de chercher à bien se rendre compte.

Les effets du froid sur le vin sont complexes. On obtient d'abord sous l'influence d'un abaissement de température limité entre 0 et 6 degrés centig. une précipitation partielle des substances qui y sont en dissolution, et qui sont d'autant moins solubles que la température est moins élevée. Au-dessous de 6 degrés centig. une portion de vin passe à l'état solide et peut en être ultérieurement séparée par un soutirage opportun.

Avant d'étudier les caractères des vins qui auront subi ces transformations, il est essentiel d'établir exactement dans quelles circonstances atmosphériques on est le plus sûr de les obtenir.

Les froids rigoureux et continus sont rares en Bourgogne ; aussi, que l'on en excepte pour ce siècle-ci les hivers de 1812, 1820 et 1830, on se trouvera peu souvent dans des conditions telles qu'on puisse, sans examen et soins préalables, sortir les vins des caves pour les faire geler, avec une certitude entière de réussir. Nous avons souvent, au contraire, dans nos localités, une série de quelques jours dont le froid est vif et dont on doit se hâter de profiter pour la congélation des vins.

Nous nous trouverons généralement dans de bonnes conditions pour obtenir la congélation du vin, quand le ciel étant clair et sans aucun nuage, la terre couverte de neige, le vent au nord-est et le baromètre à 0.745 cent. d'élévation, le thermomètre marquera 6 degrés cent. au moins au-dessous de 0. Si, avec cet état atmosphérique, on reconnaît à la chute du jour que le vent est vif et que le baromètre continue à monter lentement, on peut sortir les vins des caves ; il est probable que dans la nuit le thermomètre descendra à 9° cent. Les tonneliers admettent encore, comme indice d'un froid suffisant, l'adhérence de leurs mains contre les ferrures extérieures des maisons.

Nous choisirons, pour y établir nos tonneaux, un terrain sans abri, ouvert au nord, et qui ne soit dominé par aucun arbre. Si cette position présente du côté du midi un mur d'une faible hauteur, ce sera le long de ce mur qu'on devra établir les chantiers destinés à recevoir les futailles ; l'ombre qu'il portera sur elles, pendant le jour, les protégera suffisamment contre les rayons du soleil assez peu élevé au-dessus de l'horizon pendant l'hiver ; les fûts devront être légèrement distants les uns des autres et placés sur une seule ligne, afin toujours qu'ils ne puissent se prêter mutuellement aucun abri ; enfin, on comprendra facilement que dans un quartaut contenant 57 litres, on obtiendra un effet beaucoup plus prompt et plus complet que dans la feuillette de 114 litres, et plus prompt aussi dans la feuillette que dans le tonneau de 228 litres. Ainsi, en février 1845 (19, 20 et 21), pour le même vin placé dans des conditions identiques, qui, en tonneaux, n'avait éprouvé qu'un déchet de 7 pour 100, on est arrivé dans un quartaut à une congélation de plus de 20 pour 100. Nous avons encore observé que, dans les tonneaux cerclés en fer, il y avait une plus forte déperdition de calorique que dans les tonneaux cerclés en bois.

Quand on opérera sur des vins nouveaux, il sera convenable, sans que cela soit indispensable, de les séparer préalablement de leur grosse lie. Pour des vins vieux, on peut les mettre en place sans qu'il soit besoin de les soutirer d'abord. Seulement, puisque le vin augmente de volume avec l'abaissement de la température, il est urgent qu'il y ait dans la futaille un certain vide au-dessus du liquide; le sceau qui ferme l'ouverture de la bonde ne sera que présenté à cette ouverture sans la sceller hermétiquement.

Toutes ces mesures dûment prises, on reconnaît bientôt, en plongeant un thermomètre dans le liquide, qu'il prend graduellement la température du dehors; avant même qu'il soit à 0, il se trouble, et on obtient un précipité des diverses substances qui sont ténues en dissolution. A 6 degrés centigrades au-dessous de 0, commence aux parois des tonneaux une légère cristallisation en feuilles minces; sous l'action d'un froid plus intense et prolongé, ces feuilles, toujours peu épaisses, se croisent en tous sens et finissent par traverser la masse entière du liquide, en allant d'un côté à l'autre et d'un fond à l'autre de la futaille. Quand ce résultat aura été obtenu (ce qui a lieu, si le thermomètre se maintient pendant plusieurs nuits à 9 degrés au-dessous de 0, ou pendant une ou deux nuits seulement à 15 degrés au-dessous de 0), il devient essentiel de séparer le vin des parties qui sont solidifiées, et on ne doit pas attendre que le dégel se prononce, car dès que le thermomètre indique —6 degrés, une portion des cristaux que l'on a obtenus peuvent à nouveau passer à l'état liquide. Il est important, pour arriver à une décantation complète, que, dans le soutirage, qu'il devient alors opportun de pratiquer, on n'imprime aucune secousse au tonneau. Dans le cas contraire, les minces lamelles qui sont interposées dans la masse du liquide peuvent être brisées, et quelques-unes de leurs parcelles être entraînées avec la portion liquide que l'on sépare.

Où placerons-nous maintenant les tonneaux qui contiennent les vins que nous venons de soutirer? Comme il importe que rien ne se dissolve du précipité qui est resté en suspension dans le vin, il faut, autant que possible, que sa température se maintienne pendant quelques jours à 0 ; aussi doit-on placer les fûts dans des celliers très-aérés et froids. Le vin ne tarde point à s'y éclaircir en laissant déposer, sans qu'il soit besoin d'aucun collage, un précipité noir très-abondant, épais et d'une grande consistance. Un mois à six semaines plus tard, on donne au vin un nouveau soutirage, et on peut alors le descendre dans les caves. On comprendra que l'emploi du soufrage est contre-indiqué dans cette circonstance ; car il introduirait dans la futaille un air chaud qui aurait pour effet, en élevant la température du liquide, de s'opposer à la séparation qu'on veut obtenir.

Pour sortir les lamelles de glace qui sont restées dans la futaille vide, on enlève un de ses fonds. Le tonneau renversé, il suffit d'en frotter fortement les parois intérieures avec un balai, pour que, convenablement nettoyé, il puisse servir à un nouveau soutirage.

Après avoir décrit, avec autant de précision que possible, les détails de l'opération, il convient d'examiner quels en sont les résultats.

Voyons d'abord ce que sont les vins pour lesquels il y a eu seulement séparation d'une partie des substances tenues en dissolution. On trouve dans le premier dépôt laissé par ces vins, une forte proportion du bitartrate qu'ils contenaient, et qui ne s'en fût séparé qu'à la longue; une partie de la matière colorante et des substances azotées s'y rencontrent aussi. Le vin qui surnage le dépôt est plus vif, moins sujet à entrer en fermentation; son goût est plus net, et il ne laisse à l'avenir qu'un très-faible précipité, soit dans les fûts, soit dans les bouteilles dans lesquels on les conserve.

Les vins nouveaux donnent un précipité plus abondant que les vins vieux; les vins rouges plus que les vins blancs, enfin les vins communs moins que ceux des grands crus.

Dans les vins soumis à l'action d'un froid plus intense, on obtient, en outre du précipité des substances salines et azotées qu'il contient, la congélation d'une partie du liquide. Le vin qui en résulte devient plus riche en alcool, et ici la séparation des substances azotées paraît complète. Bien que le vin présente alors quelque chose de plus velouté dans sa couleur, une très-forte proportion. de matières colorantes a passé dans le dépôt; la matière colorante bleue surtout s'y trouve en plus grande quantité (1). A cet aspect flatteur à l'œil, le vin, que nous avons obtenu par ce procédé, joint une grande vivacité de goût; s'il est moins onctueux, il a plus de nerf, et au point de vue de sa conservation, il n'est plus susceptible d'entrer en fermentation. Mis en bouteilles, il ne laisse aux parois du verre qu'un dépôt sec très-peu abondant et pouvant y adhérer fortement. Enfin, si on reproche au vin gelé d'avoir perdu un peu de son bouquet, on lui trouve un petit goût de raisin cuit, qui n'est point sans mérite, et, en dernier résultat, il est d'une durée presque indéfinie.

Nous avons dit que le vin gelé contenait plus d'alcool. Il se passe ici quelque chose de remarquable, c'est que l'excédant de richesse alcoolique

(1) Les vins blancs contiennent, contre l'opinion généralement accréditée, une matière colorante particulière, dont ils abandonnent aussi une partie, sous l'action du froid. On isole facilement cette matière colorante, en traitant la pellicule du raisin par l'alcool. Elle a l'aspect jaune de l'huile d'olive, est blanchie par les acides et passe au brun sous l'action des alcalis ; on explique facilement par là comment les vins blancs qui ont été gelés ont une nuance jaune plus prononcée ; cela tient à la précipitation d'une partie des sels acides qu'ils tenaient en dissolution.

obtenu ne correspond point exactement au déchet qui résulte de la congélation. Ainsi, pour des 1841 rouges, premier cru, contenant 12.27 pour 100 d'alcool, on n'a obtenu qu'une richesse alcoolique de 12.61 pour 100 après les avoir concentrés à la gelée, avec un déchet de 7 pour 100. On verra de même dans le tableau suivant quelle est, avant et après la concentration au froid, la richesse alcoolique de quelques-uns des vins sur lesquels nous avons opéré.

ORIGINE DES VINS.	RICHESSE ALCOOLIQUE des vins avant leur exposition au froid.	RICHESSE ALCOOLIQUE des vins après leur exposition au froid.	DÉCHET résultant de la congélation.
Premiers crus 1837.	11.50	12.12	12.00 0/0
Premiers crus 1841.	12.27	12.61	7.00 0/0
Premiers crus 1842.	12.70	13.10	7.00 0/0
1ers crus blancs 1841.	12.60	13.17	7.50 0/0
1ers crus blancs 1842.	13.20	14.65	20.00 0/0
Grand ordin. 1844.	10.50	10.97	8.00 0/0
Premiers crus 1846.	13.60	14.05	»

D'après ce qui précède, nous avons dû rechercher si cette partie que le froid solidifiait dans les vins, ne contenait point d'alcool; soumise à la distillation, elle nous en a constamment donné toute la quantité qui ne se retrouvait pas dans le vin.

Celui qui veut concentrer ses vins au froid, doit se demander à l'avance si, au point de vue pécuniaire,

cette opération lui peut être utile. Examinons cette
question : les frais de main-d'œuvre sont peu considérables; ainsi les pièces qui recevront trois soutirages, au lieu d'un, donneront lieu, à 50 cent. par pièce,
à un surcroît de frais de 1 fr. On devra, pour trois
transports de futailles pleines, à 15 cent. par pièce,
45 cent.; enfin, nous compterons 10 cent. par pièce
pour l'ouvrier qui défoncera les futailles dont il
faut enlever la glace.

Les frais de mouvement seront donc seulement de
1 fr. 55 par pièce. Quant au coût résultant du déchet, il sera toujours, et au delà, payé par le surcroît de valeur qu'acquerront les vins gelés; puisqu'à un déchet de 7 à 10 pour 100 (déchet qu'on
aura rarement avantage à dépasser) correspondra
toujours une augmentation de prix d'au moins 15 à
20 pour 100.

A quels vins le procédé de concentration au froid
est-il spécialement applicable? Il y a deux choses à
examiner pour résoudre cette question; il faut :
1º que le vendeur y trouve un avantage pécuniaire;
2º qu'il puisse livrer au commerce un produit qui
soit recherché. Si on opère sur des vins communs, le
précipité que le froid et la congélation y détermineront, privera ces vins d'une forte proportion de bitartrate, en augmentant ainsi, il est vrai, leur durée;
mais ces conditions de longue durée sont-elles si
nécessaires pour des vins qui doivent être consommés
dans l'année? Et d'ailleurs, la concentration au froid
augmentera leur prix, et il est important que le vin

XVIII

CARACTÈRES DES VINS MIS JEUNES OU VIEUX
EN BOUTEILLES

Les vins, suivant qu'on les met jeunes ou vieux en bouteilles, présentent des caractères très-distincts. En Belgique, nous l'avons dit, les vins sont tirés au bout de quinze mois. Les excellentes caves de ce pays et peut-être le climat, contribuent sans nul doute pour beaucoup à la manière remarquable dont les vins s'y conservent. Il arrive cependant quelquefois, que les vins qui n'ont pas terminé leur fermentation alcoolique, éprouvent un léger mouvement dans la bouteille. Il se produit alors quelques bulles d'acide carbonique qui se dissolvent dans le vin.

Ce vin laisse au palais une très-légère saveur piquante connue en Belgique sous le nom de goût de fermentation; cette saveur n'est pas désagréable aux Belges. Il faut avouer que, dans cet état, les vins ont un bouquet très-remarquable, et comme, d'ailleurs, ils conservent un goût de fruit prononcé, c'est bien chez eux qu'on trouve les vins les plus fins et les plus parfumés qu'on puisse boire.

Dans d'autres pays, on attend quatre années avant de mettre en bouteilles les grands vins. C'est la mé-

thode qu'on suit au clos de Vougeot ; les vins qui ont
ainsi été élevés dans les fûts, sont, il est vrai, bien
plus dépouillés et moins sujets à devenir malades.
Mais aussi ils sont plus secs, moins fins, moins séveux
surtout, et leur bouquet est toujours moins développé
que chez les vins traités par la méthode belge.

Un fait très-curieux et qui se reproduit souvent est
celui-ci : parmi les bouteilles de vin qui sortent du
même fût, il en est au bout de quelques années
qui sont très-supérieures aux autres. On ne peut donner de ce fait que l'explication suivante : le vin, lorsqu'il est en fût, se diviserait en couches liquides
parallèles et horizontales qui différeraient de composition, et la différence qui existe entre ces couches
ne deviendrait sensible qu'au bout d'un certain nombre d'années. Ne se pourrait-il pas faire aussi que
les ferments microscopiques que l'on trouve dans les
vins les plus limpides, aient été pendant le tirage
inégalement introduits dans les bouteilles, et que
leur action soit dès lors devenue plus sensible dans
certaines bouteilles que dans d'autres.

Il est très-facile de s'assurer par une expérience
fort simple que les choses se passent comme nous venons de le dire. On prend une pompe (dite tâte-vin)
de 42 cent. de longueur, et lorsqu'un vin est parfaitement tranquille, on la plonge dans le tonneau de
manière à en retirer le vin qui se trouve au centre du
fût. Avec une autre pompe de 67 cent. de long, on
va chercher dans le voisinage de la lie et ses dépôts
le vin qui se trouve en contact avec eux.

Maintenant, que l'on compare ces deux vins, et l'on trouvera presque toujours plus de qualités dans le premier vin que dans le second.

Nous avons recommandé de goudronner le col des bouteilles. Cette précaution est des plus importantes. Nous conseillerons même pour les vins qui devront rester un temps très-long dans les caves, de couvrir le bouchon avec une capsule avant de le goudronner. Voici en effet ce que l'on a observé dans certaines caves de la Belgique. Une larve de la nature de celles qui percent le bois, s'introduit dans le bouchon, et le traversant d'un bout à l'autre donne issue au liquide qui est contenu dans la bouteille.

Les vins en bouteilles doivent rester dans l'obscurité. Nous avons souvent remarqué que la lumière contribuait à la décoloration du vin.

Dans les caves des grandes exploitations, les bouteilles sont empilées, et entre chaque rang, des lattes minces de chêne sont placées sous le col de ces bouteilles, de manière à maintenir l'horizontalité de chacun des rangs. Cette méthode est très-bonne, et permet d'emmagasiner de grandes quantités de vin dans un petit espace.

Dans les petites exploitations, on a des casiers auxquels on donne les dimensions suivantes : Ils ont 48 centimètres de large, 85 cent. de hauteur et 76 cent. de profondeur. Chaque case contient le vin d'un demi-fût de 114 litres, qui donne ordinairement au tirage de 135 à 140 bouteilles. Ces casiers sont construits soit en bois de chêne trempé dans une dissolution de sulfate de cuivre, soit en maçonnerie de briques et chaux hydraulique, dont les briques sont posées à plat, soit enfin avec des plaques de calcaire préparées à la scie dans un bloc de pierre.

L'usage de ces casiers est excellent, en ce sens que les bouteilles de chaque case sont presque indépendantes les unes des autres, et que, chaque qualité de vin dont on aura un demi-fût, peut avoir son logement et être aisément à la disposition du consommateur.

Dans les grandes villes où souvent l'espace manque, les casiers en fer fermant à clef, sont généralement adoptés. Toutes les bouteilles y sont indépendantes les unes des autres, et cette disposition est très-appréciée lorsque l'on a à la fois dans sa cave une grande variété de vins, et un petit nombre de bouteilles de chacune de ces variétés.

On voit, en résumé, par tout ce que nous venons de dire, que la mise en bouteilles des grands vins est une des opérations les plus importantes de leur élevage.

Avant le tirage, les vins doivent être d'une limpidité entière. C'est le plus souvent à l'emploi du collage qu'on demande cette limpidité. La colle que nous préférons est celle que donnent les blancs d'œufs battus.

En Belgique, on met les vins en bouteilles de quinze mois à deux ans après la récolte. Les vins traités de cette manière ont une séve, un goût de fruit, un bouquet qu'on ne rencontre pas dans les autres vins.

Quelquefois seulement, un léger mouvement de fermentation, reste de la fermentation alcoolique, se produit dans la bouteille, et laisse au vin une saveur piquante, particulière, que ne craignent point les Belges.

Cette méthode de tirage ne réussirait pas dans les pays chauds et avec de mauvaises caves.

Si les vins qu'on laisse vieillir dans le tonneau sont plus secs, plus dépouillés, ils sont moins susceptibles de faire des dépôts considérables, et moins sujets aussi à fermenter.

Le mois que nous préférons pour l'époque de la mise en bouteilles est le mois de juillet. Ceci est un fait dont nous n'avons pas l'explication.

Si les vins ne doivent être ni déplacés, ni chauffés, nous conseillons le bouchage plein à l'aiguille. Dans le cas contraire, on laisse entre le vin et le bouchon un vide de 2 à 3 centimètres.

Dans les grandes exploitations, on empile les bouteilles dans les caves comme on le fait dans les verreries. Le consommateur devra avoir des casiers en bois ou en fer qui lui permettront de séparer les diverses qualités de vins de sa collection.

XIX

MALADIES DES VINS

Avant de porter notre examen sur les maladies qui peuvent atteindre les vins, nous rappellerons en quelques mots les caractères principaux qui distinguent ces vins les uns des autres.

Dans les vins communs, les acides libres dominent; ils ne contiennent souvent que de faibles proportions d'alcool, et cependant ils se conservent bien.

Dans les vins fins de la France, il y a peu d'acides libres et une plus grande teneur en alcool. Ils donnent aussi à l'évaporation plus de matières extractives que les vins ordinaires.

Enfin dans les vins de liqueur, il y a à la fois beaucoup d'alcool et beaucoup de matières extractives.

Pour nous, lorsque les vins fins de la France contiennent, relativement à leur alcool, une trop forte proportion de matière extractive et peu d'acide libre, ils se trouvent dans de mauvaises conditions hygiéniques.

Si l'alcool domine, les vins se rapprocheront des vins de liqueur qui, généralement, avec 16 pour 100 d'alcool, ne fermentent plus.

Toutes les indications que nous avons données sur le

vin ont eu pour but de le préserver des altérations auxquelles il est sujet. Il vaut beaucoup mieux prévenir
le mal que d'avoir à le guérir. Malheureusement,
les vins ne sont pas toujours doués de suffisants éléments de conservation et ils peuvent devenir malades.
Le docteur Guyot, dans son livre, nous donne bien le
conseil que voici : « J'ai vu par moi-même, dit-il,
que les vins *purs* bien faits, provenant de bons raisins bien mûrs, mis en bonnes futailles et en bonnes
caves, ne sont jamais malades que de caducité, maladie qu'on ne guérit pas. J'ai vu que les vins médiocres ou mauvais, ou même les bons vins, placés
dans des conditions qui ont déterminé leur fermentation muqueuse, acétique ou putride, étaient privés
des éléments qui les nourrissent, c'est-à-dire de sucre
et d'esprit, et qu'ils ne revenaient jamais à l'état de
vins loyaux et marchands; leur traitement n'est donc
qu'une affaire d'économie domestique; car l'hygiène
publique autant que la conscience et la probité, doivent proscrire la vente des vins viciés et vicieux,
comme celle des animaux malsains. » Le remède est
héroïque, mais je crois que le lecteur lui préférera
les conseils qui lui permettront de prévenir les maladies de son vin et de tirer encore quelque parti des
mauvaises récoltes.

Nous pensons donc, par exemple, que si l'année 1866
a donné dans le plus grand nombre des vignobles des
vins médiocres, le producteur aimera mieux, au lieu de
les jeter là, comme le propose le docteur Guyot, essayer
de les conserver en évitant les maladies qu'il peut

craindre, et ces vins qui seront vendus à un prix peu élevé auront encore un certain mérite auprès de celui qui ne peut mettre une grosse somme dans l'achat de son vin. On n'a pas encore oublié combien à la moisson de 1861, les vins acides et sans couleur de 1860 étaient appréciés des ouvriers qui trouvaient dans ces vins une boisson saine et rafraîchissante qu'on leur vendait à bas prix.

Les principales maladies des vins sont l'acescence, le tour, la graisse, la pousse et l'amertume.

XX

FERMENTATION ACÉTIQUE DES VINS

L'acescence est la plus fréquente de ces maladies; elle est due à la transformation de l'alcool du vin en acide acétique. Sous l'action de ferments spéciaux, l'alcool absorbe l'oxygène de l'air, et passe à l'état de vinaigre. Nous avons vu que souvent, pendant que les raisins fermentent dans la cuve, le dessus du chapeau était acétifié.

C'est un fait que l'on ne s'explique guère avec les circonstances dans lesquelles il se produit. Là, en effet, le vin ou plutôt le moût passe au vinaigre quelques heures à peine après la vendange, sans qu'on ait vu de fermentation alcoolique dans la cuve. Et

ceci a lieu quand la cuve est froide encore, et surtout si l'on a vendangé le lendemain d'un jour de
pluie. On constate, lorsque l'on observe ces phénomènes, que c'est autour de la cuve, au contact du
marc avec le bois, que le moût aigrit et que ce marc
y est presque gluant.

Lorsque, au contraire, on laisse le marc très-long-
temps en contact avec le vin dans la cuve, et que le
chapeau reste plusieurs jours, plusieurs semaines
quelquefois, exposé à l'action de l'air, c'est alors une
franche fermentation acétique qui s'établit dans ce
marc; elle commence par se développer à la surface
du chapeau; peu à peu il s'échauffe et tout le dessus
de la genne est rapidement infecté du goût de vinaigre. Comme nous l'avons vu, il y a un certain nombre
de vignerons inintelligents qui font baigner dans le vin
un marc qui se trouve dans cet état, et le vin, qui s'était
maintenu franc de goût sous ce chapeau acétifié, subit souvent une altération complète. Voilà une des
principales causes des vins bisaigres que l'on trouve
dans les caves des propriétaires peu soigneux. Nous
avons dit quels soins on devait prendre pour éviter
ces accidents; ils sont si simples que l'on ne devrait
jamais rencontrer de ces vins dans aucun vignoble. Il
arrive encore que l'acescence est le résultat de l'encuvage du vin ou des raisins fraîchement coupés,
dans une cuve ou un foudre dont on vient de tirer le
vin et qu'on n'a pas eu soin de laver avant de s'en
servir à nouveau.

Dans certains pays, le vin n'est pas tiré en bouteilles

avant d'être bu; et ceci à la campagne et surtout dans les grandes exploitations agricoles est, nous devons le dire, presque général. On met un robinet au fût et on tire le vin au fur et à mesure des besoins de la maison.

Que cela se passe dans un cellier chaud, que le vin y reste plusieurs jours en vidange, et bientôt le vin s'acidifie. En expliquant dans quelques instants à quels phénomènes on doit la fermentation acétique, nous ferons comprendre au lecteur comment ce fait peut se produire si rapidement. Si on veut bien se rappeler que la présence de l'oxygène est nécessaire à la transformation de l'alcool en vinaigre, on voit combien il est simple de prévenir cette maladie. Il suffit, au fur et à mesure qu'il se fait un vide dans le fût audessus du vin, d'y brûler un peu de mèche soufrée. L'acide sulfureux qui sera produit empêchera toute altération. On le voit donc, ici nous ne guérissons pas un vin malade, mais nous cherchons les moyens de prévenir la maladie; lorsqu'il s'agira, surtout pour le genre d'altération qui nous occupe, de trouver et donner des moyens curatifs, nous partagerons l'avis du docteur Guyot et nous dirons : Lorsque des vins ont la saveur et le goût de l'acide acétique, leur destination est tout indiquée : envoyez-les chez le vinaigrier; mais ne cherchez jamais à en faire du vin.

Lorsque ce goût est très-peu prononcé dans les vins, il y a certains consommateurs qui les acceptent encore. Car, on voudra bien ne pas l'oublier, ce ne sont pas les vins plats et acides qui passent au vimaigre, mais bien des vins alcooliques, colorés et d'une bonne qualité. Voyons maintenant comment se développe la fermentation acétique.

Nous avons vu, d'après la belle théorie de Cagniard-Latour et Turpin, que la fermentation alcoolique était due à l'action d'organismes inférieurs, de globules (1) microscopiques qui, dans leurs fonctions vitales, consomment du sucre interverti et donnent, comme résidus de cet acte, de l'alcool et de l'acide carbonique.

On a étendu cette théorie si féconde à l'explication de tous les phénomènes dus à ce que nous appelions des fermentations secondaires.

Nous pensions que, les vins contenant toujours quelques parcelles de ferment alcoolique, ce ferment, qui n'avait, à un moment donné, plus de matières sucrées à décomposer, pouvait, lorsque changeait le milieu dans lequel il avait vécu, se modifier de manière à continuer sa vie en exerçant d'autres actions.

Une autre théorie admet autant de ferments que de maladies. Ces ferments sont tous dans le vin, depuis la vendange probablement. Ils restent inertes tant que ne se présentent pas des conditions favorables à leur développement; si ces conditions arrivent, le ferment vit et devient la cause d'une altération spéciale.

---

(1) M. Bouchardat a découvert plusieurs ferments dans la bière et dans le vin; tous se présentent sous la forme de globules ovoïdes dont le diamètre est de 1/110 à 1/140 de millimètre.

On savait depuis longtemps que les choses se passaient ainsi pour le vinaigre. Lorsque du vin reste en vidange dans un fût placé dans une pièce chaude, la surface de ce vin se couvre de fleurs; cette fleur due à une végétation microscopique qu'on a nommée *mycoderma accti* est le ferment du vinaigre. Il naît au contact de l'air; sous son action, l'oxygène de l'air atmosphérique se combine à l'alcool et le vin s'acétifie. On comprend que c'est à la surface du vin que dès lors doit se produire la transformation de l'alcool; successivement toutes les parties du vin subissent cette action, et bientôt la décomposition est complète. Elle est une conséquence de la végétation de cette fleur qui vit à la surface du vin, fleur bien connue sous le nom de mère du vinaigre.

Nous savions encore que, si on veut préparer du vinaigre, on met quelques parcelles de cette substance, connue sous le nom de mère du vinaigre, en contact avec de petites quantités de vin, en ayant soin que le tout soit mis dans un fût en vidange et ouvert qu'on expose au grenier, ou dans un endroit chaud. Ce vin ne tarde pas à passer à l'état de vinaigre, et on peut faire durer indéfiniment cette fabrication d'acide, en versant dans le fût un litre de vin, toutes les fois et après qu'on en a tiré un litre de vinaigre.

Si on considère quels sont les moyens que l'usage et la science nous ont indiqués pour produire dans le vin ce phénomène de l'acétification, on déduira facilement de cet examen par quels moyens contraires on peut éviter ce genre de fermentation.

Ainsi on devra, à l'époque du cuvage, éviter que jamais le marc ne prenne le goût de vinaigre; s'il le prenait, on jetterait là toutes les parties de marc qui seraient infectées, et dans aucun cas on ne cherchera à faire passer ce goût en faisant baigner le chapeau dans le vin de la cuve. Au moment du tirage de la cuve, on aura soin que les fûts qui reçoivent le vin, après avoir servi au cuvage, soient bien lavés. Les petites quantités de liquide qui, après le tirage de la cuve, en mouillent les parois, pourraient s'acétifier rapidement et communiquer ce goût au vin.

Enfin, lorsque les vins seront en fûts, ils ne devront jamais rester en vidange dans un endroit chaud et surtout exposés au contact de l'air.

Nous avons vu qu'on peut semer les mycodermes du vinaigre et propager la maladie avec ces fleurs que l'on connaît sous le nom de mère du vinaigre. Mais lorsque la maladie se manifeste dans les cuves, dans des tonneaux de vin en vidange, on se demande d'où viennent les germes qui donnent naissance à ces végétations parasitaires. Elles sont dans l'air, disent les uns. D'autres pensent que le ferment alcoolique peut se modifier de manière à donner d'autres produits que l'alcool. D'autres enfin admettent que l'altération des matières albuminoïdes est la cause première des générations spontanées qui produisent ces phénomènes d'altérations organiques. Nous laisserons le lecteur se prononcer dans le choix de ces théories;

pour nous, la lumière n'est pas encore faite sur cette question.

Admettons, si l'on veut, dans le cas particulier qui nous occupe, la première de ces hypothèses parce qu'elle est d'une très-grande simplicité. D'ailleurs, depuis que les études microscopiques se sont plus vulgarisées, on trouve dans ce monde des infiniment petits une telle variété de productions que la théorie qui remplit notre monde d'un nombre infini de germes n'a rien qui répugne à l'esprit.

Cependant, si, pour le ferment alcoolique, comme pour l'acétification dont nous venons d'entretenir le lecteur, on voit les globules et les articles qui sont les points de départ des changements que nous avons observés dans le moût et dans le vin; si en semant ces globules et ces articles, on peut reproduire les mêmes phénomènes, il n'en est pas toujours de même; et nous allons décrire certaines maladies des vins pour lesquelles les mycodermes indiqués comme causes du mal, n'ont pas encore pu, à notre connaissance, reproduire les phénomènes de vie organique dont on les a regardés et décrits comme la cause première.

XXI

MALADIE DU TOUR

Cette maladie ou plutôt cet état du vin se manifeste au moment même du travail de la cuve. Le vin fermente mal à la cuve; il est altéré dans sa saveur comme dans sa couleur. Il s'éclaircit difficilement; il a un aspect jaune caractéristique. Au goût il est fade et amer; il brunit à l'air et, sans être décomposé, il présente réellement à l'œil un aspect insolite qui est repoussant. En effet, on prendrait les vins chez lesquels la maladie est très-développée plutôt pour de la bière brune que pour du vin. Lorsqu'on analyse ces vins on est très-étonné de voir qu'ils sont souvent riches en alcool; d'ailleurs ils sont très-pauvres en acides libres.

Ce fait se produit lorsque l'année a été froide et humide, surtout au moment de la vendange; et surtout quand les raisins ont été frappés par la grêle ou décomposés par la pourriture. On a reconnu, dans ces circonstances, que l'on ne devait point faire cuver avec le marc les raisins qui sont récoltés dans cet état. En les pressurant au sortir de la vigne, on obtient des vins blancs ou à peine rosés, qui sont francs de goût et ne sont point sujets à la maladie que nous venons de décrire.

Le chauffage ne nous a pas réussi dans le traitement de ces vins, en ce sens qu'il n'améliore
pas leur saveur. Nous voyons cependant dans un
vieux livre d'œnologie que les marchands attachent
souvent peu d'importance à cette maladie; ils sou-
tirent le vin dans de petites cuves, et le *brassent
avec un fer rouge*. Ce traitement éclaircit le vin et lui
enlève sa couleur brune. Ce qui leur convient mieux
est leur mélange immédiat avec des vins plus verts de
la même année. Si du reste ils s'éclaircissent et si
le dépôt léger et de couleur fausse qui les trouble descend au fond des fûts, il reste alors un vin qui a la
couleur dite pelure d'oignon et qui souvent n'est pas
désagréable au goût, quand le mal est peu prononcé,
et il peut sans inconvénient être employé dans des
coupages avec des vins acides et colorés. Enfin on
réussit souvent à les conserver seuls sans qu'ils s'altèrent en les traitant avec les soins que nous avons
recommandés pour l'élevage des vins ; le filtrage réussit avec ces vins.

Les dépôts de ces vins n'ont au microscope aucun
caractère spécial ; et si le mycoderme du tour existe,
il n'a point encore été décrit.

Si nous considérons quel est, au moment de la
vendange, l'état des raisins qui donnent les vins
affectés de cette maladie, on comprendra facilement
qu'il faut en attendre de tristes produits. Ils sont en
effet souvent tellement moisis, qu'au-dessus des
cuves, au moment où on y verse la vendange, il s'en
élève une poussière épaisse très-intense, et qui ré-

pand dans l'air une odeur prononcée de pourri. On sait, d'ailleurs, que les raisins pourris donnent un moût fade, que la matière colorante y est détruite, et enfin que les vins blancs qu'on en tire éprouvent aisément la maladie de la graisse.

Un fait que nous citerons et qu'on pourra vérifier est celui-ci : deux cuves de raisins venaient de la même vigne; les raisins de l'une avaient été vendangés par un beau temps, ceux de l'autre ne l'avaient été qu'à la suite d'une pluie diluvienne qui avait duré vingt-quatre heures. Le vin de la première cuvée avait, sans être bon (tous les vins de cette récolte avaient été médiocres), tous les caractères que présente le vin. Celui de la seconde était brun et complétement affecté du tour.

On voit donc, par cet exemple, quelle est l'importance d'une bonne vendange; et on se le rappellera, nous l'espérons, parce qu'il vaut mieux, répétons-le, prévenir le mal que d'avoir à le guérir. Lorsque les raisins d'une vigne seront tellement avariés que le contact plus ou moins prolongé du marc avec le moût ne saurait qu'être préjudiciable au vin, on aura le soin de pressurer les raisins dès qu'ils sortent de la vigne, de manière que leur moût puisse fermenter seul dans le tonneau ; la fermentation marchera régulièrement et ce traitement donnera un vin qui ne sera nullement sujet à la maladie que nous avons décrite.

XXII

MALADIE DE LA GRAISSE

Cette maladie est particulière au vin blanc. Cependant nous nous rappelons qu'en 1845, ayant récolté à l'arrière-saison, dans une vigne qui avait été gelée au mois de mai, des raisins rouges très-peu mûrs, le vin que nous avons obtenu et qui avait fermenté à la cuve, présenta, au mois de mars suivant, tous les caractères d'un vin qui graisse.

Dans cette maladie, les vins deviennent mucilagineux, glaireux; lorsqu'on les soutire, ils coulent sans bruit et filent comme de l'huile.

Voyons d'abord quelles sont les causes de cette maladie et nous dirons ensuite quels remèdes peuvent la guérir.

Les vins de certains cépages blancs, tels que le melon, l'aligoté, la folle blanche, le petit mielleux, lorsqu'ils ont été récoltés verts, ont une certaine disposition à prendre la graisse. Nous ne sachions pas qu'on l'ait jamais observée sur des vins provenant des plants fins de la Bourgogne, de l'Hermitage ou de la Gironde. La manière dont on fait le vin blanc doit aussi contribuer au développement de cette maladie.

Souvent les raisins blancs sont récoltés alors que la saison est déjà avancée. Le raisin est froid, peu sucré, mouillé, et il ne prend pas dans le fût une fermentation franchement alcoolique; l'hiver arrive et le vin n'a pas encore un goût vineux prononcé. D'autres fois, comme en Champagne, on arrête cette fermentation, afin que plus tard elle s'achève dans la bouteille, pour y produire la mousse. Les vins qu'on laisse ainsi, riches à 9 pour 100 de sucre et qui n'ont d'ailleurs, par le fait de ce traitement, que 6 à 7 pour 100 d'alcool, sont encore dans des conditions très-favorables à une autre fermentation que la fermentation alcoolique. D'ailleurs tous les vins blancs ont fermenté sans être en contact avec le marc, et ont peu de tannin (1). L'analyse et l'expérience ont démontré qu'en ajoutant au vin quelques grammes de tannin, on le guérissait de la graisse.

En Alsace on connaît si bien cet effet que l'on y cuve les raisins blancs avec le marc et cela dans le but d'éviter la graisse. Nous comprenons que, dans les années froides, lorsque le raisin n'arrive pas à une maturité suffisante, on puisse avoir recours à ce moyen. Mais il donne des vins blancs d'une telle dureté que lorsque les raisins sont mûrs, on pourrait, il nous semble, essayer du pressurage direct, de ce que nous appelons le tirage en blanc, et nul doute que ces années-là on ferait, en opérant ainsi, des

_____

(1) On sait que c'est ce contact, celui du pepin surtout, qui donne le tannin au vin.

vins bien supérieurs à ceux qui ont fermenté avec le marc.

On a remarqué qui si on agitait à l'air un vin qui graisse, on lui rendait sa limpidité et sa fluidité. Ce moyen est encore plus simple que celui de l'emploi du tannin et, disons-le, c'est celui qui est en usage dans presque tous les vignobles. La Champagne seule, pour la préparation des vins mousseux qui prennent quelquefois la graisse lorsqu'ils sont en bouteilles, se sert d'une dissolution de tannin pour guérir cette maladie. On prépare à cet effet des solutions concentrées de cachou des Indes dans l'alcool, et on met de 1/2 gramme à 1 gramme de cette teinture dans chaque bouteille malade. Souvent même on cherche à prévenir le mal, et c'est dans le tonneau, avant le tirage du vin, que M. François, habile chimiste de Reims, a conseillé l'addition du tannin.

On peut encore préparer des solutions très-chargées de tannin avec le pepin du raisin. Pour cela on ramasse, après le pressurage des marcs (1), une certaine quantité de pepins; on les lave à l'eau froide et on les fait sécher avec soin; lorsque l'on veut s'en servir, on les fait macérer dans de l'eau chaude; on fait bouillir un instant le mélange afin de précipiter toutes les matières albuminoïdes; on filtre. On peut, si l'on n'emploie pas de suite cette solution de tannin,

(1) Les pepins de raisins blancs qui n'ont rien abandonné de leur tannin au vin donnent surtout d'excellents résultats dans leur emploi.

la conserver dans de l'eau alcoolisée avec de l'alcool fin.

Sous le nom de mycoderme de la graisse, on a décrit une végétation parasitaire que l'on regarde comme la cause de cette maladie. Nous trouvons qu'elle n'est pas assez particulière aux vins graisseux pour que l'on puisse se prononcer; d'ailleurs, jusqu'à présent, cela ne nous a rien appris sur les moyens de prévenir ou de guérir cette maladie.

En général, pour toutes les maladies des vins, on savait que les soutirages étaient nécessaires. On a toujours reconnu qu'il était de la plus grande importance de ne pas laisser sur leurs dépôts les vins malades, et qu'à de rares exceptions près, comme dans le cas qui nous occupe, le contact de l'air leur était nuisible.

Ici les faits admis par la pratique sont d'accord avec la théorie. C'est dans les dépôts que se trouvent les mycodermes ou le principe végéto-animal comme Raspail, Gervais et d'autres appelaient ces ferments qu'ils tenaient pour la cause principale de toutes les altérations. Et le premier soin de l'œnologue sera de les séparer du vin, car elles sont les vraies causes des fermentations secondaires qui y développent des produits morbides. Le soufrage, qui enlève l'oxygène des fûts, et donne un gaz qui jouit aussi de la propriété de tuer ces organismes inférieurs, le soufrage, disons-nous, sera d'une bonne pratique dans les maladies des vins. Cependant ici nous ne le conseillerons pas, il est contre-indiqué dans la graisse des vins.

XXIII

MALADIE DE LA POUSSE

Dans la pousse, le vin produit des gaz qui exercent une très-grande pression sur les parois des fûts, et les joints des douves laissent suinter le liquide de toutes parts. Il arrive même que les fonds des tonneaux bombent par l'effet de cette pression intérieure et des gaz qui cherchent à s'échapper par toutes les fissures.

On a reconnu dans ces gaz de l'acide carbonique pur. Dans cette maladie, le vin qui avait d'abord présenté une couleur fausse et perdait sa limpidité, finit par prendre une saveur acide et amère à la fois. Il devient complétement trouble et on peut le considérer comme perdu.

Il y a eu évidemment dans ce vin une décomposition de ses principes constituants. M. Balard y a trouvé de l'acide lactique, M. Gleynard de l'acétate de potasse; suivant ce chimiste, la fermentation qu'éprouve le vin qui *pousse*, a pour effet de décomposer le bitartrate de potasse. Nous y avons trouvé de l'acide acétique.

M. Pasteur attribue cette maladie à un mycoderme spécial qu'il décrit et qui se trouve dans le vin depuis le moment de la vendange.

Cette maladie est une de celles qui se présentent le plus fréquemment dans les vins communs; on a remarqué qu'on la rencontre surtout dans les vignobles, où l'abondance des récoltes ne permet pas ces soutirages répétés que nous n'avons cessé de recommander. C'est au commencement de l'été qu'elle se développe. Nous avons eu rarement l'occasion de l'observer en Bourgogne; cela tient sans doute aux soins qu'on apporte aux soutirages, même pour les vins communs; jamais nous n'y laissons, pour me servir de l'expression consacrée, les lies et les dépôts remonter. Et encore là nous voyons que c'est une maladie qu'on peut prévenir, rarement guérir, surtout lorsqu'elle a atteint un degré d'intensité tel que les sels du vin sont décomposés.

En admettant que la cause première de cette maladie vient d'une nature particulière des lies, et que les germes du mal y ont été déposés à l'époque de la vendange, il serait très-important de savoir quel était, au moment de la récolte, l'état des raisins qui donnent ces vins qu'atteint la maladie de la pousse. Nous n'avons pas d'indications à ce sujet et n'en avons point trouvé chez les auteurs qui se sont occupés des maladies du vin.

On a souvent confondu le tour et la pousse. Il y a pour nous une grande différence entre ces deux maladies. Dans le tour, la couleur seule est atteinte, et le vin est fade : il peut rester dans cet état sans altération ultérieure; tandis que la pousse est caractérisée par un grand dégagement de gaz et une vraie décomposition de l'un des éléments du vin. Il est très-possible que les vins qui ont le tour doivent cet état à un commencement de fermentation lactique. D'ailleurs, le caractère tout particulier que présente leur couleur tient à ce que la matière colorante rouge du fruit a été, presque en totalité, détruite sur le cep par les maladies du raisin. Dans la pousse, au contraire, ce serait une fermentation qui transformerait le tartre en acétate de potasse.

Tous ceux qui se sont occupés des vins et de leurs analyses savent combien ces analyses offrent de difficultés. Il arrive même souvent ceci (et c'est surtout pour les vins fins que nous l'avons observé) : c'est que des vins donnent les mêmes quantités d'alcool, les mêmes quantités d'acides libres, les mêmes quantités enfin d'extrait et qu'ils présentent, dans leurs saveurs, de si sensibles différences, que l'un peut avoir une grande valeur et l'autre n'en avoir aucune.

C'est, nous l'avons déjà dit, cette difficulté d'apprécier chimiquement les vins qui depuis longtemps nous a conduit à les étudier avec le microscope. Les différences les plus inappréciables au goût et à l'analyse sont souvent très-nettement accusées par l'analyse microscopique.

Dans certains vignobles dont les vins étaient exposés à la pousse, on avait fait ce raisonnement : le vin est toujours en travail, et quand le ferment a décomposé tout le sucre qu'il contient, il continue d'agir sur le vin pour le décomposer. On prévenait alors la pousse en donnant au ferment un aliment sucré sur lequel il pût continuer à exercer son action; cet élément, c'était du moût concentré qu'on ajoutait au vin à la dose de quelques litres par pièce.

Nous avouons qu'à ce remède préventif, nous préférons celui que nous avons indiqué et qui consiste dans l'emploi fréquent des soutirages.

Le premier surtout de ces soutirages a la plus grande importance, puisqu'il enlève au vin une quantité très-considérable de matières plus ou moins organisées, et qui viennent, en partie, de la trituration d'un chapeau qui a pu être plus ou moins infecté.

Dans tous les pays donc où la pousse est à craindre, on enlèvera dès le mois de janvier la grosse lie du vin, et un second soutirage pratiqué à la fin d'avril, avant le commencement des chaleurs, purgera autant que possible le vin de toutes les substances organiques ou inertes qui se seront déposées dans les fûts depuis qu'il aura été soutiré une première fois.

XXIV

AMERTUME DES VINS

L'amertume est une des maladies les moins connues et les plus difficiles à prévenir. Elle n'affecte guère que les vins des plants fins.

D'abord, nous distinguerons deux sortes d'amertume dans les vins : la première, celle qui les atteint de la deuxième à la troisième année de leur âge, et l'autre, que l'on rencontre dans les vins très-vieux ; cette dernière maladie, à laquelle on peut plus spécialement donner le nom de *goût de vieux*, est loin de présenter autant de gravité que la première, en ce sens que les vins qu'elle atteint ont été et sont restés bons pendant de longues années, tandis que l'amertume proprement dite altère et détruit même complétement le vin dans ses premières années. Au début du mal, le vin commence par présenter une odeur *sui generis;* sa couleur est moins vive ; au goût on le trouve fade ; nos tonneliers disent que le vin *doucine;* la saveur amère n'est pas encore prononcée, mais elle est imminente si l'on n'y prend garde. Tous ces caractères ne tardent pas à augmenter rapidement ; bientôt le vin devient amer, et on reconnaît à la dégustation un léger goût de fermentation dû à la présence de quelques traces d'acide carbonique. Enfin la maladie peut s'aggraver encore, la matière colorante s'altère complétement, le tartre est décomposé, et le vin n'est plus buvable.

Il n'est pas nécessaire que les symptômes du mal soient aussi avancés que nous venons de le dire, pour que nos vins perdent une grande partie de leur valeur. Que le bouquet soit altéré, que la franchise ne soit pas entière, et voilà un vin qui valait 500 francs la pièce, et qui n'en vaut plus que 100 ; et une bouteille de romanée qui, payée 15 francs, vaudra à peine 1 franc.

L'amertume des vins est donc la maladie qui fait le plus de tort aux grands crus de la Bourgogne, ou mieux aux vins rouges de *pinot* de la Bourgogne et de la Champagne. L'amertume est pour nous la maladie organique des vins de *pinot*. C'est, du reste, la seule qu'ils aient à redouter; nous ne connaissons ni la fermentation acéteuse des vins du Midi, ou de la côte du Rhône, ni la sécheresse acide des vins de Bordeaux, ni la graisse des vins mousseux de la Champagne.

Quelles peuvent être les causes de cette maladie? Qu'a-t-on fait jusqu'à présent pour la prévenir? Quels moyens emploie-t-on pour guérir les vins malades?

Comme on l'a dernièrement constaté pour les vins du Beaujolais en 1859, la Bourgogne a eu des récoltes qui ont été, on peut dire, presque en entier perdues par cette maladie.

Si nous remontons jusqu'en 1822, nous trouvons que, dans les années 1822, 1835, 1838, 1858, 1861, quelques vins ont tourné à l'amer ; mais c'est surtout sur les 1840 et les 1842 que la maladie a le plus sévi. On remarque que les vins de 1825, 1832, 1844, 1846, 1847, 1849, 1854, 1856, 1862, vins durs et très-chargés de tartre et de tannin, n'ont jamais souffert ; que des vins au-dessous du médiocre, comme les 1860, se sont toujours conservés, — mauvais, il est vrai ; — qu'il en a été de même des 1845, des 1853, etc., vins très-acides au goût.

La richesse alcoolique du vin ne semble pas avoir

une grande importance dans la question. Nous avons vu que, lorsque l'on essaye un vin, on recherche sa teneur en alcool, le poids de la matière extractive, le poids des cendres; nous dosons encore au moyen de liqueurs titrées la quantité d'acide libre que contient le vin; enfin on note si le vin est très-coloré ou s'il l'est peu.

Nous rappellerons encore ici un autre genre d'observation qu'on ne saurait passer sous silence dans la question. Nous attachons, comme nous l'avons dit, une très-grande importance aux faits que nous allons signaler, parce que, pour nous, ils décident du moment de la vendange. Chaque année nous notons avec soin quel est l'état du raisin le jour où on le récolte; dans les jours qui précèdent, on examine avec attention quelle est la maturation du fruit, s'il est sain, figué, desséché, pourri; si les baies sont ouvertes par la grêle ou les insectes, si le cep est ou non privé de ses feuilles, si ces feuilles ont eu ou n'ont pas eu le *rougeot*, etc. C'est surtout le matin, un peu avant le lever du soleil, que l'on peut reconnaître aisément les altérations que le grain peut présenter; enfin, chaque jour, à midi, on prend dans la vigne la densité du moût.

Eh bien, si, nous servant de ces observations, nous recherchons quel a été l'état du raisin au moment de la récolte et quel a pu être l'influence de cet état sur la durée du vin qu'il a produit, nous reconnaissons que l'amertume n'a pas attaqué les vins dont les raisins ont été récoltés très-sains. Au contraire, la grêle en 1840, la pluie en 1842, avaient ouvert une grande partie des baies du fruit.

En 1861, les ceps, à la vendange, étaient entièrement privés de leurs feuilles; enfin, généralement, les vins les plus menacés sont ceux qui ont été récoltés après un été à la fois très-chaud et très-sec, suivi d'un automne pluvieux.

Nous avons encore trouvé que, dans certaines conditions, les vins très-colorés ou très-riches en matières extractives sont plus disposés que d'autres à tourner à l'amer. Ainsi, si le vin est à la fois coloré et dur (vin de 1844), il possède une santé à toute épreuve; s'il est coloré et fin (vin de 1842), c'est tout le contraire qui arrive. Enfin, des vins riches à la fois en matières extractives, en matière colorante et même en alcool (comme les 1858), ont pu quelquefois devenir malades; mais cela tient alors, comme nous l'expliquerons, à l'oubli des premiers principes de l'hygiène des vins.

Dans la première phase du mal, l'alcool, le tartre et la matière extractive ne paraissent pas subir d'altération, la couleur seule est sensiblement changée.

Nous devons encore remarquer que les vins blancs ne tournent jamais à l'amer.

Peut-on, par la discussion de ces données, découvrir dans quelle proportion le vin doit, pour qu'il puisse se conserver, renfermer les divers éléments dont il se compose? Recherchons enfin quel est celui de ces éléments qui s'altère le premier dans la maladie de l'amertume.

Dans un des mémoires que nous avons publiés sur l'œnologie, nous avons supposé qu'au point de vue de sa coloration le vin se comportait comme les matières textiles. On y trouve, en effet, le mordant (qui est le tartre), la matière colorante et le corps à colorer, qui est l'eau alcoolisée. Nous avons reconnu depuis longtemps que, toutes les fois que la matière colorante n'était pas en proportion avec le mordant, pour les vins comme pour les matières textiles, la couleur ne tenait pas.

Nous relaterons maintenant l'expérience que voici : lorsque, après avoir pressuré un certain nombre de grains de raisin rouge, de manière à expulser au dehors toute la partie charnue de la baie ainsi que les pepins, et les avoir lavés à plusieurs reprises à l'eau froide, on fait digérer dans l'alcool les pellicules de ces grains, on obtient une solution d'un beau rouge rubis vineux ; en laissant cette solution alcoolique exposée à la lumière diffuse, elle ne tarde pas à se décolorer. L'alcool conserve une légère nuance jaune, et au fond du flacon se trouve une substance d'un blanc grisâtre qui résulte de l'altération de la matière colorante.

C'est à la suite de ces données, et fort de toutes ces observations, que nous avons depuis longtemps considéré le premier degré de l'amertume des vins (le seul qui intéresse la Bourgogne) comme le résultat de l'oxydation de la matière colorante, et on verra comment un raisonnement que nous croyons juste nous a conduit à indiquer, comme moyens préservatifs du mal et comme remèdes, des procédés qui se trouvent aujourd'hui peu d'accord avec la théorie de l'emploi de l'oxygène dans la vinification et le traitement des vins.

L'oxydation de la matière colorante du vin étant la cause première de l'amertume, nous avons demandé que le vin fût méché à chaque soutirage, que les caves fussent fermées aussi hermétiquement que possible ; on doit y pénétrer peu souvent, et nos tonneliers y brûlent du soufre avant de les fermer ; mais tous les éléments de la question n'étaient pas là. Il se trouve dans les vins menacés un infiniment petit qui, lorsqu'il prend vie, donne naissance à des produits nouveaux, dont l'un, l'acide carbonique, se forme aux dépens du carbone de la matière colorante et de l'oxygène de... du tartre, peut-être ?

Il y a donc là un phénomène de fermentation secondaire dû à la vie d'une végétation parasitaire qui, soit qu'on l'appelle mycoderme, avec M. Pasteur, ou principe végéto-animal avec Raspail et Gervais, décompose le vin en consommant, d'après nous, la matière colorante et donnant, comme résidu de cet acte, un produit à saveur amère, qui n'a pas été encore isolé.

M. Pasteur a donné une description du mycoderme de l'amertume, de cet infiniment petit qui, par son développement et ses forces vitales, décompose le vin. Seulement il ne nous dit pas sur lequel des éléments du vin se porte son action ; et nous ne savons d'après sa théorie ce qui, dans l'amertume, est altéré, des sels, de l'alcool ou de la matière colorante.

Pour nous, nous le répétons, la première de ces maladies de l'amer, celle qui est le plus à redouter des producteurs de grands vins, vient d'une altération de la matière colorante. La seconde est une maladie de caducité, maladie qu'on ne prévient guère et qu'on guérit encore moins. Celle-ci n'atteignant que des vins très-vieux et hors d'âge, n'aura jamais les graves inconvénients de la première.

Nous verrons plus tard comment nous avions, depuis 1846, constaté que certains vins chauffés étaient restés sains, tandis que les vins de la même année, non chauffés, avaient été détruits par la maladie de l'amer. Le chauffage des vins sera donc un moyen préventif que l'on devra employer, si l'on veut soustraire les produits des vins fins aux désastres que cette maladie exerce sur eux principalement.

En examinant à un point de vue général ce que nous avons dit sur les maladies des vins, on verra que nous avons pour les éviter plus de remèdes préventifs qu'on ne le croit généralement. Nous admettons peu, comme on le sait, l'introduction dans les vins de substances étrangères. Mais quand nous recommanderons de bien faire la vendange, de bien faire les vins, quand nous conseillerons les soutirages fréquents, la congélation, le chauffage, on pourra nous suivre et bien faire sans charger sa conscience de vendeur.

XXV

EXAMEN DES DÉPÔTS DES VINS

Les caractères qu'affectent les lies et les dépôts que
les soutirages enlèvent aux vins donnent souvent des
indications très-précises sur leurs qualités et sur les
maladies que l'on peut craindre pour eux.

Les lies doivent avoir la couleur vive connue sous
le nom de lie de vin. Elles ne doivent pas être grises,
pas filer ; on aime qu'elles soient compactes, et bien
réunies au fond du tonneau. Une lie épaisse, d'une
bonne couleur, appartient, on peut le dire toujours,
à un vin bien constitué et peu disposé aux maladies.

Les dépôts que ce vin donnera aux soutirages qui
suivront, seront noirs, épais et peu abondants. Si on
les goûte (et cet essai est d'une extrême importance,
parce que, lorsqu'un vin doit devenir malade, son
dépôt l'est toujours avant lui), on ne doit lui trouver
ni amertume, ni goût étranger au goût du vin dont on
vient de le séparer.

Que maintenant nous ayons, au soutirage, des lies
ayant une bonne couleur, mais légères, il est probable que les vins n'ont pas achevé leur fermentation, et
qu'ils seront en mouvement dans les fûts pendant une
partie de l'année. Si, avec cela, la lie est d'un violet

tirant sur le gris ou le jaune, oh! alors, on a des vins
disposés à la fermentation et à une mauvaise fermentation. Nous en dirons autant des dépôts de ces vins.
Nous aimons les dépôts lourds et chargés de tartre.

XXVI

MALADIES DES VINS EN BOUTEILLES

Appellerons-nous maladie ce léger goût de fermentation que les Belges apprécient dans les vins
qu'ils ont mis jeunes en bouteilles? Il est certain qu'en France on n'accepte pas ce goût piquant que le gaz acide carbonique donne au vin
rouge; nous éviterons cette saveur en tirant nos vins
plus tard.

Les vins en bouteilles n'ont alors réellement plus
à craindre d'autre maladie que celle de l'amer.

Nos grands vins ne graissent jamais; et comme
on ne fait pas les honneurs de la bouteille à des vins
menacés du tour ou de la pousse, nous ne nous
occuperons que de l'amertume. Disons encore que
nos grands vins en bouteilles ne prennent jamais
l'acescence; cela se comprend, puisqu'ils sont dans
des vases hermétiquement fermés. Il peut bien passer, physiquement parlant, des quantités infiniment
petites d'air, soit à travers le bouchon, soit entre le

bouchon et la bouteille ; mais c'est dans de si faibles proportions qu'elles ne peuvent altérer le vin.

Lorsqu'on a mis le vin en bouteilles au mois de juillet, c'est à peine si, un an plus tard, on aperçoit dans les bouteilles une trace de dépôt. La forme qu'affecte ce dépôt donne déjà des indices presque certains de l'avenir du vin. C'est surtout à la seconde ou à la troisième année que les choses s'accusent davantage. Si le vin commence à masquer la bouteille, c'est de très-bon augure. Dans ce cas, il est certain que le tartre enveloppe et fixe sur le verre les dépôts du vin, et ce vin ne s'altère plus.

 Si ce dépôt forme une petite lentille dans la bouteille, et qu'une raie aille du bouchon au fond de cette bouteille, le vin ne souffre pas. Si ce dépôt prend la forme d'un c.. de poule (terme de tonnelier très-exact), le vin va être malade, s'il ne l'est déjà. Mais s'il voltige dans la bouteille des flocons de dépôt en forme de ballons, flocons tous pénétrés de bulles de gaz acide carbonique, c'est que le vin est complétement amer et perdu.

Si l'on goûte les dépôts qui présentent dans les bouteilles les caractères que nous venons de décrire, on trouvera que les deux premières sortes de dépôt sont franches de goût et plutôt légèrement acides qu'amères. Il n'en est pas de même des deux dernières. Le dépôt, surtout celui du vin malade, présente une amertume spéciale ; il est acide en même temps qu'amer, et cette acidité a un montant qui tient à la fermentation qu'avait éprouvée le vin.

Si l'on examine ces dépôts au microscope, on y trouve les globules et les articles que M. Pasteur a décrits dans ses mémoires, mais en général plus mélangés de cristaux, de bulles d'air, de substances colorantes et de matières étrangères qu'on n'en voit sur les figures qu'il a publiées.

Les dépôts des grands vins blancs appartiennent toujours à ces dépôts de bonne nature que nous trouvons fixes ou compactes dans les fûts ou les bouteilles. Disons cependant que, comme ces vins fermentent souvent pendant un an ou deux, le dépôt des fûts est, pendant toute cette période de leur vie, léger et très-organisé.

Nous ne pouvons pas terminer cet article sur les dépôts que les vins forment dans la bouteille sans dire quelques mots des soins qu'on doit apporter dans le service des vins sur la table du consommateur.

Souvent ils perdent toute leur valeur par suite de la négligence qu'on met à cette opération.

Nous avons vu que les vins faisaient tous un dépôt dans la bouteille ; et nous serons compris de tous les œnologues lorsque nous affirmerons qu'un vin de bouteille n'est jamais complet s'il ne présente pas de dépôt.

On comprendra donc sans peine qu'avant d'être servi, le vin devra être soutiré. On pourra encore coucher la bouteille dans un panier lillois dans lequel elle conserve à peu près la position qu'elle avait à la cave (fig. 11).

En définitive, le mélange du dépôt au vin a pour

effet d'en altérer le goût; on devra, par conséquent, éviter ce mélange et tâcher de servir le vin dans toute sa limpidité.

Fig. 11. — Panier lillois.

Pour le soutirage des vins en bouteilles, nous recommanderons le dépotoir Grillet (fig. 12).

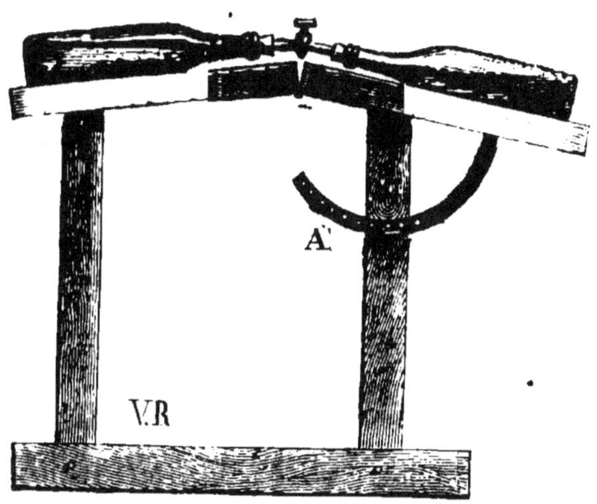

Fig. 12. — Dépotoir Grillet.

Cet appareil, composé de deux plans inclinés faisant bascule et arrêtés par un tourniquet, donne aux bouteilles placées chacune dans un cadre un point d'appui solide. La main de l'opérateur peut élever la bouteille pleine à son gré, en faisant tourner tout le système autour du point A, et cela sans qu'on ait à craindre de mouvement brusque. On arrête le dépotage aussitôt qu'apparaît la moindre trace de dépôt. Les bouteilles communiquent au moyen d'une canelle munie de tubes aérifères.

XXVII

AMERTUME DES VINS VIEUX

Nous avons dit que les vins très-vieux devenaient amers de par leur caducité et que, pour nous, cette maladie, conséquence de leur vieillesse, n'avait pas les caractères de l'amertume que nous venons de décrire et qui atteint et détruit les vins dans leurs premières années.

En effet, cette amertume des vins vieux ne produit pas sur le palais la même impression que l'autre. Elle n'a rien de repoussant. Elle aurait plutôt la saveur âpre et amère d'une substance résineuse ; jamais cette saveur n'est accompagnée de l'acidité que l'on rencontre dans les vins en fermentation. D'ailleurs ces vins sont d'une limpidité remarquable et entièrement dépouillés de leur matière colorante bleue.

Les dépôts de ces vins sont composés surtout de matière colorante fixée sur le verre par le tartre

qui s'y est déposé avec elle. Les globules et les arti-
les de M. Pasteur sont très-rares dans ces dépôts.

Devons-nous considérer comme maladie du vin
cette altération si subite que les grands vins subis-
ent lorsqu'après avoir ouvert une des bouteilles
qui les contiennent, on laisse cette bouteille en vi-
lange ?

Dans ce cas, il arrive presque toujours ceci : c'est
que, quand bien même la bouteille reste bouchée, le
vin se trouble et devient très-amer. Cet effet doit
évidemment être attribué à l'action de l'oxygène de
l'air sur la matière colorante, et nous pensons que,
dans l'examen des maladies des vins, on a, dans ces
dernières années, fait la part trop petite aux phénomènes chimiques qui en modifient la composition.
L'effet que nous signalons ici est subit, et n'a nullement pour cause le développement d'une végétation
parasitaire particulière.

Si, en effet, on remplit une bouteille du vin qui
présente ce genre d'altération, qu'on la descende à la
cave, et qu'on l'y laisse plusieurs mois au moins,
voici, lorsqu'on l'ouvre, dans quel état se trouve le liquide et les dépôts de la bouteille.

L'amertume du vin a à peu près complétement disparu. Il est beaucoup plus vieux et plus sec que le
même vin qui n'a pas subi cette épreuve ; mais ce qui
est surtout remarquable, c'est que la nuance d'un
rouge violet qu'avait ce vin a disparu et est remplacée
par cette couleur d'un rouge jaune qu'en œnologie
on est convenu d'appeler pelure d'oignon.

Le dépôt est très-abondant, léger, peu compacte et composé surtout de matière colorante. Ce fait connu de tous les œnologues, montre bien quelle est l'influence de l'air sur le vin; et si évidemment l'oxygène vieillit le vin en se combinant avec ceux de ses éléments qui en sont le plus avides — les matières albuminoïdes et les substances colorantes d'abord — il n'en est pas moins constant pour nous que nous devons considérer ce gaz, au point de vue de l'œnologie, comme un grand agent de décomposition; ses effets seront beaucoup plus souvent nuisibles qu'utiles à l'élevage des vins.

Nous ne faisons d'exception à ce sujet que lorsqu'il s'agit, comme nous le verrons plus tard, des vins durs et acides. Quant à l'action lente de l'oxygène qui pénètre dans le tonneau à travers les pores du bois, elle est si peu énergique sur le vin, qu'elle n'est pas à craindre; mais sans nul doute elle contribue au changement d'état que subissent tous les vins en vieillissant.

La composition des vins est si complexe, que la science est loin de connaître toutes les réactions de ce mélange d'alcool, de sels et d'acides avec des substances albuminoïdes. Les importants travaux de M. Berthelot nous ont cependant déjà montré, dans le vin, des éthers, des acides et des matières organiques qui expliquent certains de ses caractères. S'il reste encore beaucoup à faire sur ce sujet, on doit cependant rendre aux hommes de science et de pratique qui se sont occupés de ces questions, cette justice, c'est que, grâce à leurs travaux, et cela partout, les vins sont mieux faits, mieux soignés qu'ils ne l'étaient autrefois. Lorsqu'on les exporte, ces vins réussissent mieux que jadis ; enfin, dans les grandes villes, on les boit meilleurs.

Nous pensons qu'avec les nouveaux procédés de conservation que nous allons décrire, procédés qu'on devra toujours employer avec discernement, il ne sera plus permis bientôt d'avoir nulle part des vins malades. Ces vins seront plus ou moins bons, suivant qu'ils seront d'une bonne ou médiocre origine ; mais on ne leur reprochera plus ces dégénérescences maladives qui les rendaient souvent repoussants au goût. Nous nous sommes surtout occupé de la conservation et de l'amélioration des grands vins. Ailleurs, nous avons dit qu'on laissait peu vieillir les autres vins, et que si les vins ordinaires et les vins communs étaient bien faits, on ne leur donnait pas le temps de s'altérer. Nous décrirons cependant pour ce genre de vins aussi les procédés nouveaux de conservation qui leur sont applicables.

Nous croyons important de résumer à un point de vue d'ensemble et d'une manière générale ce que nous venons de dire sur les maladies des vins.

Les vins forment tous des dépôts, et de tout temps on a reconnu que les maladies des vins étaient accompagnées de mouvements fermentescibles qui avaient dans ces dépôts leur point de départ.

Qu'est-ce qu'une fermentation ? La fermentation, nous dit Cagniard-Latour, est un phénomène chimique intimement lié à l'existence et au développement d'un être organisé. Cette théorie si neuve et si féconde a remplacé celle de Liebig. Cet éminent chimiste admettait qu'après la mort des substances organisées, la force vitale ne s'opposant plus aux effets des autres forces de la nature, il suffisait du contact de l'air, de l'action chimique la plus faible, pour opérer une transformation dans les substances organiques et donner lieu à un nouvel ordre d'atomes, à une décomposition ; c'est alors, dit Liebig, que se produisent les phénomènes remarquables qu'on appelle fermentation, putréfaction et combustion lente.

Où sont, dans la nouvelle théorie, les germes de cet être organisé qui provoque les fermentations ? Dans l'orge et le raisin pour la fermentation alcoolique, dit Cagniard-Latour. Dans l'air pour toutes les fermentations, dit M. Pasteur. M. Béchamp les trouve partout ; il les a découverts dans la craie, dans les calcaires, dans la terre végétale, etc. D'autres physiologistes enfin, et nous citerons M. Joly, l'éloquent professeur de Toulouse, et le savant doyen de la Faculté des sciences de Rouen, M. Pouchet, croient que ces organismes inférieurs doivent leur existence à des générations spontanées.

Nous laisserons les physiologistes débattre ces difficiles questions ; il nous suffira d'admettre que les fermentations sont dues au développement d'un être organisé, sans que nous ayons besoin de chercher quelle est son origine.

Ceci admis, nous voyons bien, pour la fermentation

alcoolique et pour l'acescence, les globules ovoïdes qui, en se reproduisant, transforment le sucre en alcool et en acide carbonique, et l'alcool en acide acétique. Là, nous pouvons, à notre volonté — le fait est certain — provoquer ces deux sortes de fermentations en semant les globules de ces ferments.

Mais si nous étudions les autres changements que les vins éprouvent, il n'est pas en notre pouvoir de les reproduire à notre volonté, en semant les articles qu'on nous donne comme les ferments spéciaux des maladies des vins.

En général, les acides, l'alcool, le tannin, les sels sont autant d'éléments conservateurs qui préservent les vins de l'action des ferments.

Dans l'acescence, le peu de soins qu'on apporte à la fabrication du vin et à son élevage, la chaleur, la présence de l'air surtout et toujours, sont autant de causes déterminantes de la maladie. On la préviendra lorsque le vin est dans la cuve, en préservant le chapeau de toute mauvaise fermentation. Si le vin est dans le tonneau, on devra ne jamais l'y laisser en vidange au contact de l'air et l'exposer dans cet état à une température élevée.

Dans le tour, maladie mal décrite, mal étudiée, les vins sont fades et d'un jaune brun repoussant. Il nous semble qu'on peut attribuer cette altération à la faible teneur en acides libres des vins qu'on a récoltés par la pluie et à demi pourris et à un état particulier de la matière colorante. Les soutirages, les coupages avec des vins verts et colorés paraissent donner de bons résultats dans cette maladie. Le chauffage ne nous a pas réussi pour le traitement du tour ; il rend le vin limpide mais ne le guérit pas.

La graisse atteint les vins blancs surtout. On la guérit par l'aération du vin et l'emploi du tannin.

La pousse est caractérisée par un dégagement d'acide carbonique et une décomposition du bitartrate de potasse, dit M. Gleynard. Cette maladie est très-grave quand elle arrive à ce point que l'un des principaux éléments du vin, le tartre, est décomposé. On la prévient au moyen du soufrage et des soutirages répétés.

Ici, nous émettrons cette idée que la pousse succédant immédiatement dans certains vins à la fermentation alcoolique, il est fort possible, d'après la théorie de Darwin, que dès que le milieu dans lequel se produit cette fermentation ne contient plus de sucre, le globule ovoïde qui la développe donne naissance à un nouvel être organisé, variété de l'espèce primitive qui devient alors le ferment de la pousse.

Cette manière d'envisager les phénomènes qui accompagnent les maladies des vins nous semble encore mieux fondée que la théorie qui admet, dès le principe, dans le vin, la présence des germes spéciaux de toutes les maladies.

Dans l'amertume des vins, nous distinguons celle qui se développe chez les vins jeunes de celle qu'ils présentent lorsqu'ils sont vieux. La première seule doit être considérée comme une maladie. Un des phénomènes qui la caractérisent est la décomposi-

tion de la matière colorante. Si nous n'avons pas
réussi à communiquer à notre volonté cette maladie
de l'amer par le mélange des dépôts infectés avec des
vins sains, nous ne pouvons douter cependant qu'elle
soit due à une fermentation d'un caractère spécial.
On la prévient par le chauffage des vins.

L'étude des dépôts que forment les vins dans la
bouteille nous donne souvent de précieuses indications sur leur état chimique ou organique. Aussi la
recommanderons-nous tout particulièrement aux
œnologues.

L'examen microscopique de ces dépôts nous présente une grande variété de germes, de débris végétaux, de cristaux de sel, etc., et il est rare que ces
dépôts aient un aspect aussi spécial que l'admettent
les théories nouvelles.

En définitive, dans cette si grave question de la
maladie des vins, le but qu'on doit se proposer est la
recherche des moyens de les prévenir. Ces moyens,
la science et l'expérience nous les donnent. C'est aux
viticulteurs à se rendre compte de l'état de leurs vins
et à savoir appliquer à propos et à temps les procédés que nous leur avons indiqués. Le traitement d'un
vin malade ne donne souvent que des résultats douteux et négatifs. Il peut quelquefois arrêter le mal,
rarement il le guérit.

XXVIII

CHAUFFAGE DES VINS

La question du chauffage des vins a si vivement préoccupé le public, depuis deux années, que c'est un devoir pour nous de l'étudier avec quelques détails.

Dans une première partie de notre travail, nous ferons un résumé historique du chauffage. La seconde partie donnera les théories qui ont été proposées pour en expliquer les effets. Enfin, dans un chapitre à part, nous indiquerons comment on doit appliquer la chaleur à la conservation des vins, et dans quelles circonstances on est le plus sûr de réussir.

Historique du chauffage des vins. — Les Romains ont-ils chauffé les vins dans le but de les conserver? Cette assertion, qui a été mise en avant afin d'enlever à ceux qui, les premiers, ont employé le chauffage, une priorité que le public refusait aux nouveaux venus dans la question, cette assertion, disons-nous, n'est point exacte. Qu'on lise Pline, Columelle, Horace, et ce que l'on peut comprendre de l'application que les Romains faisaient de la chaleur à la préparation de leurs vins se réduit à ceci : les Romains chauffaient les moûts afin de les concentrer; en opérant ainsi ils augmentaient la richesse saccharine de ces moûts, et ce n'était pas à la chaleur, mais à la matière sucrée qu'ils demandaient la conservation de leurs vins. C'est encore là ce qui se pratique dans le Midi, en Espagne et dans tous les pays chauds. On y concentre les moûts soit en les évaporant, soit en desséchant les raisins à l'air et au soleil, et c'est avec les moûts très-sucrés que donnent ces procédés qu'on obtient les vins de liqueur qui nous viennent de ces régions.

Que dirons-nous des pratiques de Mèze, de Cette et de celles qui ont été aussi, il y a un demi-siècle, essayées en Bourgogne ?

A Mèze, on chauffait le vin pendant vingt-cinq jours, de 25 à 30 degrés, au contact de l'air. Le but qu'on se proposait était d'aider à l'achèvement de la fermentation alcoolique. A la fin de l'opération, on chauffait rapidement jusqu'à 75 degrés, ce qui donnait au vin travaillé la teinte du vin vieux.

Il y a cinquante années environ, à l'époque du plus grand engouement des viticulteurs bourguignons pour le sucrage, on a employé les mêmes procédés. Souvent le négociant sucrait dans sa cave et dans le tonneau les vins qui lui avaient été vendus purs de toute addition de matières étrangères, et c'était à la chaleur d'une étuve chauffée à 26 degrés qu'il demandait les conditions de température nécessaires au développement et au travail d'une nouvelle fermentation. On chauffait le vin dans le tonneau, en laissant la bonde ouverte, et on prolongeait souvent au delà d'un mois l'opération que nous venons de décrire. Alors, quand le vin ne fermentait plus, il *vieillissait*, prenait une teinte jaune et pouvait entrer jeune dans le commerce, avec tous les caractères d'un vin vieux.

Ces procédés ont été généralement suivis de très-mauvais résultats et sont abandonnés. En effet, comme le vin était chauffé au contact de l'air à une température de 26 degrés, il était rare qu'il ne dût pas à ces circonstances des principes d'altération qui en compromettaient la durée.

A Cette, on chauffe le vin au soleil à 29 degrés, et on le vine au fur et à mesure qu'on le travaille. M. Pasteur attribue dans ce cas la conservation du vin à l'alcool, et son appréciation, que nous croyons juste, est que le fabricant dont le vin n'est pas suffisamment alcoolisé, s'exposerait, sans le vinage, à le voir aigrir malgré la chaleur du soleil ou mieux à cause de la chaleur du soleil. C'est, d'ailleurs, à l'aération du vin, aération qui se fait au travers du tonneau, que l'on devrait, d'après lui, attribuer l'efficacité des procédés de Cette.

Appert, dans son *Traité des conserves alimentaires*, donne les moyens d'appliquer ses procédés aux vins. Voici comment il opère; nous le citons textuellement : « Je laissai un vide de 3 centimètres dans le goulot « (des bouteilles). Je les rebouchai hermétiquement et « les ficelai de deux fils de fer croisés. Après quoi je « les mis dans le bain-marie, dont je n'élevai la chaleur que jusqu'à 70 degrés, dans la crainte d'altérer « la couleur. »

Appert compare le vin chauffé qui a voyagé avec le vin de même qualité qui n'a pas voyagé et le vin de la même provenance qui n'a pas été chauffé. Voici l'appréciation de ces vins telle qu'on la trouve dans le livre d'Appert :

« La bouteille conservée chez moi et qui n'avait
« pas subi la préparation, avait un goût de vert très-
« marqué. Le vin renvoyé du Havre (celui qui avait
« été chauffé et n'avait pas voyagé) s'était fait et
« conservait son arome. Mais la supériorité de celui
« revenu de Saint-Domingue (celui qui avait été
« chauffé et avait voyagé) était infinie, rien n'éga-
« lait sa finesse et son bouquet. La délicatesse de son
« goût lui prêtait deux feuilles de plus qu'à celui du
« Havre, et au moins trois de plus qu'au mien. Un
« an après, j'eus la satisfaction de réitérer cette ex-
« périence avec le même succès. »

M. Pasteur a fait remarquer avec justesse que l'in-dication d'Appert était insuffisante, puisqu'il ne dit nulle part si les vins de même qualité, non chauffés par lui, avaient ou non été malades.

En 1827, parut une brochure de A. Gervais sur l'ap-plication de la chaleur à la conservation des vins. Elle a pour titre : *Mémoire sur les effets de l'appareil épu-rateur pour l'amélioration et la conservation des vins.*

Gervais met sa méthode sous le patronage du gou-vernement. Les ministres de l'intérieur et du commerce acceptent la dédicace de son ouvrage, et l'inventeur leur demande un encouragement pour sa découverte.

Voici comment Gervais opérait :

« Le vin est transvasé d'un tonneau dans un autre,

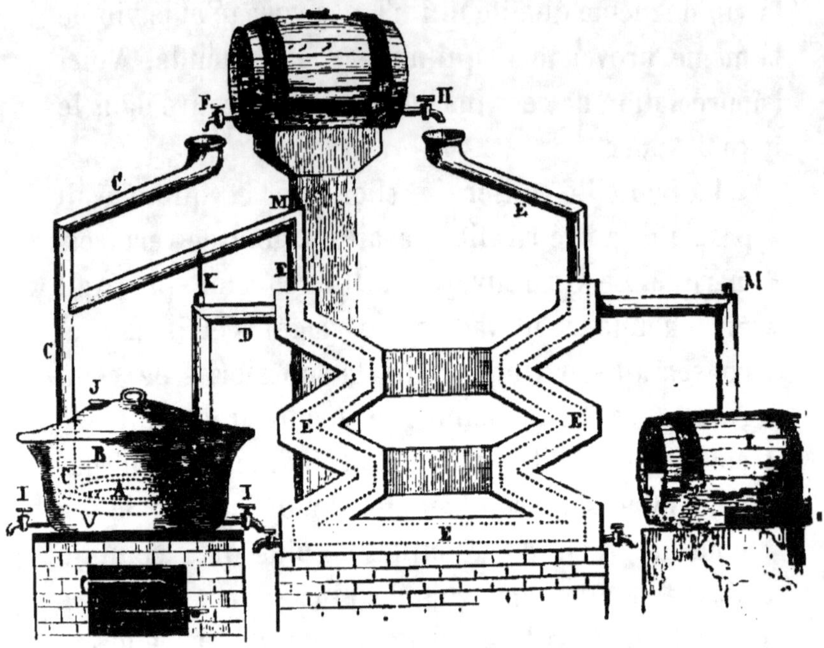

Fig. 13. — Appareil Gervais (1).

en passant dans un appareil chauffé au bain-marie,
sans exposer la liqueur aux effets destructeurs de

(1) A   Appareil composé de deux planches en fer-blanc ou
          en cuivre, fixées et soudées par leurs bords, et
          ne laissant entre elles que deux ou trois lignes
          d'intervalle ;
     B   Chaudière ;
   CCC   Tuyau correspondant au robinet F ;
   DDD   Autre tuyau pénétrant à sa partie supérieure dans
          le tuyau de chauffage qu'il parcourt dans toute
          son étendue jusque dans le tonneau L ;
EEEEEE   Tuyau de chauffage ;
    FH   Robinets placés au tonneau supérieur, contenant
          le vin à opérer ;
    HI   Robinets pour vider les parties de l'appareil ;
     J   Soupape du couvercle de la chaudière ;
     K   Tube plongeur, destiné à contenir un thermomètre ;
     L   Tonneau destiné à recevoir le vin opéré ;
    MM   Soupiraux des tuyaux.

l'air et du feu. Lorsque le vin opéré a reposé pendant huit à dix jours, on le colle, et quinze à vingt jours après, lorsqu'il a effectué la sécrétion des principes nuisibles dont il se dépouille, on le soutire. Par ce procédé, le vin devient de plus longue conservation et propre au transport. »

Dans ce mémoire de Gervais, on lit, page 8, que tout le monde *a reconnu que le ferment était la cause des maladies dont les vins sont susceptibles*. Il cite ensuite un grand nombre de certificats et de rapports qui attestent les bons effets de son procédé.

Dans le certificat n° 3, nous remarquons ceci :
« C'est que le vin qui était auparavant limpide, se
« trouble au fur et à mesure qu'il opère la sécrétion
« des corps qui s'en détachent ; mais lorsque, par le
« temps et par le collage, cette sécrétion est préci
« pitée, le vin se trouve infiniment attendri et mieux
« dépouillé. »

Dans le certificat n° 4, on donne le résultat d'expériences faites toutes sur des vins communs. Des échantillons cachetés des mêmes vins devaient servir de point de comparaison. On constate « qu'un petit
« vin blanc d'Orléans a perdu sa verdeur et son
« acreté ; qu'un vin rouge nouveau, louche et trou
« ble, s'est clarifié ; qu'un vin rouge tourné s'est
« clarifié, sa couleur trouble a disparu et a ac
« quis un degré d'amélioration au point qu'on peut
« le boire ; enfin, qu'un vin rouge d'Orléans, ayant
« un goût de fermentation et d'amertume, et sur

« un point de décomposition très-prochain, étant
« opéré, a recouvré sa qualité primitive et un par-
« fum bien plus agréable qu'il n'avait avant sa ma-
« ladie. »

Gervais, dont les procédés ont été examinés par
une commission, termine en annonçant qu'il va répondre à plusieurs demandes qui lui ont été faites
par des personnes recommandables relativement aux
effets du chauffage sur les vins.

En 1840, nous reprenons les expériences d'Appert et nous constatons, en 1846, que des vins de
1840, qui avaient été chauffés en vases clos par son
procédé, étaient bien conservés, tandis qu'à cette
date, les vins de la même année, non chauffés,
avaient presque tous été malades.

Nous avons donc dit quelque chose de plus qu'Appert qui, commé l'a très-bien fait remarquer M. Pasteur (et nous l'en remercions), n'avait pas observé
que les vins non chauffés se fussent ou non conservés.

Ajoutons que pour nous, dans notre mémoire de
1850, le chauffage à 75 degrés *conservait* les vins,
mais ne les *améliorait* pas. Si nous appelons l'attention du lecteur sur cette distinction, c'est que M. Pasteur ne l'a point faite dans la polémique que nous
avons dù soutenir contre lui, et cette confusion de
mots a servi de base à des interprétations très-erro-
nées. En effet, nous avions remarqué qu'en opérant
sur des vins faibles ou maigres, le chauffage à 75 degrés exagérait leurs défauts, surtout en les rendant

secs (1), et comme en définitive, dans notre travail sur l'exportation des vins dans les pays chauds, nous recherchions surtout un moyen d'*améliorer* les vins destinés au commerce extérieur, il est évident, pour tous les œnologues, que ce n'est pas dans le chauffage à 75 degrés que nous devions trouver la solution du problème.

Voici, d'ailleurs, le procédé de chauffage tel que nous l'avons employé depuis 1840, et ici nous citons encore le texte de la communication que nous fîmes en 1850 à la Société centrale d'agriculture de France.

« Souvent obligé, dans le moment de la récolte, de « conserver par la *méthode Appert* des moûts des-« tinés à des expériences qui ne pouvaient être faites « que plus tard, j'ai aussi appliqué ce procédé à des « vins de différentes qualités.

« En 1840, des vins de cette récolte avaient été mis « en bouteilles au décuvage. Après avoir été bouchées, « ficelées et exposées au bain-marie à une tempéra-« ture de 70 degrés centigrades, elles furent descen-« dues à la cave et oubliées. En 1846 (alors que la « plupart des vins de 1840, dont les raisins furent « grêlés, avaient subi une maladie à laquelle plu-« sieurs succombèrent), quelques bouteilles de ce « vin se trouvèrent sous ma main avec leur éti-« quette, et je constatai avec une remarquable satis-

(1) Les commissaires qui ont assisté aux expériences de dégustation demandées par M. Pasteur, ont eux-mêmes reconnu ce fait sur plusieurs échantillons.

« faction qu'il était dans le meilleur état de conser-
« vation ; seulement il avait contracté ce goût de
« cuit que nous rencontrons dans les vins qui ont
« voyagé dans les pays chauds ; il s'était dépouillé de
« sa matière colorante bleue ; plus sec, plus vieux
« qu'un vin de six ans ne devrait l'être, il avait tous
« les caractères que nous avons signalés dans le vin
« revenu de Calcutta.

« Nous avons répété cette expérience sur d'autres
« vins, à l'époque de leur mise en bouteilles, et
« toujours nous avons réussi, en faisant varier
« la température du bain-marie de 50 à 75 de-
« grés centigrades, à préserver les vins de qua-
« lité soumis à ces essais de toute altération ulté-
« rieure. »

Et plus loin :

« Nous ne terminerons pas cette notice sans con-
« seiller aussi pour *les vins qui doivent être expédiés
« en bouteilles*, un essai dont la réussite a été com-
« plète pour les vins blancs. On soumet les bouteilles
« bouchées et ficelées à la chaleur d'un bain-marie,
« en ayant soin d'éteindre le feu dès que la tempéra-
« ture s'élève à 70 degrés centigrades. Quand cette
« eau est descendue au degré de la température am-
« biante, on les en retire, on les goudronne. J'ai sou-
« mis à mes essais de grands vins blancs de Bourgo-
« gne qui, après avoir subi ce traitement, avaient
« fait deux fois le trajet des Antilles sans subir la
« moindre altération. »

Au mois de janvier 1864, M. Pasteur publie son

mémoire sur les mycodermes du vin. Personne ne
met plus d'empressement que nous à admettre sa
théorie. Nous reprenons avec les vins et les dépôts
les études que nous avions faites sur leurs maladies,
en opérant sur les vins seuls, et nous recherchons successivement l'action que pouvaient avoir sur ces dépôts l'alcool, l'acide sulfureux, le soufre, les sels, le
charbon, la congélation, la chaleur.

Nous reconnûmes dans ce travail, que si on expose
« pendant quelque temps les vins à une tempéra-
« ture qui varie de 40 à 50 degrés, les mycodermes
« deviennent inertes. » De là notre procédé de conservation par le « chauffage à basse température des
« vins à l'étuve et à, défaut d'une étuve (1), » par le
chauffage au grenier, si l'on a un grenier suffisamment chaud.

Ce fut là le sujet de notre communication du
1er. mai 1865 à l'académie des sciences.

À cette occasion et ce même jour, M. Pasteur
annonce à l'académie qu'il avait pris, le 11 avril
1865, un brevet d'invention pour le chauffage des
vins.

Voici le procédé de ce brevet d'invention dans les
termes mêmes dont M. Pasteur se sert pour le décrire
à cette séance du 1er mai.

« Après que le vin a été mis en bouteilles, je ficelle
« le bouchon et je porte la bouteille dans une étuve
« à air chaud, en la plaçant debout. On peut la rem-

____

(1) Voir le mémoire du 1er mai 1865.

« plir entièrement, sans y laisser trace d'air. Voici
« ce qui se passe : le vin se dilate et tend à soulever
« le bouchon ; mais la ficelle le retient, de façon que
« la bouteille reste toujours parfaitement close, pas
« assez cependant pour que la portion de vin chassée
« par la dilatation ne suinte pas entre le bouchon et
« les parois du verre. La ficelle ne cède jamais et je
« n'ai pas vu une seule bouteille se briser, quelque
« peu de soins que j'aie pris dans la conduite de la
« température de l'étuve. On retire la bouteille, on
« coupe la ficelle, on repousse le bouchon dans le
« goulot pendant que le vin se refroidit et se con-
« tracte, puis le bouchon est mastiqué et l'opération
« est achevée. »

A quelle température opérait M. Pasteur ? Il le dit
plus haut : « Enfin, j'ai essayé l'action de la chaleur
« et je crois être arrivé à un procédé très-pratique
« qui consiste simplement à porter le vin à une tem-
« pérature comprise entre 60 et 100 degrés en vases
« clos pendant une heure ou deux. »

Il est difficile, on nous l'accordera, de dire plus
exactement la même chose que ne le font les trois
textes que nous venons de citer. Le lecteur n'a donc
plus qu'à rapprocher les dates et faire dans ces débats
la part de chacun.

En résumé, les Romains n'ont point chauffé les
vins dans le but de leur donner des éléments de conservation ; c'était sur les moûts qu'ils opéraient.
A Mèze, à Cette et dans les étuves du commerce, on
n'a jamais eu qu'un but : vieillir le vin, en le chauf-

fant au contact de l'air, et surtout achever rapidement la fermentation des vins nouveaux.

C'est à Appert que revient l'idée première de l'application de la chaleur à la conservation des vins.
Appert, il y a un demi-siècle, opérait exactement
comme nous avons opéré, depuis, en 1840, et comme
M. Pasteur l'a fait en 1865, en chauffant au bain-
marie à 70 degrés centigrades.

Gervais ne chauffe pas en vases clos comme nous ;
mais il a obtenu des résultats avantageux de son procédé et nous aurons à y revenir, lorsque nous par-
lerons des effets que le chauffage produit sur les
vins.

Nous verrons plus tard les reproches que l'on peut
adresser aux procédés d'Appert, reproches qui nous
expliqueront pourquoi ils n'ont pas eu plus de succès
auprès des œnologues.

Peut-être alors voudra-t-on bien nous accorder que
nous avons dit et fait quelque chose de plus que lui
en établissant ceci : c'est que, en admettant que les
maladies des vins aient leur origine dans les ferments
qu'ils contiennent, « il suffit de les exposer en vases
« clos à une température qui varie de 40 à 50 degrés
« pour rendre ces ferments inertes ; la basse tempé-
« rature à laquelle on opère n'ayant pas sur les vins
« les inconvénients que nous trouvons dans la mé-
« thode d'Appert. »

Quoi qu'il en soit, on nous accordera, nous l'espérons, que dans cet historique du chauffage des vins, nous
avons exposé les éléments de la discussion, avec une

réserve et une impartialité complètes. Cette attitude nous était d'ailleurs imposée par la part que nous avons prise à l'étude de cette question. Aussi nous sommes-nous contenté de citer les textes et les dates des publications de chacun. Nous n'y avons pas cherché autre chose que ce que leurs auteurs ont voulu y mettre. Les pièces du procès sont donc entre les mains du public, il comparera les textes, les dates, appréciera et rendra à chacun la justice qui lui est due.

XXIX

THÉORIE ET EFFETS DU CHAUFFAGE

Nous rappellerons en peu de mots ce que nous avons dit de là fermentation en général, à propos des maladies des vins.

Suivant M. Dumas, « le rôle que joue le ferment, tous les animaux le jouent; c'est un être organisé. Tous ces êtres consomment les matières organiques, les dédoublent et les ramènent vers les formes les plus simples de la chimie minérale. »

M. Pasteur nous dit : « Le vin est une infusion organique d'une composition particulière, et toutes les infusions donnent asile à des êtres organisés microscopiques. Le problème de la conservation des vins se

réduit à s'opposer au développement des parasites. »

Dans la théorie de M. Béchamp, les ferments organisés sont des êtres vivants, soumis aux lois de la
physiologie générale ; ils digèrent, se nourrissent,
désassimilent et meurent.

D'après la théorie vitale, les composés que l'on
considère comme les produits de la fermentation
alcoolique sont censés venir du sucre ; d'après la
théorie du savant professeur de Montpellier, ils doivent provenir de la levure ; ils en proviennent en
effet.

La levure, être vivant, cellule isolée, excrète toujours de l'alcool sans qu'il soit besoin qu'elle se nour-
risse de sucre.

Le globule de levure sécrète un ferment soluble
(analogue au suc gastrique) qui transforme le sucre
de canne en glucose et modifie ainsi les liquides dans
lesquels il vit, pour les rendre propres à sa nutrition.

Lorsque les aliments sont abondants, la levure
cesse de fonctionner avant de les avoir dévorés tous ;
elle s'arrête lorsque les liquides renferment une proportion déterminée de ses produits d'excrétion. Dès
que la levure ne peut plus excréter d'alcool, et que
les phénomènes de nutrition cessent, alors on peut
dire, ou, que, puisqu'elle ne dévore plus en même
temps que ses aliments habituels, les ferments peu
nombreux qu'elle enserre de toutes parts, ceux-ci,
pour peu qu'il en reste, trouvant un milieu qui ne
leur est point contraire, se développent à leur tour ;

15.

ou bien, qu'elle donne vie à une variété de levure qui peut, elle, vivre dans un milieu impropre au développement de la levure alcoolique. Cette variété de levure sécréterait aussi un ferment, afin de s'assimiler les liquides au milieu desquels elle vit.

A cette levure et dans des conditions analogues, en succéderait une autre, et c'est à cette succession de levures variées ayant la même origine, que les vins devraient leur vieillissement comme leurs maladies.

Ce seraient ces levures, représentées par les globules microscopiques qu'on rencontre dans les vins vieux, qui occasionneraient les transformations qu'ils subissent, et les dépôts filiformes, comme les goûts spéciaux des vins malades, seraient un des produits de désassimilation de ces nouveaux phénomènes vitaux.

M. Béchamp admet qu'un même ferment nourri des mêmes aliments donne des résultats différents, si on vient à faire varier certaines conditions de milieu et de température. Ainsi, le ferment lactique mis en contact avec le sucre de canne, donne des proportions considérables d'alcool, de même que le ferment alcoolique donne directement de l'acide acétique.

Il faut donc, suivant le physiologiste de Montpellier, renoncer à l'idée très-séduisante, il est vrai, de la spécificité absolue des ferments ; d'après lui, toute la théorie des ferments repose sur le fonctionnement des êtres vivants que contiennent les liquides fermentescibles. Ici le point de vue physiologique domine toutes les recherches.

Appert considérait que l'altération des matières organiques dépendait de l'action de l'oxygène de l'air.

Nous avons admis que les vins devenaient malades lorsqu'ils subissaient des fermentations que nous avons appelées secondaires, parce qu'elles succèdent, et à de longs intervalles souvent, à la fermentation alcoolique, et ces fermentations seraient provoquées d'après les théories nouvelles, par le développement d'êtres organisés microscopiques, de mycodermes. Jusqu'à présent, on connaît peu les fonctions physiologiques de ces ferments, et les différences physiques qu'ils accusent ne suffisent pas pour les distinguer.

Mais en dehors de toute théorie, un fait existait depuis les travaux d'Appert. C'est que des vins chauffés s'étaient bien conservés.

Les travaux de M. Pasteur sur les mycodermes que l'on rencontre dans les vins, nous ont conduit à examiner quelle était l'action de la chaleur sur eux, et nous avons dit, qu'après le chauffage, les dépôts des vins paraissaient moins organisés et que ces mycodermes devenaient inertes.

Dans les expériences que nous avons faites sur les vins amers — de cette amertume qu'accompagne un goût prononcé de fermentation — les mycodermes ne sont point détruits par le chauffage ; mais ils se rassemblent davantage au fond des bouteilles et le fait est que la fermentation maladive ne se continue pas.

On sait, par les belles expériences de MM. Pasteur, Joly et Béchamp, que pour tuer les germes de vie des ferments dans les milieux aqueux, il faut porter la température à 100 degrés et même au delà, comme vient de le prouver M. Pouchet, à l'occasion de ses études sur certaines graines exotiques.

En est-il de même lorsque ces ferments sont dans un milieu, tel que le vin, qui contient déjà des principes qui s'opposent à leur développement? Nous ne le croyons pas, et c'est en partant de cette donnée que nous avons été conduit à chauffer les vins aussi peu que possible, puisque nous savions d'ailleurs, par nos expériences de 1840, que le chauffage à 70 degrés ne réussissait pas toujours, et nous espérions enfin, en opérant ainsi, à basse température, que le chauffage altérerait moins le goût des vins que la méthode d'Appert.

Si nous voulons donc bien nous rendre compte des effets que le chauffage a sur les vins, il faut ne négliger l'examen d'aucun des éléments qui peuvent agir en même temps que lui sur les liquides spiritueux.

Ces éléments sont leur richesse alcoolique et leur teneur en matières extractives. Nous devons aussi tenir compte de l'influence que l'oxygène de l'air et la lumière peuvent exercer sur eux.

Il est bien certain que les effets du chauffage devront très-sensiblement varier lorsque un ou plusieurs de ces éléments interviendront dans le problème à résoudre.

Les conditions de milieu ne doivent donc pas être

négligées, comme on l'a fait jusqu'ici ; et si les procédés d'Appert n'ont pas été plus généralisés, si celui de Gervais est resté sans application, c'est qu'on a cru que ces méthodes étaient toujours applicables, et les insuccès ont tué la découverte.

Voyons donc ce que devient le chauffage dans les diverses circonstances qui peuvent se présenter.

Lorsque l'on chauffe le vin au contact de l'air, comme dans les procédés de Cette et de Mèze, on le vieillit et on le décolore à la fois. Cette opération ne réussit bien qu'avec des vins riches en alcool. Dans ce travail du vin, si on fait intervenir l'action de la lumière, la décoloration est plus complète. C'est d'après ces considérations que M. Pasteur conseille de remplacer la préparation actuelle des vins de Cette par une méthode qui consisterait à mettre les vins sur lesquels on opère dans des bombonnes en verre qu'on laisserait en vidange. On exposerait ces bombonnes au soleil, et la double action de la lumière et de la chaleur aiderait au prompt développement des qualités qu'on recherche dans ces vins. C'est ce qui se passe dans les bouteilles que les œnologues du Midi exposent sur leurs toits à la chaleur et à la lumière solaire. Nous croyons l'explication bonne et cette théorie est appelée à modifier les procédés de Cette.

Nous avons trouvé que si — sans que l'air extérieur intervienne dans le phénomène — on fait agir la lumière solaire sur une solution alcoolique des matières colorantes du raisin, cette solution perd au bout de deux ans sa belle teinte violacée, passe au jaune et laisse un abondant dépôt d'une matière grise.

Cependant il paraîtrait, d'après M. Pasteur, que la lumière solaire est sans action sur la couleur du vin, lorsqu'on opère hors du contact de l'air. Nous ne savons ce qui serait advenu si on eût prolongé la durée des expériences de M. Pasteur et peut-être, d'ailleurs, la solution alcoolique des matières colorantes contenues dans la peau du raisin ne les retient-elle pas en dissolution aussi énergiquement que le vin. Nous avons trouvé en effet que le tartre peut, même dans une solution aqueuse, agir comme un mordant qui fixe la couleur.

Si, maintenant, au moyen d'un gazomètre, nous faisons passer un courant d'air au travers d'un vin plus ou moins riche en matières colorantes, ce vin rompt, c'est-à-dire se trouble et donne un abondant dépôt. Il perd, par le repos, le goût d'évent qu'il devait à cette opération, et, lorsqu'au bout de quelques mois, il s'est suffisamment éclairci, on reconnaît qu'il est moins coloré qu'avant l'aération, que sa couleur a pris la nuance pelure d'oignon et qu'il a très-sensiblement vieilli dans ce travail. Il est surtout plus sec, plus maigre que le même vin qui n'a pas été soumis à cette expérience.

Voici maintenant un habile œnologue de la Côte-d'Or, M. le baron du Mesnil, qui met ses vins sous la cloche de la machine pneumatique, et qui, en les soumettant au vide, prétend guérir toutes leurs maladies. C'est à l'action des gaz qui sont contenus dans les liquides spiritueux qu'il attribue les saveurs anormales des vins altérés.

Nous ne nous prononcerons pas sur le mérite de ces expériences toutes récentes encore. Et si nous en parlons ici, c'est afin que ce soit une nouvelle preuve du rôle important que les gaz jouent dans l'élevage des vins.

Il est évident, enfin, que si on opère sur des vins très-riches en matières extractives (matières de composition si complexe et encore si peu connues), le chauffage produira des effets tout différents de ceux qu'on obtient avec des vins maigres et sans corps.

On devra donc, suivant nous, tenir compte de toutes ces circonstances lorsqu'on voudra chauffer des vins ; car, remarquons-le bien, le but que nous nous proposons dans le chauffage n'est pas seulement d'assurer leur conservation, mais nous voulons encore, si non améliorer ces vins, ce qui est le cas le plus exceptionnel, comme nous le verrons, nous devons, disons-nous, aviser au moins à les conserver bons.

Examinons maintenant quels sont les effets du chauffage lorsqu'on opère hors du contact de l'air. Si, sans nous appuyer sur les expériences qui nous sont personnelles, nous examinons avec soin le compte rendu de celles qui ont été faites sur la demande de M. Pasteur, par le commerce de Bercy, nous voyons que les habiles expérimentateurs qui ont répondu à son appel ont fait leurs réserves *sur l'influence que le temps pouvait avoir sur les qualités relatives des vins chauffés et non chauffés.*

Ils ont trouvé que le vin de Chambertin, 1859, chauffé, était plus maigre que celui qui ne l'avait pas été.

Les vins de lie non chauffés sont préférables aux vins chauffés.

Dans un vin du Cher (le vin n° 5), le goût s'est *aminci*.

Le vin n° 6 (vin de Tavel) s'est troublé dans le chauffage et il est devenu défectueux.

Dans le vin n° 7, le vin chauffé est trouble. Il a vieilli et est maigre au goût. Le vin non chauffé est supérieur.

Le vin n° 9 a séché dans le chauffage et perdu de sa finesse.

Le vin n° 10 est aussi plus sec que le vin non chauffé, et il a une légère tendance à l'amertume.

Les dégustateurs trouvent le vin n° 16 (c'est un vin de Bourgogne) plus sec que le Bourgogne qui n'a pas été chauffé.

La commission a constaté encore que le chauffage donne aux vins communs un léger amaigrissement et un faible goût de cuit.

A l'origine, M. Pasteur chauffait ses vins jusqu'à 75 degrés. « Peu à peu, dit-il, je me suis assuré « qu'on pouvait descendre à 50 degrés, peut-être « même au-dessous. »

Il résulte de nos expériences (et on peut le voir dans les mémoires que nous avons publiés en 1850) que le chauffage à 70 degrés centigrades ne donne pas toujours de bons résultats. Et lorsque nous cherchions un moyen d'améliorer les vins destinés à l'exportation, nous avons dû faire nos réserves à l'endroit des effets du chauffage sur tous les vins.

Depuis, nos travaux déjà nombreux sur cette question n'ont fait que nous confirmer dans notre première appréciation, que le chauffage ne réussissait pas toujours, surtout si on portait la température jusqu'à 70 degrés centigrades ; comme l'ont observé les dégustateurs de la commission de Paris, nous avions depuis longtemps reconnu que souvent, dans ce cas, les vins devenaient secs et maigres. Et si les vins ont un commencement de fermentation maladive, le chauffage met ce défaut en évidence. La finesse est aussi quelquefois altérée, et on comprendra de quelle importance est l'observation de ces faits, lorsqu'on saura que, s'il s'agit de ce que nous appelons les grands vins, toute leur valeur, la plupart du temps, réside dans une saveur, dans un parfum de convention que les œnologues reconnaissent comme très-fugaces. Pour nous, le chauffage des grands vins n'aura donc de mérite que s'il altère aussi peu que possible les qualités que nous recherchons dans leur usage.

Des faits importants, dont nous rendrons compte plus tard, des expériences nombreuses, nous ont démontré, que, dans le chauffage, on altérait d'autant moins le goût des vins qu'on opérait à une température moins élevée. Le but que nous nous sommes proposé a dès lors été nettement défini. Nous avons cherché dans quelles limites on pouvait appliquer la chaleur à la conservation des grands vins sans que leurs qualités fussent détruites.

Nous avons obtenu ce résultat en maintenant la température entre 40 et 50 degrés. Le lecteur, en lisant nos travaux, voudra bien nous accorder que cette idée nous appartient. C'est là notre seule prétention.

Nos vins chauffés dans ces conditions sont moins secs, moins maigres que les vins chauffés à 70 degrés centigrades, et s'ils perdent toujours un peu de cette finesse et de ce parfum qui les font tant apprécier, hâtons-nous d'ajouter qu'ils ont un caractère de santé que l'on ne trouve pas toujours dans les vins qui n'ont point été chauffés.

On s'est demandé, en étudiant les théories nouvelles des maladies des vins, si, dans ces germes qu'ils contiennent, il ne s'en trouve pas qui soient utiles à leur vieillissement, et au développement de leurs qualités, et si alors, les caractères spéciaux qui sont dus à ce vieillissement, ne seront pas compromis par l'opération.

Cette remarque a semblé très-sérieuse. Tous les œnologues savent qu'il n'y a pas de vins complets sans qu'ils fassent un dépôt dans la bouteille. Mais les vins chauffés, quoi qu'on en ait dit, déposent comme les autres vins; nous avons dans nos caves des vins de 1844 et 1846 qui ont été chauffés en 1849 par le procédé Appert, et ils ont un dépôt considérable. Les vins que nous avons chauffés à basse température déposent aussi et jusqu'à présent nous n'y rouvons pas les dépôts filamenteux que l'on rencontre dans les vins décomposés. Ceux qu'ils donnent se rapprochent beaucoup de ceux qui sont particuliers aux vins très-vieux (1), et, en général, ils sont les mêmes après qu'avant le chauffage.

Et, à cette occasion, nous insistons à nouveau et d'une manière toute spéciale sur ce point, c'est que nous avons reconnu dans les vins au moins trois genres d'amertume, si ce n'est quatre. Les dépôts de ceux qui sont amers par la vieillesse, n'ont en rien les caractères des vins malades de l'amertume. Il y a d'ailleurs dans ces derniers un goût prononcé de fermentation que ne présentent pas les autres. Nous en dirons autant de l'amertume passagère que l'on trouve dans les vins que l'on a aérés au moyen d'un gazomètre. Enfin, comme on le verra à l'Appendice, nous avons, dans un vin tourné, trouvé une amertume toute spéciale; et si l'on admet la spécificité des ferments, le ferment du vin tourné, ferment sphérique et très-petit, n'a aucun rapport avec ces végétations filamenteuses que nous rencontrons dans la maladie de l'amertume.

Ajoutons encore que si on distille le vin vieux qui devient amer de par les années, après être resté longtemps bon, cette amertume passe dans l'alcool. C'est là un fait que nous n'avons pas observé dans des circonstances autres que celles-ci.

Nous venons de voir quels étaient les effets de la

(1) Voir à l'Appendice, n° 7.

chaleur sur les grands vins, et déjà ailleurs, nous avons dit que le chauffage réussissait surtout pour les vins jeunes, riches en alcool et riches en matières extractives.

Que deviennent les vins communs lorsqu'on les chauffe, et y a-t-il avantage à les chauffer ? Nous commencerons par bien poser le problème et distinguerons d'abord dans les vins communs, les vins durs et acides que l'on récolte dans la plupart des vignobles de la France, et les vins plats et colorés des vignobles de la région de l'Olivier.

Ces derniers vins ont en général mal fermenté dans la cuve. Ils sont souvent très-riches en matières colorantes et extractives. Ils ont d'ailleurs quelquefois un goût prononcé d'acescence et sont disposés à subir des fermentations secondaires, lorsque viennent les chaleurs de l'été qui suit la récolte. Que ces vins proviennent d'ailleurs de raisins cueillis dans de mauvaises conditions et l'on a des vins qui n'ont de valeur que pour la chaudière, comme cela s'est présenté en 1865. Disons cependant qu'il y a une différence à faire entre les vins de plaine et les vins de montagne et que, encore là, nous ne raisonnons pas d'une manière absolue.

Dans le reste de la France, les vins communs sont, si la récolte est bonne, riches de 8 à 10 p. 100 d'alcool ; ils sont durs, colorés, et dans ce cas rien ne saurait les altérer. Leur conservation ne court aucun danger. D'ailleurs, ils entrent promptement dans la consommation et y disparaissent avant d'avoir pu être malades.

Lorsque la vendange se fait par un temps défavo-rable, si le raisin n'a pas mûri, s'il se pourrit sur le cep, les vins des plants communs sont de très-pauvre qualité. Verts, sans couleur, acides, ou plats (ce qui est pis), à peine riches à 5 ou 6 pour 100 d'alcool, ces vins, qui ne valent rien pour l'alambic, n'entrent jamais sans coupage dans la consommation. Y a-t-il avantage réel à chauffer dans ce cas les vins communs? Nous ne le pensons pas.

Si nos vins communs du centre de la France ont réussi, le chauffage leur est inutile. Dans le cas contraire, le chauffage ne les ferait pas plus accepter par le consommateur qu'il ne les accepte aujourd'hui. Le vinage, tel que l'a proposé M. le baron Thénard (1), et le coupage avec des vins riches et colorés donneront de meilleurs résultats que si on les chauffait.

La question n'est plus la même lorsqu'il s'agit des vins du Midi. Ces vins, souvent mal logés, ne peuvent se conserver dès qu'arrivent les chaleurs, et nous pensons que le chauffage rendra des services à ces vignobles. Nous croyons, dans ce cas, que le procédé de Gervais est destiné à y réussir.

En effet, là, plus de goût de chauffé à craindre. Le travail doit être rapide, complet. Car du moment qu'on opère sur de grandes masses, on ne peut plus employer le chauffage en vases clos, et comme le dit

(1) M. Thénard a trouvé que les alcools de mauvais goût perdent leurs saveurs dans la fermentation. Il en a déduit des conséquences remarquables qui sont appelées à un grand avenir dans l'art de la distillerie.

Gervais et comme nous l'avons expérimenté, la température de 75 degrés au contact de l'air n'altère pas sensiblement ces vins communs. On coagule une partie des matières extractives qu'ils contiennent. Le vin s'éclaircit par le repos et il devient moins susceptible d'entrer en fermentation. Dira-t-on ici qu'on tue les mycodermes? Et pourquoi ces vins qu'on ne chauffe pas, sans qu'ils aient quelque contact avec l'air atmosphérique, deviennent-ils de facile conservation? *En cuisant* le vin, disent les adversaires des théories nouvelles, on coagule, on précipite les matières albumineuses qui sont les causes premières de toute fermentation secondaire, et lorsque le soutirage les a séparées des liquides spiritueux, ceux-ci deviennent, par les conséquences de ce travail si simple, moins sujets à s'altérer.

Il résulte pour nous de ces faits, de ces observations que, comme on l'a déjà remarqué, il nous reste beaucoup de choses à apprendre sur les causes premières de tous ces phénomènes. Cependant, après avoir dit les résultats remarquables auxquels la pratique nous a conduit, avant que toute idée théorique ne soit venue se mêler à la question, nous serions injuste si nous n'accordions dans tout ceci une large part à la science et aux progrès qu'elle a fait faire à l'œnologie.

XXX

PRATIQUE DU CHAUFFAGE

Voyons d'abord comment nous pratiquerons le chauffage hors du contact de l'air, et lorsque nous opérerons sur des vins en bouteilles.

Après que le vin a été mis en bouteilles, et bouché à l'ancienne méthode en laissant un vide de 3 centimètres entre ce vin et le bouchon, on ficelle le bouchon et on porte les bouteilles soit dans une étuve à air chaud ; soit dans un bain-marie, si on opère sur de petites quantités.

L'étuve dont nous nous servons est très-simple, et voici comment on devra opérer. Nous établissons un poêle de fonte dans une chambre dont nous fermons la cheminée au moyen d'un briquetage. Un long tuyau qui pénètre dans le haut du manteau de la cheminée donne issue à la fumée. Nos bouteilles sont placées debout sur des rayons et à terre. Dans un bien petit espace on peut, de la sorte, disposer pour le chauffage plusieurs milliers de bouteilles. Dans l'étuve, nous avons une bouteille pleine d'eau et non bouchée dans laquelle plonge un thermomètre. Cette disposition nous permet toujours de savoir à quel degré de chaleur se fait le travail. Nous chauffons à la houille et nous donnerons ici une sorte de procès-verbal d'une opération.

Le jeudi 12 juin, à trois heures de l'après-midi, on a allumé le feu. Le lendemain, à cinq heures du matin, la chaleur était de 38 degrés centigrades ; à midi, de 49 ; le soir, de 51. Le lendemain matin, la température était de 40 degrés, et de 50 à 52 dans le reste du jour.

Si la chaleur est moins élevée le matin que le soir, cela tient à ce que nous n'avons pas jugé nécessaire de faire veiller un homme pour le chauffage de la nuit.

Nous avons, comme on le verra dans un des mémoires de l'Appendice, fait considérablement varier la durée de l'opération, lorsque nous nous servions d'une étuve. Nous ne nous étions pas, à propos du chauffage dans ces conditions, prononcé sur la question de durée, dans notre premier travail. A ce sujet, nous avions dit ceci : les mycodermes du vin deviennent inertes lorsque ce vin est *pendant quelque temps* exposé à une température de 40 à 50 degrés.

Aujourd'hui nous avons reconnu qu'on pouvait arrêter le travail quand la température a atteint 50 degrés et que le liquide, en se dilatant, est arrivé au contact de la partie inférieure du bouchon. Le vin suinte alors légèrement entre le bouchon et le verre. On éteint le feu ; pendant que le vin se refroidit, on repousse le bouchon dans le goulot de la bouteille et l'opération est terminée.

Le procédé que nous venons de décrire est, pour

nous, le procédé industriel tel qu'on pourra le pratiquer dans une grande exploitation.

Si on opère avec le bain-marie, on pourra se servir des paniers en tôle percée que l'on emploie pour
la préparation des conserves d'Appert, ou si l'on a les
chaudières à lessive en tôle galvanisée de la maison
Charles, de Paris, on pourra s'en servir avec succès.
Nous conseillons de tenir les bouteilles debout et l'eau
du bain-marie ne devra pas arriver jusqu'au bouchon.

Quel que soit d'ailleurs le moyen de chauffage que
l'on emploie pour le bain-marie, nous recommanderons de ne jamais mettre le fond de la bouteille en
contact avec le métal de la chaudière. Dans ce cas un
certain nombre de bouteilles seraient brisées ; on
doit les placer sur une planche percée de trous qu'on
établit dans le fond du bain-marie.

Avant de quitter cette question du chauffage en
vases clos des vins, disons un mot d'un fait qui nous
a singulièrement éclairé sur cette question.

Il existe à Lyon, chez un de nos amis (le plus intime), une salle à manger où l'on trouve une armoire
placée dans les conditions que voici : Elle est adossée
à une cheminée qui est toujours en feu, et la température y reste très-élevée, surtout l'été. Au commencement de 1864, une bouteille de vin de Bourgogne
fut oubliée dans cette armoire au moment où notre ami
quittait la ville. Plus tard, lorsque ce vin, que l'on
croyait perdu, fut dégusté, en comparaison du même
vin resté dans la cave, on trouva entre eux des diffé-.

rences très-remarquables. Le vin de l'armoire était vieux et fondu ; il était surtout d'une franchise irréprochable. Il n'en était pas de même du vin de la cave. Celui-là était déjà amer et en pleine voie de décomposition. On sait qu'à Lyon, comme dans les grandes villes, en général, les caves sont peu favorables à la conservation des vins.

Il devint évident pour nous que la température élevée de l'armoire avait été la cause du fait considérable que nous venions d'observer. A la même époque, on reconnut que des vins de 1858, qui avaient été abandonnés dans un grenier, s'y étaient conservés bons, malgré la chaleur qu'ils avaient eue à y supporter pendant l'été. On se garda bien, plus tard, d'oublier les précieuses propriétés de l'armoire ; et tous les ans, pendant l'été, elle reçut un certain nombre de bouteilles de vin. La réussite a toujours été complète et enfin les meilleurs vins que nous puissions offrir aujourd'hui à nos amis sont connus des œnologues qui nous font l'honneur de venir nous visiter, sous le nom de *vins de l'armoire retour de Lyon.*

En étudiant, le thermomètre à la main, les faits que nous venons de signaler, nous avons reconnu que dans l'armoire chaude comme dans le grenier, la chaleur maxima avait dépassé 40 degrés centigrades.

Tous les vins peuvent-ils être également soumis à ce régime ? Nous ne le pensons pas. Ce procédé qui consiste, comme nous venons de le voir, à les exposer pendant un temps plus ou moins long à une tem-

pérature qui peut varier de 20 à 40 degrés, nous a
surtout réussi dans les circonstances que voici : Nous
choisissons d'abord des vins qui aient deux années
d'âge au moins ; leur richesse alcoolique devra dépasser 12.50 pour 100. Enfin, ils donneront à l'évaporation un résidu de 2.75 à 3 pour 100. Il sera
encore très-important d'opérer dans des conditions
telles que la température initiale du milieu dans
lequel sera placé le vin approche le plus possible
du maximum de chaleur (40 à 45 degrés) que l'on
est certain d'obtenir. Si plus tard, pendant quelques
nuits, la température s'abaisse à 20 degrés, cela
ne nuira en rien au succès de l'opération.

Les vins qui ont été chauffés par cette méthode,
sont ceux dont les caractères se rapprochent le plus
des vins élevés sans aucun travail spécial. Seulement,
ce n'est pas là un procédé industriel, et, lorsqu'il
s'agira d'une grande exploitation, nous préférons
l'emploi de l'étuve tel que nous l'avons expliqué.
Lorsque nous avons rendu publiques ces expériences
sur l'action bienfaisante que la chaleur pouvait avoir
sur les vins, nous avons dit ceci aux habitants des
grandes villes, qui se plaignaient de leurs caves :
« Vos caves sont mauvaises, mais vos greniers sont
bons pour les vins. » En employant cette formule
en apparence paradoxale, et qui frappa d'autant plus
qu'elle était plus opposée aux idées admises pour
l'élevage des vins dits de table, nous avons eu surtout pour but d'appeler plus vivement l'attention sur
nos procédés.

Mais quelle que soit la méthode de chauffage que l'on emploie, on peut être assuré d'y trouver un préservatif assuré contre la maladie de l'amer. Nous parlons ici de celle des maladies du vin qui est caractérisée par une saveur amère qu'accompagne un goût prononcé de fermentation.

Si on veut appliquer la chaleur à la conservation des vins communs, nous recommanderons l'appareil Gervais modifié d'après les procédés que M. Velten a introduits dans sa brasserie de Marseille.

Dans une caisse en tôle remplie d'eau chaude, maintenue à une température élevée soit au moyen d'un barboteur, soit par l'application directe d'un foyer à cette caisse, se trouve un tube serpentin dans

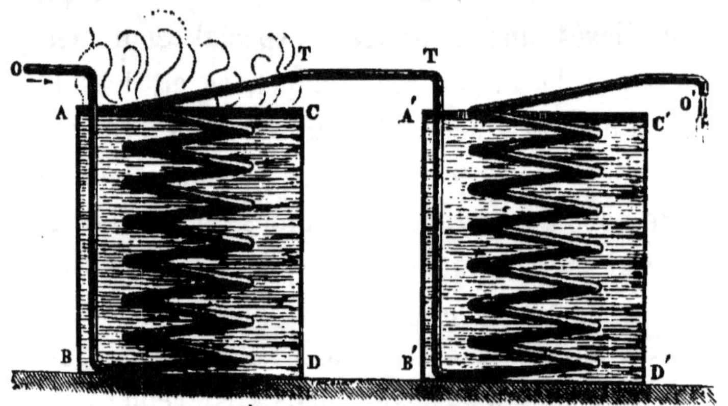

Fig. 14. — Appareil Gervais modifié.

lequel le vin entre par l'orifice O. Il en sort par le tube TT, pour de là se rendre dans un second tube serpentin placé, celui-là, dans une caisse d'eau froide. Le vin est reçu par l'orifice O' dans les vaisseaux vinaires.

Si on veut opérer sur de grands fûts à l'abri du contact de l'air, on peut se servir du tube serpentin qu'a inventé M. Pasteur.

Sur le tube de sortie d'un générateur de vapeur, il adapte un tube serpentin avec branche de retour
pareil à celui de la figure.
Ce tube serait en cuivre ou
mieux en cuivre argenté
extérieurement. On intro-
duit ce tube dans le fût,
par l'ouverture de la bonde,
et on fait glisser le bouchon de façon à couvrir
l'orifice sans le fermer her-

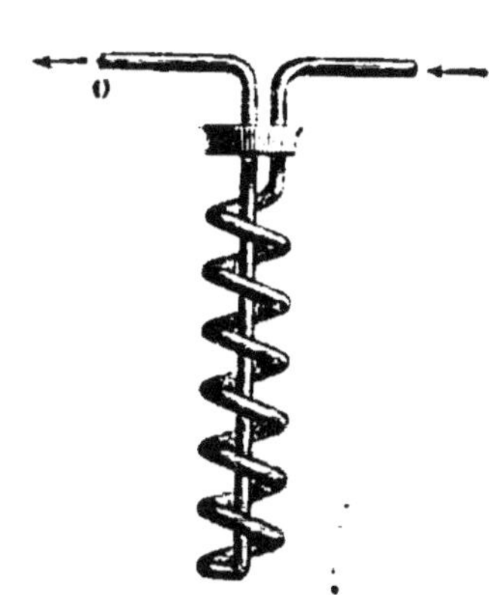

[Fig. 15. — Tube serpentin.

métiquement pour que le vin de dilatation puisse s'échapper. La vapeur, en circulant dans le serpentin, échauffera le vin et elle en sortira par l'orifice O, d'où elle pourra se rendre dans un autre serpentin pareil placé dans un fût voisin et ainsi de suite.

Mais, nous le répétons, si le chauffage en vases clos à basse température est pour nous une excellente opération lorsqu'il s'agit des grands vins, nous ne pensons pas que les vins communs aient en général rien à gagner à cette pratique.

Les vins communs déjà secs et maigres le devien-
nent encore davantage avec l'emploi de la chaleur. Et d'ailleurs, lorsqu'ils sont bien récoltés et bien faits, ils se conservent plus de temps qu'on n'en met d'ordinaire à les consommer. S'ils sont mauvais, nous

16.

considérons que le chauffage ne les fera pas admettre dans la consommation, et que dès lors il devient inutile. C'est aux vins du Midi que ce procédé pourrait être applicable. Dans ce cas, on choisira entre le procédé Gervais et les tubes serpentins de M. Velten, ou bien on adoptera le tube de M. Pasteur. Enfin, on verra dans l'Appendice que nous avons chauffé à feu nu et au contact de l'air un vin menacé de la maladie du tour, et que nous l'avons, par ce travail et le filtrage, obtenu limpide et presque buvable.

Dans l'appréciation que M. Maumené a publiée des travaux de M. Pasteur, cet habile œnologue, que nous connaissons par un très-bon ouvrage sur les vins, fait une critique assez serrée du livre du savant académicien.

Si nous en parlons, c'est parce que ses attaques s'adressent aussi au chauffage des vins, et que nous voulons aller au-devant des objections qu'on nous fait, tout en admettant la justesse de celles que nous croyons vraies.

Suivant M. Maumené, rien dans les expériences de M. Pasteur ne prouve que les altérations des vins tiennent à des ferments. Car, dit-il, *M. Pasteur nous permet à peine d'entrevoir une relation de temps dans l'altération des vins et la production de certains parasites.*

Il lui refuse aussi d'avoir établi que 50 degrés suffisent pour faire périr les végétaux microscopiques qui produisent les altérations maladives des vins.

M. Pasteur avait avancé que l'application de la

chaleur ne modifie ni la couleur, ni le goût des vins, et qu'elle en assure la limpidité. M. Maumené n'accepte pas ces assertions.

Les vins chauffés, dit M. Pasteur, paraissent capables de se conserver indéfiniment en vases clos. Cette proposition est encore contestée par le critique.

Enfin M. Pasteur affirme que les vins reprennent à l'air la propriété de s'altérer, parce que l'air leur apporte de nouveau les germes vivants de ces ferments, qu'ils avaient perdus par l'action de la chaleur. M. Maumené prétend que rien n'est moins démontré que la dernière partie de cette proposition.

Si nous venons ainsi au-devant des objections qui sont faites aux procédés de chauffage que nous avons décrits, ce n'est pas que nous espérions, en répondant à ces objections, qu'il ne s'en produira pas de nouvelles; mais nos adversaires cherchent comme nous la vérité, et il est du devoir de chacun de ne point s'écarter des voies qu'elle suit.

M. Cagniard-Latour avait découvert dans les vins les ferments ovoïdes et sphériques. C'est à M. Pasteur que nous devons la description des dépôts filamenteux que l'on y rencontre. Ces dépôts des vins malades, amers et tournés sont très-caractérisés et ils accompagnent toujours les vins qui sont en voie de décomposition. Maintenant ces filaments sont-ils la cause de la maladie ou en sont-ils un produit? Seraient-ils un produit de désassimilation? et ne se pourrait-il pas dans ce cas qu'un même ferment ait pu donner des résultats différents, quand ont varié les conditions de mi-

lieu et de température dans lesquelles il s'est développé?

Rien ne prouve, il est vrai, que la maladie de l'amer
ait sa cause première dans les dépôts filamenteux décrits par M. Pasteur. On ne peut avec ces filaments semer dans les vins la fermentation de l'amer, comme on
le fait pour la fermentation alcoolique; et même
nous avons reconnu, lorsqu'on met ces dépôts filiformes dans une solution sucrée, que c'est la fermentation alcoolique qui se produit.

Nous devons donc accorder à M. Maumené que rien
ne prouve qu'on doive attribuer les maladies des vins
aux dépôts filamenteux qu'on y rencontre. Mais lorsqu'on chauffe ces dépôts, ils se rassemblent au fond
des bouteilles et la maladie ne fait plus de progrès.

Dans des vins de 1846 qui ont été chauffés en 1849,
nous n'avons pas les
formes de filaments de
M. Pasteur, mais les
dépôts y ont l'aspect
que nous reprodui-
sons dans la figure ci-
jointe. Les filaments
qu'on y rencontre sont
d'ailleurs, avec leurs
articles droits et courts,
ceux qui sont particu-
liers à tous les vins vieux qui restent bons.

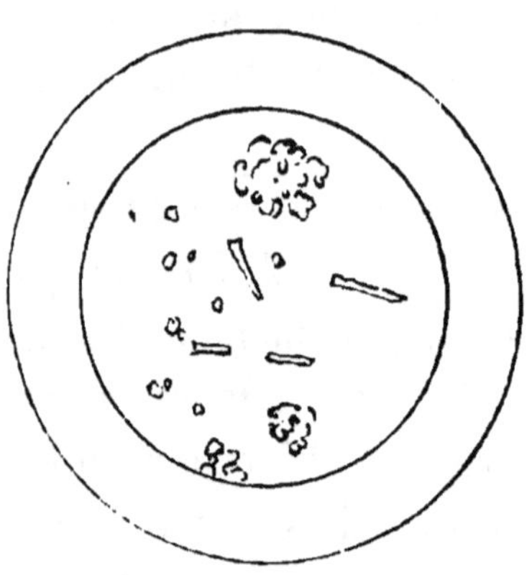

Fig. 10. — Amertume des vins vieux.

Seulement, en définitive et en dehors de toutes les
théories, un fait reste acquis à l'œnologie, c'est que

les vins chauffés se conservent, et ne fermentent plus, tandis que, souvent, ceux qui ne l'ont pas été périssent.

Nous avons dit plus haut la part qui revenait à chacun dans cette découverte, nous n'y reviendrons pas.

Dans le second mémoire (voir à l'Appendice) que nous avons adressé à l'académie, sur le chauffage des vins, nous avons dit les modifications de goût et de couleur qui résultaient de cette opération. Ici encore nous ne serons pas de l'avis de M. Pasteur.

Nous avons pu, tout récemment, faire des expériences sur des vins de 1844 et 1846, qui ont été chauffés depuis près de dix-sept ans, et nous devons dire que ces vins chauffés ont vieilli comme les autres, mais ils ne se sont point décomposés. Ces vins enfin sont peu colorés et ont un dépôt très-sensible.

Cependant, s'il est certaines parties du livre de M. Pasteur que pas un œnologue n'acceptera, et que nous n'acceptons pas, on ne peut toutefois oublier que ses recherches sur la fermentation l'ont conduit à la découverte dans les vins de la glycérine et de l'acide succinique, et que l'industrie du vinaigre doit de grandes améliorations à ses beaux travaux sur la fermentation acétique.

Depuis que nous nous occupons d'œnologie, nous avons toujours mis dans le domaine public la faible part qui nous revient dans les découvertes qui se rattachent à cette branche de l'agriculture ; il en sera de même encore dans cette circonstance. Les viti-

culteurs, les négociants, les consommateurs qui
voudront chauffer leurs vins, peuvent donc le faire en
toute sécurité; personne ne viendra les troubler dans
leurs opérations.

Nous résumerons en quelques mots cette longue
discussion sur le chauffage des vins. On nous reprochera peut-être de nous être trop étendu sur cette
question; mais voilà deux années qu'elle préoccupe
vivement le public, et nous avons tenu à ce qu'il en
connût aussi bien l'historique que la théorie, aussi
bien les effets que la pratique.

Les procédés de chauffage qu'on emploie à Cette
n'ont jamais eu d'autre but que de vieillir et de décolorer les vins. Cette opération se fait avec le contact
de l'oxygène, et, sans le vinage qu'on emploie simul-
tanément, la méthode de Cette ne réussirait pas.

Les caves que l'on a chauffées en Bourgogne, il y
a un demi-siècle, avaient le même objet, et cette
pratique n'a point été suivie de bons résultats.

C'est Appert qui, le premier, a chauffé les vins en
vases clos dans le but de les conserver. Il opérait à
70 degrés centigrades, et s'il a en effet constaté que
les vins chauffés s'étaient conservés, il n'a pas observé
que les mêmes vins, non chauffés, s'étaient altérés.
Son indication est donc restée incomplète.

C'est en 1827 que Gervais a chauffé les vins; il
opérait au contact de l'air. Son mémoire est très-
curieux. Le gouvernement avait provoqué et encou-
ragé ses expériences; une commission avait fait des
essais sur les vins qu'il avait chauffés, et cependant

son procédé est resté lettre morte et on n'en eût jamais parlé si un savant et habile écrivain de la presse scientifique n'avait exhumé sa brochure.

Son procédé consistait à faire passer le vin au milieu d'un bain-marie, et Gervais nous dit : « Que le « ferment étant la cause des maladies dont les vins « sont susceptibles, le vin effectue par le fait de la « chaleur la sécrétion des principes nuisibles dont il « se dépouille. »

En 1840, nous reprenons les expériences d'Appert et nous disons quelque chose de plus que lui en reconnaissant que si les vins qui ont été chauffés se conservent, il n'en est pas toujours de même de ceux qui ne l'ont pas été.

Nous apportons à l'appui de cette assertion les expériences que nous fîmes, en 1846, sur les vins de la récolte de 1840. Mais nous trouvons que le chauffage ne réussit pas pour tous les vins, et dans un opuscule, adressé à la Société centrale d'agriculture en 1850, nous n'admettons pas, que, le chauffage tel qu'on le pratique, soit un procédé d'*amélioration* pour tous les vins. Nous constatons cependant qu'il en est quelques-uns, les vins blancs, par exemple, qui gagnent à cette opération.

Des expériences qui nous sont propres nous ont démontré qu'il n'était pas nécessaire de chauffer les vins jusqu'à 70 degrés, lorsque l'on se propose de demander au chauffage les moyens d'en assurer la conservation. Nous avons trouvé qu'on rendait inertes

les ferments du vin en ne dépassant pas la température de 50 degrés. De là le procédé qui nous appartient. Nous lui trouvons sur celui d'Appert cet avantage qu'il conserve mieux aux vins leurs saveurs
spéciales.

Nous avons cru devoir terminer notre chapitre sur
l'historique du chauffage en donnant le texte des procédés qu'Appert, M. Pasteur et nous-même avons dès
le début suivis dans cette opération.

Il résulte des plus récents travaux des physiologistes sur les fermentations, que la théorie du chauffage
des vins reste à faire. En effet, si l'on admet avec
M. Pasteur que, le vin étant une infusion organique
d'une composition particulière, toutes les infusions
donnent asile à des êtres organisés microscopiques,
il ne paraît pas prouvé que la chaleur tue les parasites des liquides spiritueux, ni que chaque maladie
des vins ait son ferment spécial. Cependant, depuis
les curieux travaux du savant professeur de Montpellier sur les fonctions vitales de la levure, on comprend que l'on peut modifier les excrétions des êtres
vivants que contiennent les vins, en changeant les
conditions de milieu et de température dans lesquelles ils se développent; et, en définitive, c'est à un
problème de physiologie que nous demanderons les
secrets de cette question.

Nous avons reconnu que les organismes filamenteux que l'on rencontre dans les vins décomposés se
déposent plus ramassés après le chauffage, et s'ils
paraissent moins organisés, ils ne sont pas détruits.

lais un fait domine la théorie, c'est que la chaleur, omme nous l'avons dit, rend inertes les dépôts des ins, et suspend toutes les fermentations, même la ermentation alcoolique ; enfin dans les vins chauffés ous ne trouvons point aux dépôts filiformes les caactères des filaments qui accompagnent ceux qui sont altérés.

Ces dépôts filiformes sont-ils la cause ou la conséquence de la maladie? C'est ce que nous ne savons pas.

La chaleur a divers modes d'action sur les vins, suivant qu'elle agit sur eux avec ou sans le concours de l'oxygène de l'air, de la lumière, de l'alcool ou des matières extractivés.

C'est pour n'avoir pas tenu suffisamment compte de ces effets, qu'il y a eu si souvent confusion dans les appréciations qui ont été faites du chauffage des vins.

Une commission composée des plus habiles dégustateurs de Bercy a publié un compte rendu des expériences qu'elle avait faites sur les vins qui lui ont été soumis par M. Pasteur.

Il reste de ce travail cette impression à peu près générale que les vins prennent au chauffage de la sécheresse et de la maigreur, et quelquefois le goût de chauffé.

Cette observation, nous l'avions déjà faite depuis longtemps; elle se trouve consignée dans nos mémoires présentés, en 1850, à la Société centrale d'agriculture, et à l'académie, en 1866. Aussi avons-nous recherché dans quelles circonstances cet effet se produisait le moins, et nous sommes arrivé à recommander le chauffage à basse température, et à faire une sérieuse distinction entre les vins qui doivent ou ne doivent pas être chauffés.

Pour les grands vins, nous n'admettons généralement que le chauffage en vases clos. S'il s'agit de vins communs, nous ne voyons pas pourquoi on n'essayerait pas le procédé Gervais ou le chauffage à feu nu dans une chaudière. Des essais de laboratoire nous ont montré que, dans ces conditions, les vins communs troubles et menacés de maladies (du tour, par exemple) s'éclaircissaient très-facilement après qu'on les avait chauffés et filtrés. Il y a là tout simplement une coagulation de matières albumineuses, et un collage énergique qui sépare du vin les principes fermentescibles qui auraient pu l'altérer plus tard.

Nous ne pensons pas d'ailleurs que, la plupart du temps, le chauffage soit utile aux vins communs, parce que cette opération, en desséchant des vins déjà secs, ne les améliorera pas et qu'ensuite les vins communs entrent assez promptement dans la consommation, pour qu'on n'ait pas d'intérêt à les chauffer dans le but d'en prolonger la durée. Nous ferons une exception pour ceux des vins du Midi qui souvent, mal faits, mal soignés, éprouvent dès le printemps qui suit la récolte une fermentation secondaire qui les altère. Hâtons-nous toutefois d'ajouter que, depuis les travaux de MM. Cazalis-Allut et Marès, les vins de la région de l'Olivier sont beaucoup mieux faits qu'autrefois et qu'une grande partie de ces vins, qu'on eût brûlés jadis, entrent maintenant comme vins de bouche dans la consommation.

Dans un dernier chapitre nous indiquons comment nous pratiquons le chauffage des vins.

Nous chauffons les vins en bouteilles dans une étuve dont un poêle en fonte, chauffé à la houille, permet d'élever la température à 50 degrés centigrades. Nous arrêtons l'opération lorsque le vin, en se dilatant, est monté dans le goulot de la bouteille jusqu'à toucher le bouchon. Ce procédé permet d'opérer rapidement sur un grand nombre de bouteilles; ce sera le procédé des exploitations importantes.

Si on opère sur de petites quantités, on pourra se servir d'un bain-marie.

On a proposé aussi cet emploi du bain-marie pour le chauffage des vins en fûts. On verra dans notre mémoire de l'appendice que nous ne sommes pas partisan de ce système.

Une circonstance toute particulière nous a permis de reconnaître que les vins que nous appelons *vins de table*, peuvent, dans certaines conditions, rester pendant plusieurs mois dans une étuve à température variable et dans un grenier chaud, pourvu que la température initiale de ces milieux soit de 40 degrés au moins.

Les vins en bouteilles (il ne s'agit que de ceux-là ici), qui ont été traités par ce système de chauffage, se conservent comme les vins chauffés à l'étuve et ils se rapprochent plus encore que ces derniers, par leur goût, des vins naturels qui n'ont subi aucun travail.

Mais, nous le répétons, si on peut en général reprocher aux vins chauffés de ne pas toujours avoir cette finesse que nous trouvons dans les vins naturels dont les qualités se sont, dans de bonnes conditions, développées avec le temps, il est d'une telle importance d'assurer avant tout la santé du vin, que le chauffage, tel que nous l'avons compris et conseillé, est appelé à rendre de grands services à l'œnologie.

Nous donnons encore, dans les dernières pages de ce chapitre, les figures des appareils que nous conseillerons pour le chauffage des vins communs.

Les théories qui ont été mises en avant pour expliquer la conservation des vins par le chauffage ont été vivement attaquées par plusieurs œnologues et des plus savants. Si une partie des objections qui ont été soulevées par les propositions peut-être trop affirmatives qu'on avait avancées sur cette question, paraissent fondées, il n'en restera pas moins à l'œnologie ce grand fait, vrai en dehors de tout système, qu'un emploi rationnel de la chaleur contribue à la conservation des vins. Si on opère à une température qui ne dépasse pas 50 degrés centigrades et dans les conditions que nous avons spécifiées, on obtiendra du chauffage les meilleurs résultats pour les grands vins. En définitive, ce procédé les préservera des maladies qui les altèrent.

On peut tirer quelques conclusions de ce livre :

Ce sont les bonnes vendanges et les bonnes fermentations qui font le vin.

On a reconnu que lorsque l'on récoltait les raisins à la suite d'une pluie forte et continue, on obtenait difficilement un prompt départ de la fermentation alcoolique.

Dirons-nous que les eaux de la pluie, en lavant le grain, ont enlevé les germes de ferment alcoolique qui y adhéraient? C'est possible. Mais aucune observation précise ne nous a encore fixé sur l'origine de ce ferment. Lorsqu'on vendange par un temps serein, chaud et sec, et que le raisin étant sain, les moûts sont légèrement acides, on est sûr, avec des soins, d'obtenir de bonnes fermentations.

Les bonnes vendanges, qui dépendent tant de la manière dont les saisons se sont conduites, sont moins à notre disposition que le travail des cuves.

Aussi, souvent, est-on obligé d'améliorer les moûts; c'est en leur ajoutant du sucre ou de l'alcool que l'on obtient ce résultat.

Plus tard, on améliore encore les vins dans les fûts en les vinant ou bien en ayant recours aux procédés de congélation que nous avons indiqués.

On voit par là, en définitive, que c'est toujours à un accroissement de la richesse alcoolique que nous demandons l'amélioration des vins.

L'alcool est, en effet, de tous les éléments qui entrent dans le vin, celui qui contribue le plus à leur conservation.

On a, pendant longtemps, attribué la cause de leurs altérations à des réactions chimiques.

Aujourd'hui, la physiologie nous y montre tout un monde d'êtres vivants dont le développement en modifie sans cesse la composition.

C'est à Cagniard-Latour et Turpin que nous devons la belle découverte de la vitalité de la levure. Ce sont eux qui, en réalité, ont les premiers appelé l'attention des savants sur les vraies causes des fermentations.

Appliquant à l'étude des vins les idées de Cagniard sur la fermentation alcoolique, M. Pasteur a trouvé que toutes leurs maladies pouvaient être attribuées à des ferments spéciaux. C'est là ce que lui devra l'œnologie si les faits consacrent ses théories.

Enfin, avec M. Béchamp, nous avons pénétré davantage les secrets de la fermentation, et ses recherches physiologiques nous éclairent chaque jour davantage sur les fonctions vitales des cellules microscopiques que renferment les vins, et sur leurs excrétions.

Disons cependant que l'origine des globules de la fermentation nous est complétement inconnue.

Ainsi, à toutes les époques de sa vie, le vin donnerait asile à des myriades d'êtres vivants, infiniment petits, et c'est au développement de ces organismes d'un ordre inférieur qu'on devrait attribuer toutes les modifications qu'il éprouve dans ses saveurs. Le ferment alcoolique est sans aucun doute, de ces organismes, celui qui joue le plus grand rôle dans la vie des vins ; d'abord, parce que c'est son action qui les produit et, ensuite, parce qu'il peut être l'origine des parasites qui s'y développent plus tard.

La séduisante théorie des ferments spéciaux que nous avions mis le plus grand empressement à admettre sur les affirmations de son auteur, paraît aujourd'hui abandonnée ; mais la théorie qui fait un acte vital de toutes ces fermentations est toujours vraie, et c'est aujourd'hui à la physiologie que nous devons demander les secrets de la science des vins.

La chimie pourra nous éclairer sur les changements de composition que l'on doit attribuer à l'action de ces végétations parasitaires. Mais, nous le répétons, c'est aux physiologistes à nous dire comment elles se développent et comment elles vivent.

Avant ces découvertes si pleines d'intérêt, l'expérience avait trouvé que c'était à l'emploi de l'alcool, du froid et de la chaleur que nous devions les moyens les plus efficaces de combattre les maladies des vins.

Depuis que l'on a découvert et étudié ces organismes inférieurs, on a reconnu qu'il suffisait de faire varier, souvent très-peu, la composition et la température des milieux dans lesquels ils vivent pour les rendre inertes, et la science, d'accord avec l'usage, a aussi reconnu que l'alcool, le froid et la chaleur étaient encore les plus puissants préservatifs que l'œnologie pût opposer aux nombreuses altérations qui menacent les vins.

En définitive, on peut dire que les vins, comme tout ce qui a vie, naissent, vivent et meurent.

Le grand mérite de l'œnologue est de les amener

à leur perfection, sans qu'on altère leur goût par aucun travail spécial, par aucun mélange, par aucune addition de substances étrangères. Nous avons fait de ce sujet le but principal de notre livre.

Mais les vins périssent de maladies ou de caducité, et les procédés de congélation ou de chauffage que nous avons décrits, nous donneront, s'ils le demandent, des moyens, assurés et inoffensifs à la fois, de prolonger leur vieillesse.

APPENDICE

LE NÉCESSAIRE DE L'ŒNOLOGUE

Le nécessaire que l'on pourrait mettre à la disposition de l'œnologue comprendrait les objets suivants :

Une balance.

Un certain nombre de flacons bouchés à l'émeri, et de flacons ordinaires, des verres à pied, des tubes pleins, des tubes éprouvettes de 1 cent. à 1 cent. et demi de diamètre. Ces petits tubes servent beaucoup pour l'étude des vins et de leurs dépôts ; on suit très-bien avec ces petits appareils les cristallisations que donnent les vins.

Les burettes décime, un ballon titré, des éprouvettes également titrées, sont indispensables. Nous voudrions encore qu'on fabriquât des sortes de petits fûts en verre contenant un litre et ayant la forme d'un tonneau. Ils devraient pouvoir se boucher hermétiquement. Ces vases seraient d'un très-grand emploi pour mettre les vins à l'essai. On sait que c'est la seule épreuve que le commerce connaisse et qu'elle lui rend de signalés services. Au lieu de faire ces essais dans des demi-bouteilles, comme cela a lieu, on les ferait dans ces tonnelets et on pourrait bien mieux observer qu'aujourd'hui la manière dont se forment les dépôts et les dispositions qu'ils affectent. Notre nécessaire œnologique contiendrait encore un microscope, une lampe à esprit-de-vin, un alambic de Salleron, un alcoomètre de Gay-Lussac et un thermomètre. Enfin les tables de Gay-Lussac nous permettraient de ramener tous les dosages d'alcool à la richesse alcoolique à 15 degrés centigrades.

17.

Si on veut faire des incinérations de vins, on devrait avoir une petite capsule de platine. Une capsule d'argent et une capsule de porcelaine serviront aux évaporations des moûts jusqu'à .consistance sirupeuse, et aux évaporations de vins.

Il est certain que l'œnologue qui se proposera de pousser plus loin ses recherches, n'aura pas sous la main tout ce qu'il lui faudra pour le faire. Mais, dans le plus grand nombre de cas, ce nécessaire sera très-suffisant pour les travaux du viticulteur, et on voudra bien ne pas oublier qu'en écrivant cet ouvrage nous avons voulu qu'il eût un caractère essentiellement pratique, tout en nous mettant au niveau des découvertes que l'œnologie doit à la science.

MALADIE DU TOUR

Ayant eu à notre disposition un vin de pinot de 1866 très-menacé de la maladie du tour, nous l'avons soumis à quelques essais dont nous allons rendre compte.

Ce vin, qui provenait de raisins grêlés et pourris, avait la couleur jaune de la bière et était déjà légèrement amer lorsque nous l'avons examiné.

Sa richesse alcoolique était de 8.95. Il contenait peu d'acides libres (0.0050) et peu de tannin. Sa densité était de 0.9971.

Nous avons, au moyen d'un gazomètre, fait passer au travers de ce vin un courant d'air atmosphérique. Le vin s'est troublé fortement (a rompu) et a été à peu près décomposé dans cette opération. La saveur amère s'est prononcée davantage, et le vin filtré avait une couleur jaune de purin légèrement opaline.

Ce vin a été traité par le froid au moyen d'un mélange réfrigérant. Nous avons séparé 12.50 pour 100 d'eau. La richesse alcoolique du vin gelé a été de 10.65.

Après cette opération, le vin a abandonné, par le repos, un

dépôt considérable dont nous avons exactement examiné les formes au microscope (obj. 7 oc. 4).

L'examen microscopique de ce même vin, avant la congélation, nous a donné à peu près les mêmes figures. Seulement, dans le vin gelé, nous avons trouvé un abondant dépôt de cristaux en faisceaux de bitartrate de potasse (fig. 17).

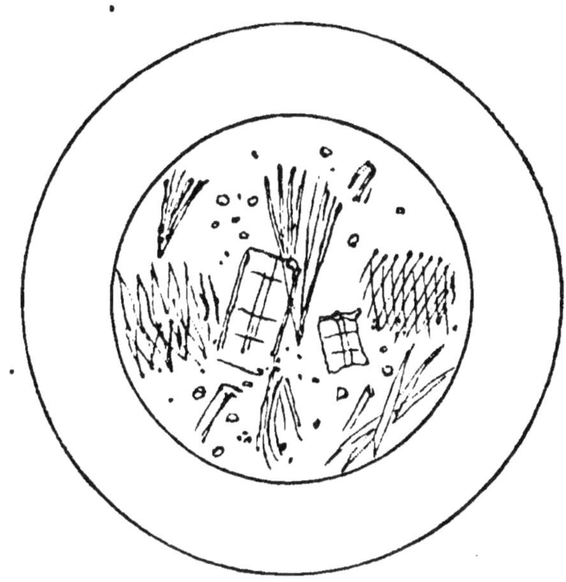

Fig. 17. — Maladie du tour.

Le vin gelé s'est troublé de nouveau après le filtrage; le goût d'amertume était aussi prononcé que dans le vin naturel.

Nous avons chauffé ce vin en vases clos, et à l'air libre dans un ballon à 75 degrés cent. Les deux échantillons n'ont point rompu ou ne se sont point troublés après le filtrage. La coagulation des matières tenues en suspension a été complète et le vin est resté clair.

Tous les dépôts que nous avons recueillis sur les filtres, dans ces expériences, étaient en partie solubles dans l'alcool. Ces solutions, très-amères au goût, contenaient surtout de grandes quantités de matières colorantes, que précipitait le sous-acétate de plomb.

Les acides avivaient la couleur brune de ce vin.

Dans nos expériences sur le vin en question, nous nous étions aussi proposé de rechercher si nous trouverions dans les dépôts quelques-uns de ces ferments spéciaux qu'a décrits M. Pasteur. Nous donnons les deux figures que nous avons obtenues au moyen du microscope. A l'exception des petits globules sphériques ayant un diamètre de 0.003 de millimètre qu'on y trouvera, nous n'avons rien observé dans ces dépôts qui eût un caractère particulier. Nous pensions y rencontrer les ferments filamenteux que donnent les vins malades. Mais les

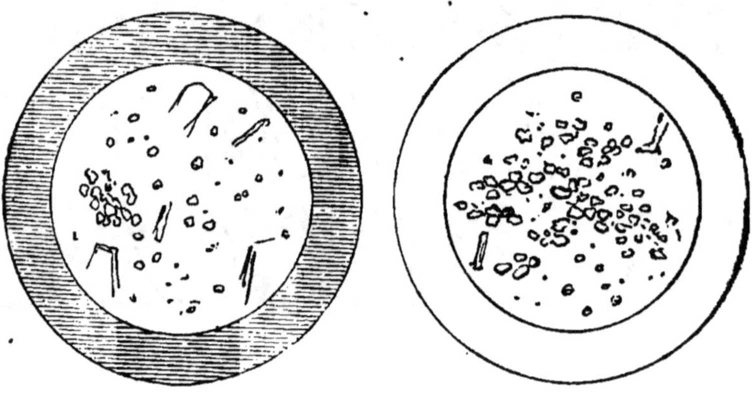

Fig. 18 et 19. — Maladie du tour.

seules végétations que nous ayons obtenues, appartenaient évidemment à des débris de substances végétales, comme en présentent tous les vins et les dépôts (fig. 20).

Nous déduirons plusieurs conclusions de cette étude. Ainsi les vins menacés du tour n'ont rien, dans les caractères de leurs dépôts, qu'on puisse attribuer à un ferment spécial.

L'action de l'air est contre-indiquée dans le traitement de ce genre de maladie.

Ce n'est pas le défaut d'alcool qui, généralement, peut compromettre la solidité des vins menacés du tour.

La congélation, en précipitant une portion notable des tartrates du vin, n'est point le remède qui le guérira de cette maladie.

C'est le chauffage à 75 degrés, suivi de filtrage, lors même que l'on chauffera au contact de l'air, qui, en précipitant les matières albumineuses tenues en suspension, contribuera le plus à éclaircir le vin et à l'affranchir dans de faibles proportions, il est vrai, des saveurs étrangères que nous lui avons reconnues. Dans ce cas, le chauffage à basse température ne réussit pas.

Pour nous, ces saveurs doivent provenir des matières colorantes du raisin qui ont été altérées par la grêle et la pourriture; les matières du raisin n'ayant plus la com

Fig. 20. — Débris de végétations qui se trouvent dans tous les dépôts.

position qu'elles présentent dans l'état normal, le vin doit évidemment aussi avoir d'autres caractères. Le moyen préventif que nous aurons à proposer contre cette maladie sera celui-ci : les raisins pourris ou grêlés devront cuver peu de temps, et même on sera plus sûr d'en obtenir des vins francs de goût, si on les pressure au sortir de la vigne, de manière à n'avoir que des vins blancs ou rosés.

DE L'AMERTUME DES VINS VIEUX

Nous avons annoncé que l'amertume des vins vieux n'était point celle des vins malades et décomposés dans lesquels on trouve un abondant dépôt de matières filiformes.

Nous avons étudié un vin de 1834 amer, et voici ses caractères physiques.

Ce vin est resté bon et même très-bon jusqu'en 1856. Aujourd'hui il est franchement amer. Son bouquet reste agréable, sa couleur est pelure d'oignon, sa richesse alcoolique est de 10.99 pour 100. Le dépôt qu'il a fait dans les bouteilles est adhérent au verre. La bouteille est ce que nous appelons *masquée*. La matière colorante est emprisonnée dans le tartre.

Lorsqu'on examine au microscope les dépôts de ce vin, on y trouve toujours quelques filaments dont les articles droits et courts sont longs de 3×0.003 de millimètre et épais de $1,2$ 0.003 de millimètre. En dehors des plaques de tartre et de matières colorantes que présente le dépôt, on y remarque encore un grand nombre de petits globules sphériques doués du mouvement brownien; le diamètre de ces globules est de 0.003 de millimètre; quelques-uns sont doubles.

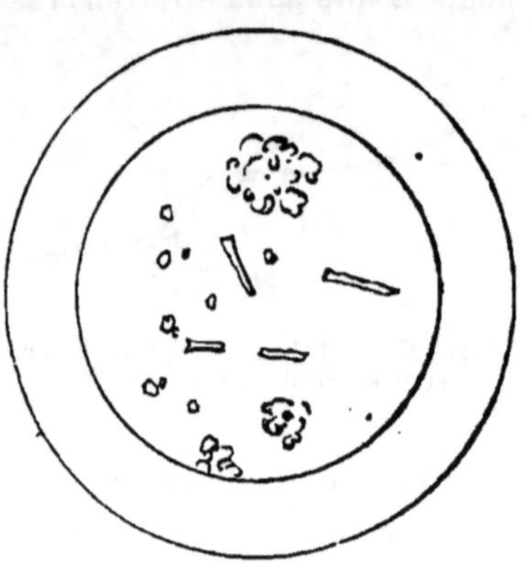

Fig. 21. — Amertume des vins vieux.

Il ne nous a pas semblé inutile de mettre en regard de ces faits ceux que nous présente le vin malade de l'amertume putride des vins décomposés. Le vin que nous avons soumis à nos essais était un vin de la récolte de 1858.

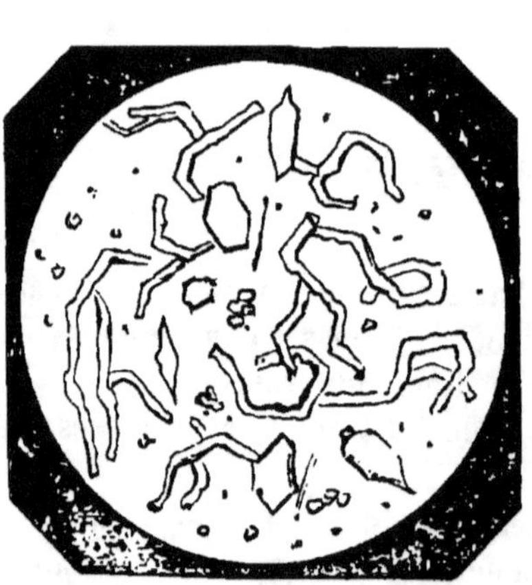

Fig 22. — Maladie de l'amer.

Là déjà l'odeur est nauséabonde, la saveur est accompagnée d'un goût piquant qui est dù à l'acide carbonique que contient ce vin. On voit qu'il a éprouvé une fermentation très-prononcée, ce qui explique la légèreté du dépôt. En effet, tandis que le vin vieux a un dépôt sec, celui-ci est floconneux; des bulles d'acide carbonique adhèrent aux flocons. Mais c'est l'examen microscopique surtout qui accuse davantage toutes les différences qui existent entre ceux des vins.

Là nous voyons ces nombreux articles filamenteux que M. Pasteur a découverts dans les vins décomposés. Les articles de ces filaments ont une largeur de 0.75 × 0.003 de millimètre et leur longueur (d'un nœud à l'autre) est de 4 et 5 × 0.003.

Ce sont ces végétations très-abondantes qui constituent la masse du dépôt. C'est à peine si au milieu d'elles on rencontre quelques cristaux de tartrate de chaux, quelques-uns des globules sphériques des vins tournés, et enfin quelques dépôts globulaires de matière colorante.

Nous n'hésitons donc pas à affirmer de nouveau ce que nous avons déjà avancé dans d'autres publications, que l'amertume des vins vieux n'est point celle des vins malades, et, en définitive, qu'elle est un des caractères de la caducité du vin, tandis que l'amertume, *maladie*, est un symptôme de décomposition prématurée.

OBSERVATIONS RELATIVES A L'ÉTUDE MICROSCOPIQUE DES VINS
ET A L'INERTIE DES FERMENTS

L'examen microscopique révèle tant de corps, tant de débris dans les lies et les dépôts des vins que les théories y peuvent un peu trouver ce qu'elles veulent. Ainsi dans les moûts du

Fig. 23. — Débris de végétaux qui se trouvent dans les lies.

raisin et même dans le vin on trouve beaucoup de débris de végétaux ayant la forme que nous figurons ici.

La longueur de la tigelle est de 6 × 0.003 et sa largeur de de 2 × 0.003.

Dans les lies des vins nouveaux sont des cristaux de tartrate de chaux et des globules de ferments et de matière colorante.

Dans la lie d'un vin de pinot déjà malade, nous n'avons trouvé rien de spécial, point de ces filaments caractéristiques de la théorie nouvelle des vins décomposés.

Les globules de la fermentation alcoolique, les filaments des vins décomposés présentent seuls pour nous des caractères bien tranchés.

Et en dehors de ces faits, les lies et dépôts des vins sains ne

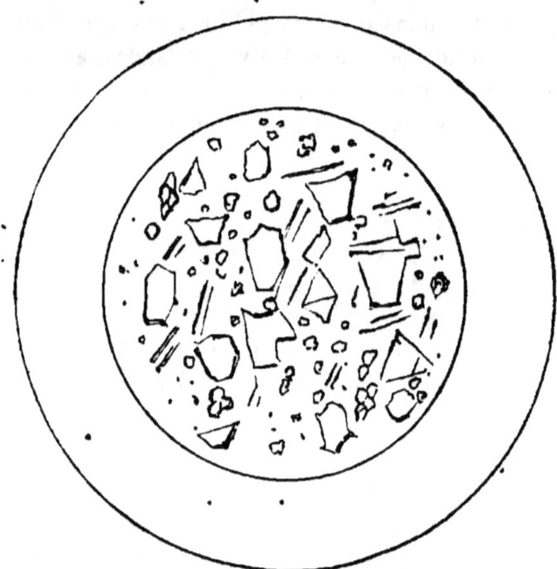

Fig. 24. — Lies des vins nouveaux.

présentent dans les végétations qu'on y trouve aucune spécialité de forme nettement accusée. Les formes des cristaux varient avec l'âge, comme nous l'avons reconnu depuis 1855 et comme on peut le voir sur les photographies que nous avons publiées en 1858. Mais ce que nous trouvons toujours, ce sont dans les vins quelques globules sphériques et ovoïdes, quelques filaments dont les articles sont droits, et des plaques de tartre qui emprisonnent les matières colorantes et les végétations.

Nous avons dit qu'on semait les fermentations alcooliques et acétiques. Le fait est vrai ; seulement, comme l'a observé M. Thénard, ce n'est pas avec le ferment qu'on met au bout de la pointe d'une aiguille qu'on fait partir la fermentation alcoolique. Il faut toujours que la quantité de levure employée soit considérable.

Mais la réussite est impossible si, prenant les ferments filamenteux des vins décomposés, nous cherchons à communiquer la maladie à des vins sains.

Et si, prenant ces dépôts filiformes et en général tous les dépôts des vins sains et malades, nous les mettons dans une eau sucrée à 20 pour 100 de sucre, nous déterminons dans le liquide la fermentation alcoolique.

Nous savons d'ailleurs que des moûts conservés en vases clos par la chaleur entrent en fermentation dès qu'on ouvre les flacons qui les contiennent.

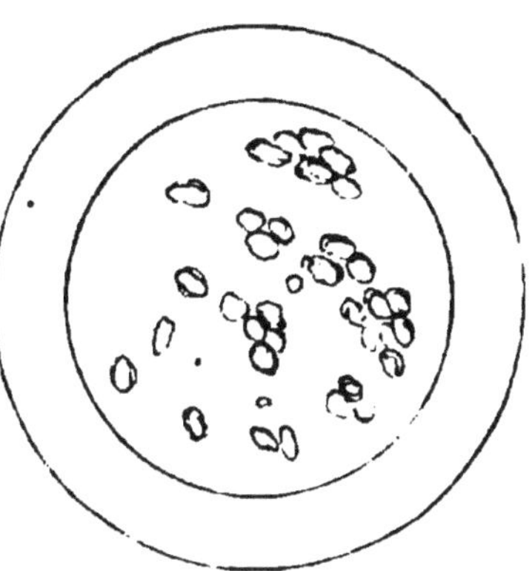

Fig. 25. — Globules de la fermentation alcoolique.

Les globules de la levure alcoolique peuvent donc devenir inertes sans périr, et nous croyons que c'est à eux, ou à des variétés de cette levure. que l'on peut attribuer une partie des phénomènes que présentent les fermentations secondaires.

Et, en définitive, nous admettons avec M. Béchamp qu'un même ferment, nourri des mêmes aliments, peut donner des résultats différents si l'on vient à faire varier les conditions de milieu et de température dans lesquelles il vit.

MÉMOIRE SUR LA PHYSIOLOGIE DE LA VIGNE ET DU RAISIN (1)

Les ouvrages de botanique classent la vigne dans la famille des viticées et la pentandrie-monogynie.

La vigne est un arbrisseau à tige sarmenteuse et munie de vrilles au moyen desquelles elle s'attache aux arbres qui l'avoisinent, incapable qu'elle serait de se soutenir par elle-même. Quand la vigne manque d'appui, ses rameaux flexibles s'étendent sur le sol qu'ils couvrent de leur feuillage touffu. Les feuilles sont alternes, palmées, à cinq lobes plus ou moins distincts; la couleur en est très-variable; tantôt elles sont lisses ou glabres, tantôt recouvertes, en dessus et en dessous, d'un duvet plus ou moins épais. Les fleurs, qui sont portées par de petits pédicelles réunis à un pédicule commun, forment une grappe plus ou moins allongée qui est opposée aux feuilles; leur calice est d'une seule pièce à cinq dents. Dans la corolle, on distingue cinq pétales caducs, souvent réunis à leur sommet en forme de coiffe; ils se détachent alors du calice par la base et sans se séparer. Les filaments des cinq étamines qui correspondent aux pétales sont tubulés et munis d'anthères simples. Enfin, dans la vigne, le style est nul, et le stigmate est sessile sur un ovaire à cinq lobes. A l'époque de la maturité, cet ovaire se transforme en baie globuleuse, uniloculaire et contient, au milieu d'un suc plus ou moins sucré, des graines à enveloppe dure qui s'y trouvent en nombre variable. Les fruits sont toujours placés sur les pousses de l'année, et on les rencontre sur le sarment depuis le troisième jusqu'au septième nœud.

Un des caractères principaux de la vigne est de pouvoir s'enraciner par ses nœuds, et cette propriété a été utilisée pour sa

(1) Voir un rapport de M. Bussy sur ce mémoire, publié dans le *Bulletin* de la Société d'encouragement de l'année 1848, p. 656.

propagation. Ainsi toutes les plantations s'effectuent à l'aide du sarment. C'est donc sur un cep venu par ce procédé que nous étudierons la physiologie de la vigne, et si quelques-uns des caractères dont nous donnerons la description peuvent s'appliquer au genre entier, ils seront, en général, plus spécialement propres au pinot ou noirien, variété sur laquelle ont surtout porté nos recherches.

Des racines de la vigne. — Si nous déchaussons avec soin un cep de vigne, de manière à en suivre les racines dans tout leur développement, nous trouvons que ces racines sont en partie pivotantes et en partie traçantes.

Elles sont fortement garnies de chevelu, et peuvent s'insinuer à une grande profondeur dans les interstices des rochers, pour peu qu'elles y trouvent de terrain ou même de détritus calcaires. Le pinot blanc, surtout, pousse avec vigueur dans les sols les plus maigres, quand ces sols reposent sur des assises de calcaire entre lesquelles pénètrent au loin les racines de ce cépage essentiellement rustique.

Comme dans les terrains humides ou compactes les racines de la vigne trouvent difficilement l'oxygène nécessaire à leurs fonctions, elles se rapprochent de la surface du sol et se divisent davantage. Dans les terres sèches, il y a plus de racines longues et pivotantes et moins de chevelu.

En coupant la racine perpendiculairement à son axe, sa texture nous offre d'abord un grossier épiderme, puis une succession de couches corticales, enfin un canal médullaire. En examinant au microscope une tranche peu épaisse de racine, cette tranche obtenue par une section transversale, on voit que le canal médullaire et les couches ligneuses sont séparés par une enveloppe assez dure et comme osseuse, de couleur brune. Si on perfore sur pied une des fortes racines, il ne tarde point de s'établir, à l'entour de la blessure, un travail organique à la suite duquel la moelle est encore isolée par cette même substance dure; au point qui a été lésé, cette moelle devient presque noire, acquiert la dureté du bois, et le reste du canal est ainsi préservé de toute altération ultérieure pouvant provenir de l'attaque des insectes ou de l'influence de l'humidité. Aussi trouve-t-on souvent des racines dans lesquelles une plus ou moins grande partie du canal médullaire a été vidée par quelques causes accidentelles, et dont le cep n'en végète pas moins avec vigueur, l'organisme de la plante ayant isolé, au moyen de ce même travail d'exsudation, les parties saines des parties vides ou attaquées.

L'âge des racines se reconnaît, comme dans la tige, par le nombre des couches ligneuses qui sont superposées les unes aux autres.

La tige sarmenteuse, que l'on a couchée en terre lors de la plantation, conserve ses mêmes caractères et le même mode de développement; seulement son tissu est plus mou, plus spongieux, et, quand on coupe une forte souche dans la partie de cette souche qui est sous terre, on voit la surface de la section se couvrir (à l'automne) d'une grande quantité de petites gouttelettes de substances mucilagineuses.

Le chevelu est irrégulièrement attaché soit à la tige sarmenteuse, soit à la racine; s'il s'insère plus généralement là où préexistaient des nœuds, on en rencontre aussi sur toute la longueur du sarment. Quand, lors des plantations, on enfouit une crossette, les boutons s'ouvrent peu de jours après; mais bientôt ils périssent et les jeunes racines partent de la petite console qui leur servait de support. Qu'il y ait sur la tige sarmenteuse soit une cicatrice résultant d'une ancienne blessure, soit une bifurcation à la rencontre du vieux et du jeune bois, soit enfin de petits renflements accidentels à la surface de l'écorce, ce seront là autant de causes spéciales qui donneront plus tard naissance, en ce point, à la racine, ou bien au chevelu de la vigne; si la racine s'attache à la tige à la façon de la greffe sur le sujet greffé, le chevelu s'attache à la racine suivant la même loi, et il en est encore ainsi de toutes les ramifications du chevelu. Enfin dans les derniers filaments de ces chevelus on distingue toujours le canal intérieur, et ils sont terminés par de petites trompes ouvertes qui sont des suçoirs.

Dans toutes les racines on observe que la paroi du cylindre qui enveloppe le canal médullaire est plus épaisse dans la portion qui regarde la surface du sol. Les racines et le chevelu pénètrent toujours jusqu'à la membrane qui enveloppe la moelle de la tige ou de la racine à laquelle ils se rattachent.

Une grande partie du chevelu meurt chaque année à l'époque de la chute des feuilles. Les radicules, qui n'ont eu ainsi que l'existence éphémère de la feuille de la plante, se détachent peu à peu et se carbonisent : le détritus organique qui en résulte s'écrase sous le doigt, le tache en noir, et prend tout l'aspect du terreau consumé; selon toute probabilité, il est déposé là par l'organisme de la vigne, pour subvenir plus tard aux premiers mouvements de la végétation printanière.

Au mois de mai, immédiatement avant que la vigne entre en fleur, le cep se garnit, à peu de profondeur, et surtout chez les jeunes individus, de plusieurs groupes de chevelu, en général assez vigoureux.

À cette période de la végétation qui est connue sous le nom de *séve d'avril*, il apparaît encore à la racine de petites excroissances cylindriques, courtes, charnues, et d'un blanc verdàtre, qui tombent plus tard, en laissant une petite console d'où partent de nouvelles racines.

La tige sarmenteuse que l'on a enfouie dans la terre pour les plantations, perd 45 pour 100 de son poids, quand on la dessèche à la température de 100 degrés centigrades; incinérée, elle donne, pour 1 gramme, 0.03 de cendres qui contiennent 0.004 de sels solubles et 0.026 de sels insolubles.

Les fortes racines de trois à quatre ans, soumises aux mêmes opérations, perdent 47 pour 100 de leur poids. 1 gramme de ces racines desséchées à 100 degrés donne, par l'incinération, 0.028 de cendres qui contiennent 0.004 de sels solubles et 0.024 de sels insolubles.

Le chevelu perd 63 pour 100 de son poids, et pour 1 gramme il donne, par l'incinération, 0.06 de cendres dont 0.006 en sels solubles et 0.064 de sels insolubles.

Si nous épuisons par l'eau d'abord, puis ensuite par l'alcool, les racines de la vigne, nous trouvons que l'eau dissout 16 pour 100 de substances végétales et salines. La dissolution a une réaction faiblement acide; rapprochée à une consistance sirupeuse, elle a l'odeur du moût de raisin cuit, et une couleur brune; la gélatine y donne un léger précipité de tannin. Par l'eau de chaux, on obtient un abondant précipité de tartrate de chaux; l'iode indique la présence de l'amidon; les acides minéraux ne troublent point la liqueur. Enfin nous trouvons, dans cette dissolution, des quantités notables d'acétate de potasse et beaucoup de mucilage. L'alcool dissout quelques centièmes de substances qui avaient résisté à l'action de l'eau ; ce sont des matières colorantes et résineuses.

Du bois de la vigne. — Nous distinguerons dans la vigne deux sortes de bois ; 1° le vieux bois de la souche ; 2° le jeune bois de l'année ou le sarment.

La tige sarmenteuse présente, en général, dans sa structure, des fibres longitudinales parallèles, qui laissent entre elles des espaces cellulaires. Si dans le vieux bois nous enlevons une tranche mince prise dans une section perpendiculaire à l'axe de la tige, nous apercevons autant de couches concentriques que la souche a d'années ; le canal médullaire a peu de développement, et plus le bois est vieux, plus ce canal perd de son diamètre.

Les séparations circulaires sont peu prononcées, et les plans fibreux qui passent par l'axe du bois se prolongent depuis le canal médullaire jusqu'à la surface ; le côté de la tige qui est exposé au midi a pris plus de développement que le côté exposé au nord, de manière que le canal médullaire n'est pas au centre de la tige.

On compte jusqu'à deux et trois rangs de cellules dans l'épaisseur de l'écorce du vieux bois.

La plus rude et la moins organisée est l'écorce extérieure ; elle est toute rugueuse et fendillée ; elle tombe facilement et s'enlève soit par filaments, soit par écailles. Les cendres de cette écorce contiennent beaucoup de carbonate de chaux.

L'épiderme qui reste sous cette première enveloppe est assez fin ; sa couleur est d'un brun fauve tirant sur le violet.

Quand un jeune sarment se rattache à la souche mère, le point d'attache de cette nouvelle tige pénètre jusqu'au canal médullaire dont il n'est séparé que par une mince cloison, et les fibres longitudinales s'infléchissent à l'entour de la branche, de la même manière que nous l'avons observé pour les ramifications des racines. Il y a encore là comme une greffe de la branche sur la souche, et, en général, c'est toujours d'après la même loi que s'opèrent toutes les ramifications des diverses parties de la plante.

Sur le jeune bois la disposition des organes est semblable ; mais nous avons à y étudier les nœuds auxquels se rattachent les bourgeons, les feuilles et les fruits. Le sarment de la vigne

« est pourvu de nœuds diversement espacés entre eux, suivant
la nature des cépages auxquels ils appartiennent. Sur le pinot
ou noirien, ces nœuds sont assez éloignés les uns des autres;
si nous enlevons, dans un sarment, lorsqu'il est à fruit ou
aoûté, une section très-mince et transversale,
correspondant à la hauteur d'un nœud, nous
trouvons qu'en face de chaque bouton les
fibres longitudinales s'ouvrent; il y existe un
renflement du bois, et le germe du bourgeon
bien dûment enveloppé d'un duvet cotonneux
est implanté au sommet de ce petit renflement.

Fig. 26. — Attache du bourgeon de la vigne sur le bois.

En pratiquant dans la tige une section lon-
gitudinale et médiale à travers le nœud, on
trouve, de chaque côté de l'articulation, dans le canal médullaire, une moelle jaune et spongieuse; mais à l'articulation est
une substance de couleur plus verte et plus organisée.

C'est à cette dernière partie que correspond l'épanouissement auquel se rattache, de la façon que nous avons décrite,
la radicule des boutons et des bourgeons de la plante.

Les vrilles et les fruits tiennent à la tige de la même manière.

Le pétiole de la feuille adhère à la couche corticale du bois.
En examinant une tranche obtenue par la section du sarment
dans la partie qui correspond à l'insertion de la feuille, on voit
qu'en face du pétiole il n'y a pas inflexion des fibres longitudinales du sarment. Les points d'attache de la feuille descendent
au-dessous du nœud, et les canaux du pétiole sont en communication avec les espaces tubulaires qui sont entre le bois et
l'écorce.

Quand le bois est encore vert, le pétiole de la feuille aboutit
aux interstices cellulaires.

Les séparations qui correspondent aux nœuds persistent dans
le vieux bois. A chaque nœud on retrouve encore ici, comme
nous l'avons vu plus haut, une substance verte, plus organisée,
qui résulte d'une exsudation de la plante, là où évidemment
elle prend son accroissement en longueur.

Les cellules tubulaires du sarment sont remplies d'un liquide
qu'on appelle la *séve*, et de fluides aériformes qui entrent dans

la circulation végétale. Le canal médullaire contient la moelle, substance molle, élastique, composée de l'agglomération de petites vésicules remplies aussi de liquides particuliers. Si nous pratiquons, pendant l'hiver, dans le vieux bois, les perforations auxquelles nous avons soumis les racines, la plante n'en périra point pour cela ; mais, dans le travail de son organisme, elle déposera autour de la blessure une substance gommeuse qui prendra bientôt de la consistance, empêchera l'accès de l'air et des corps étrangers dans les conduits séveux, et la circulation ne sera point interrompue, bien qu'il y ait plusieurs solutions de continuité dans le tissu médullaire. Il arrive souvent qu'une branche de bois mort reste momentanément adhérente au cep, et que, finissant plus tard par se désagréger sous les influences atmosphériques, elle laisse dans le tissu de la souche des plaies profondes qui rendent très-rugueux et difforme le bois de la vigne. Toutes ces entraves n'apportent aucun trouble dans la vitalité de la plante.

Le bois des vieilles souches, desséché à l'air, perd 20 pour 100 de son poids dans cette opération ; desséché ensuite à la température de 100 degrés centigrades, il perd 47 pour 100 de son poids primitif ; incinéré, il donne, en cendres, pour 1 gramme, 0.026 de cendres, dont on retire 0.003 en sels solubles et 0.023 en sels insolubles.

En soumettant aux mêmes essais le bois de l'année, après qu'il est aoûté, on trouve qu'il perd, par la dessiccation à 100 degrés centigrades, 53 pour 100 de son poids, et qu'il donne par l'incinération, pour 1 gramme, 0.028 de cendres qui contiennent 0.037 de sels solubles et 0.0243 de sels insolubles.

Le résidu insoluble fait une vive effervescence avec les acides, et renferme une forte proportion de carbonate de chaux.

La pesanteur spécifique du sarment est plus élevée que celle du vieux bois.

Si nous prenons du sarment, et qu'après l'avoir coupé en petits morceaux nous enlevions soigneusement la moelle de chaque parcelle après l'avoir fendue en deux, nous aurons d'un côté les fibres ligneuses, et de l'autre la moelle. Nous avons soumis isolément ces substances à quelques réactifs.

En faisant bouillir dans de l'eau distillée les fibres ligneuses du sarment, nous obtenons une dissolution colorée en jaune, qui donne un précipité par la gélatine, et que trouble légèrement la teinture iodique. Évaporée à consistance sirupeuse et reprise par l'alcool, elle donne un abondant précipité de mucilage; enfin on y trouve une notable quantité de tartrate de potasse. Si, après avoir bien lavé à l'eau bouillante les fibres ligneuses du sarment, on les fait digérer dans l'alcool, on obtient une liqueur colorée en beau jaune, et qui, par l'évaporation, donne une odeur assez agréable, rappelant, à certain point, l'odeur de la jacinthe. Évaporée à moitié de son volume, la liqueur, en refroidissant, se trouble et laisse un précipité blanc grenu assez abondant, qui, insoluble dans l'eau, redevient soluble dans l'alcool pur, et m'a paru être un mélange de substances résineuses et colorantes. Le résidu de ces deux lavages est du ligneux à peu près pur; en le desséchant à 100 degrés et tenant compte des 53 pour 100 qu'il perd par la dessiccation, on trouve que l'eau et l'alcool ont enlevé au ligneux environ 5 pour 100 de son poids.

En soumettant la moelle à la même série d'expériences, nous sommes arrivé aux résultats suivants : le sarment du noirien contient 11.40 pour 100 de moelle (1); la substance médullaire desséchée à 100 degrés perd 86 pour 100 de son poids; par l'incinération, 1 gramme de moelle desséchée à 110° donne 0.075 de résidu dont on sépare, par les lavages, 0.006 de sels solubles et 0.069 de sels insolubles. Le résidu insoluble fait effervescence avec les acides, mais il contient surtout une notable proportion de phosphate de chaux, et les réactifs accusent des traces de fer ; en digestion dans l'eau bouillante, la moelle donne une liqueur colorée en jaune qui se trouble à peine par la gélatine, mais qui se colore en bleu par la teinture iodique, et donne, par l'évaporation, une grande quantité de subs-

(1) En détachant avec soin la moelle du bois de l'année (dans le pinot *dru*, variété peu fertile du pinot) on trouve qu'elle n'entre que pour 9 pour 100 du poids du sarment, tandis que dans le raisin, ce poids s'élève à 11.40 pour 100. Or, en général, dans les cépages remarquables par leur abondante production, n'importe à quelle variété ils appartiennent, il y aura dans le sarment une proportion plus élevée de substance médullaire que dans les plants peu fertiles. D'après ce fait, il sera donc très-utile dans la description d'un cépage, d'insister sur sa manière d'être à cet endroit. (Voy. *Livre de la ferme*, p. 194, notre article sur la viticulture.)

18

tances mucilagineuses. Ce mucilage diffère de celui que nous avons obtenu dans les essais précédents, en ce que, repris par l'alcool après l'évaporation à consistance d'extrait mou, il se rassemble sous le doigt en une matière filante et visqueuse, tandis que le mucilage du bois donne, par l'alcool, un précipité blanc caillebotté; enfin il y a dans la liqueur une faible quantité de substances inorganiques.

Mise en digestion dans l'alcool, quand on en a enlevé par l'eau toutes les substances qui s'y trouvaient solubles, la moelle se colore en jaune, et la liqueur donne à l'évaporation une odeur aromatique très-agréable. Les réactifs indiquent, dans cette dissolution (très-peu chargée d'ailleurs), des traces de substances colorantes et résineuses.

Il résulte de ces données que le jeune bois de la vigne contient plus de cendres que les vieilles souches, et la moelle desséchée plus que le sarment; que les fibres ligneuses du sarment contiennent du tannin, de l'amidon, des sels, du mucilage, des matières colorantes et résineuses; que la moelle contient peu de tannin, une plus forte proportion d'amidon, peu de substances inorganiques, du mucilage (extractif visqueux), des matières colorantes et résineuses; que dans les cendres des divers bois de la vigne, dont les quantités varient de 0.03 à 0.07 du poids du bois après qu'il a été desséché à l'air, il y a de 0.003 à 0.006 de sels solubles et de 0.024 à 0.07 de sels insolubles; que dans les sels solubles sont des carbonates, chlorures et sulfates alcalins; que dans les sels insolubles ce sont des phosphates et des carbonates de chaux qui dominent; le phosphate de chaux entre souvent pour 25 pour 100 dans la composition des sels insolubles. Enfin, nous avons aussi constaté dans les cendres du sarment des traces de fer, de la silice, de la magnésie; en aucun cas, nous n'y avons trouvé de l'alumine. L'alumine paraît donc ne jouer qu'un rôle purement mécanique dans les phénomènes de la végétation.

Des feuilles de la vigne. — Nous ne reviendrons pas sur les caractères que nous avons donnés ailleurs des feuilles du pinot, lors de la description de ce cépage. Ces feuilles se tiennent bien sur leur pétiole; elles sont alternes, correspondent aux nœuds, et sont palminerves. Quand le bois s'est aoûté, le pétiole de la feuille, déjà brun en dessous, est encore vert à la surface supérieure. Cinq nervures principales partent du pétiole ; ces nervures se ramifient et forment, par leur réunion, de petits hexagones qui renferment le parenchyme de la feuille. Chaque nervure est implantée sur la nervure de l'ordre supérieur de la même manière que la feuille l'est sur le bois. La substance verte est comprise entre deux épidermes incolores.

Sous la pulpe colorante se trouvent les fibres végétales qui forment la charpente de la feuille ; cette feuille est cotonneuse en dessous et glabre en dessus. On aperçoit, au microscope, que le duvet qui revêt la surface inférieure est composé d'une multitude de petits filets blancs, aigus et soyeux. En faisant une section dans la nervure de la feuille, on voit que la matière verte s'épanche et disparaît au bord de la nervure dans son contact avec la substance cellulaire ; au centre de la nervure, on distingue un canal cylindrique vésiculaire, dont la section est parallèle à celle de la nervure. Les substances qui remplissent ces deux ordres de vaisseaux affectent la forme vésiculaire. Les épidermes qui revêtent les deux surfaces de la feuille se réunissent aux dentelures de son contour.

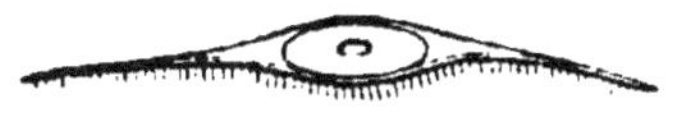

Fig. 27. — Section d'une feuille de vigne.

A la pousse de la vigne, s'il survient des froids qui ralentissent la végétation, on voit fréquemment la surface des feuilles se couvrir de petites efflorescences salines. C'est qu'alors il n'y a plus équilibre entre les fonctions des racines qui amènent à la circulation les principes inorganiques et l'absorption, par les feuilles, du carbone atmosphérique. Puisque ces efflorescences se déterminent plus sur les feuilles que sur la tige, cela prouve déjà, avant toute analyse, que la proportion des substances minérales abonde surtout dans ceux des organes de la vigne qui effectuent l'assimilation.

Les feuilles de la vigne perdent 68 pour 100 de leur poids quand on les dessèche à la température de 100 degrés centigrades. Par l'incinération, on obtient, pour 1 gramme, 0.117 de cendres, dont 0.007 en sels solubles et 0.110 en sels insolubles. Ces essais nous confirment ce fait, que les feuilles contiennent une plus forte proportion de principes inorganiques que le sarment et le bois de souche. Les pétioles de

la feuille ne perdent que 64 pour 100 de leur poids à la dessiccation.

La matière colorante verte contenue dans les feuilles, obtenue en traitant par l'alcool le marc fortement exprimé de ces
feuilles et convenablement lavé, est insoluble dans l'eau, et
très-soluble, au contraire, dans l'alcool. Nous devons la composition de cette substance à M. Thénard, qui lui a donné le
nom de *chlorophylle*. C'est une matière très-hydrogénée ; elle
contient de l'albumine, du mucilage, des tartrates de chaux et
de potasse, enfin de petites quantités d'acétate de potasse.

Nous conclurons encore des diverses incinérations que nous
avons faites que, dans les feuilles et les sarments herbacés, dominent les sels alcalins à base de potasse et les phosphates
terreux, et que dans les écorces et le bois domine, au contraire,
le carbonate de chaux.

Du raisin du pinot. — Si les observations qui précèdent
peuvent, jusqu'à un certain degré, être applicables à toutes les
variétés de la vigne, les caractères physiologiques que nous
allons donner du fruit du pinot se modifieront, sans nul doute,
quand on soumettra à ces essais un autre cépage.

Le pédoncule de la grappe tient au bois de la même manière
que la branche s'implante sur la tige d'un ordre supérieur ; les
fibres ligneuses s'infléchissent autour du point d'insertion, et
le pédoncule pénètre le jeune sarment jusqu'au canal médullaire dont il n'est séparé que par une mince cloison. Les ramifications du pédoncule se rattachent à ce pédoncule suivant le
même mode ; ces ramifications sont terminées par le petit pédicelle auquel est suspendue la baie. Enfin, si on examine avec
soin, au microscope, le point de suture du pédicelle à la grappe,
et celui du pepin sur le cordon qui part du pédicelle pour
aboutir à l'ombilic, on trouve encore que toutes ces diverses
parties du végétal sont implantées les unes sur les autres
comme la greffe en fente l'est sur le sujet greffé.

A la fleur, après la chute des pétales et la fécondation de
l'ovaire, succède un grain vert dans lequel nous reconnaissons
les caractères suivants : ce grain est ovale, il adhère fortement
à un pédicelle court et gros ; l'ombilic est très-saillant ; le grain
est vert, dur et opaque ; le pepin est assez volumineux, mais
transparent et fort tendre ; la peau est épaisse ; le parenchyme

du grain paraît être le prolongement de la membrane charnue du pédicelle ; le pepin se détache facilement du parenchyme très-ferme qui l'entoure ; ce parenchyme adhère, au contraire, fortement à la pellicule de la baie.

Desséchés à la température de 100 degrés centigrades, ces grains perdent 65 pour 100 de leur poids ; par l'incinération, on en obtient, pour 1 gramme, 0.05 de cendres, dont 0.006 en sels solubles et 0.044 en sels insolubles. Le suc du grain vert contient une forte proportion d'albumine et de bitartrate de potasse. Le marc bien exprimé cède à l'alcool une substance colorante verte.

Quand le grain devient transparent sans perdre sa couleur verte, la chair du parenchyme est moins cassante. Si le pepin quitte encore facilement le tissu charnu de la baie et y adhère peu, son moule reste parfaitement distinct au milieu du parenchyme ; on aperçoit très-nettement un cordon médial qui, partant du pédicelle et passant entre les pepins, aboutit à l'ombilic auquel il adhère fortement. Les pepins sont suspendus à de petits cordons latéraux qui tiennent aussi au pédicelle ; quelques pepins embryonnaires, au nombre de deux ou trois pour chaque grain, se rattachent au pédicelle par de petits cordons fort courts. Dans cet état, la baie a presque atteint sa grosseur normale, et les rayons de lumière la traversent facilement.

Desséchés à la température de 100° centigr., ces grains perdent 70 pour 100 de leur poids ; par l'incinération, on en obtient 0.027 de cendres, dont 0.05 en sels solubles, et 0,022 en sels insolubles. Le résidu insoluble fait effervescence avec les acides, mais il contient cependant une notable quantité de phosphates de chaux et des traces de fer. Le suc du grain recueilli dans cette période de son développement contient de l'albumine, du mucilage, du sucre et du bitartrate de potasse, et une matière colorante verte ; la proportion des acides végétaux a déjà sensiblement diminué ; le marc exprimé, lavé et traité par l'eau distillée bouillante d'abord, puis par l'alcool, donne deux liqueurs dont la première est riche en tannin et la seconde en matière colorante verte.

Quand le grain du raisin commence à mûrir, le côté de la pellicule qui a été exposé au soleil est légèrement teinté d'un joli reflet couleur gorge de pigeon. Le parenchyme, dans sa

18.

portion la plus voisine de la surface de la baie, prend une teinte d'un vert brun, toujours plus prononcée dans la partie la plus exposée à la lumière ; le cordon est encore vert ; il en est de même du pepin et du parenchyme qui y adhère ; enfin c'est au point de contact du grain avec son pédicelle que la couleur verte est le plus prononcée. La chair est toujours cassante et acide, et n'adhère pas au pepin.

Dès que la baie a acquis une demi-maturité, nous remarquons, dans son organisme, des caractères nouveaux : la pellicule est colorée ; le cordon ombilical brunit ; la chair, qui, maintenant, adhère au pepin, baigne dans une liqueur acide qui, au contact de la pellicule, se transforme en sucre. Dans cet état, on reconnaît dans la baie, à l'endroit de leur richesse en matières sucrées, trois régions distinctes ; la peau est celle de ces trois régions qui en contient le plus ; vient ensuite la région médiale ; enfin, en dernier lieu, le parenchyme, qui adhère au pepin. Il arrive souvent que la coloration de la peau est presque complète, quand le cordon est encore à peine brun, et que le pédicelle est encore vert. Cette observation indique que la coloration se détermine sous l'action des rayons lumineux, et que, à l'inverse des autres produits du suc qui y sont amenés par la circulation végétale, la matière colorante du raisin mûr est particulière à l'organisme de sa pellicule et pénètre du dehors au-dedans dans l'intérieur du fruit.

La culture adoptée en Bourgogne plaçant, en moyenne, 25,700 ceps dans un hectare de vigne, si nous prenons 20 hectolitres pour la production moyenne de l'hectare planté en pinot, comme la taille enlève chaque année à la souche, en moyenne, 131 grammes de bois, que d'ailleurs les feuilles et leurs pétioles pèsent, pour chaque cep, 192 grammes, qu'enfin les 1.80 de raisin de cette même souche (nombre de raisin que porte chaque cep pour la production de 20 hectolitres) ont un poids de 123 grammes, nous voyons qu'une récolte enlève, à chaque cep, 426 grammes de substances, ce qui fait, par hectare, 11,462 kil. 2 de substance contenant :

	kilog.
Eau et substances volatiles	8,860
Carbone	2,247
Sels solubles	69.40
Sels insolubles	286.60

Si des faits que je viens d'exposer on peut déduire quelques conclusions utiles pour la culture de la vigne, la physiologie du raisin mûr importe bien autrement au progrès de la viticulture et de l'œnologie, puisque, en dernier résultat, c'est des qualités de son suc que dépendent les qualités du vin qu'il nous donne.

En coupant nettement le grain du raisin mûr, soit par son milieu, soit de manière à n'enlever qu'une calotte de ce globule, et en enlevant ensuite une tranche mince de la baie, que cette tranche appartienne à une section passant par le diamètre du grain ou par un de ses petits cercles, en nous servant du scalpel pour l'anatomie des diverses parties de cet ovaire, et toujours en dernier lieu, en aidant nos investigations du secours d'un bon microscope, nous pourrons étudier dans tous ses détails l'admirable organisation du raisin, et comprendre les observations qui suivent.

Dans la baie du raisin mûr, le cordon ombilical et les petits cordons nutritifs des pepins ont pris une couleur brune assez prononcée, et, s'ils adhèrent faiblement au pédicelle, leur ténacité est encore remarquable. Au pédicelle séparé du grain restent attachées les têtes des cordons, et c'est à ces fibres et à leur pénétration

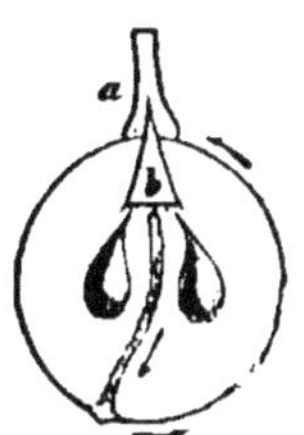

Fig. 28. — Circulation des liquides du raisin dans le grain.

dans sa substance que le pédicelle doit alors la couleur violacée qui le caractérise. Les pepins sont enveloppés dans une tunique charnue qui réfléchit bien la lumière; la base du pepin est d'un vert foncé tirant sur le brun, le milieu est d'un vert plus tendre, le sommet est presque blanc; au milieu de ce sommet existe une petite tache noire qui indique le point par lequel le pepin adhérait au cordon. Privé de sa tunique, le pepin a la couleur du bois; il est fort dur, presque osseux, et partagé en deux lobes très-distincts à la base de sa partie convexe; quand il est en place, cette convexité est à peu près concentrique à celle du grain; il présente, à sa partie concave, trois lobes inégaux séparés par deux stries longitudinales, en face desquelles il y a, comme à son ombilic, solution de continuité dans l'enveloppe osseuse de l'amande. Cette amande, à chair d'un blanc gris, est huileuse et recouverte par une peau brune à saveur amère. Si quelques-uns des caractères que nous venons de décrire se rencontrent déjà dans le pepin du raisin avant son entière maturité, nous avons préféré les donner ici, parce qu'ils sont beaucoup plus prononcés dans la baie mûre.

Le parenchyme du grain a une consistance plus ferme dans celle de ses parties qui est en contact avec la partie convexe du pepin. Dans le suc qui se trouve entre les pepins et le cordon ombilical, ou bien entre la pellicule et la chair qui lui est adhérente, on observe plus de liquide. Enfin à l'ombilic, comme sous la pellicule, le parenchyme est beaucoup plus ferme ou plus riche en fibre ligneuse.

En examinant au microscope une tranche du grain, nous trouvons que la matière colorante réside dans un tissu recouvert d'un épiderme incolore, et qu'elle s'épanche sur une légère épaisseur dans la portion du parenchyme qui lui est adhérente. C'est à l'ombilic où se réunissent les vaisseaux ramifiés sur la surface de la baie, et sur le côté externe du grain, que l'épaisseur de la pulpe colorante atteint son maximum de développement. C'est, comme nous l'avons vu, par l'ombilic et le cordon qui y aboutit que la coloration arrive au pédicelle. Plusieurs des fibres qui s'attachent au cordon principal traversent en tous sens le parenchyme, et, dans le cas de maturité complète, elles se colorent en partie à la façon du cordon ombilical et des cordons secondaires des pepins. Le sucre réside sous l'épiderme de la pellicule dans de petites utricules disposées irrégulièrement au milieu de la pulpe colorante.

Desséchés à la température de 100 degrés, les grains mûrs perdent 72 pour 100 de leur poids; par l'incinération, on en obtient 0.026 de cendres, dont 0.004 en sels solubles et 0.022 en sels insolubles. Pour chaque année, les investigations de l'analyse chimique pourront nous donner des résultats très-différents; aussi en réunissant, comme je l'ai fait, les expériences qui ont porté sur les fruits de la même année, pris à divers états de leur développement, n'ai-je point eu d'autre but que d'étudier ce développement au moyen de données comparatives, et dans ces résultats analytiques, il ne peut y avoir rien d'absolu.

Si nous prenons un raisin, et que par l'effet d'une légère

pression sur chaque grain, pris isolément, nous en fassions sortir la pulpe charnue qui adhère au pepin et le suc dans lequel elle baigne, en mettant à part, d'un côté, la pellicule, et de l'autre le premier produit, il nous sera facile de nous procurer le moût des trois logements que nous avons constatés dans l'intérieur du grain. Ainsi, en jetant sur un filtre la pulpe extraite de l'intérieur, le moût qui passera au travers du papier représentera la partie la plus liquide des sucs de la baie ; en exprimant au travers d'une toile forte et fine à la fois le moût qui sera contenu dans le parenchyme resté sur le filtre, ce moût pourra évidemment être considéré comme le suc logé dans la partie charnue du raisin. Enfin, par la pression, nous extrairons de la pellicule les liquides qui y adhèrent, et le moût obtenu sera, d'une manière très-approximative, composé surtout des sucs qui sont contenus dans l'enveloppe membraneuse qui recouvre le grain.

ESSAIS ANALYTIQUES SUR DIVERSES ESPÈCES DE MOUTS

Nous soumettrons à l'analyse les trois sortes de moût qu'on peut extraire du raisin, et nous donnerons comparativement les résultats, de manière que l'on puisse saisir plus facilement les différences qu'ils présentent dans leur composition. En prenant la densité de ces moûts, après les avoir préalablement filtrés, nous trouvons (année 1844) :

1107 pour la densité du moût le plus liquide;
1110 pour la densité du moût du parenchyme ;
1112 pour la densité du moût de l'enveloppe membraneuse.

Le premier de ces moûts présente une teinte légèrement rosée, le second est d'un jaune abricot, enfin le dernier est d'un rose assez vif, et la saveur en est éminemment sucrée. La gélatine trouble à peine les moûts n° 1 et n° 3; elle trouble d'une manière assez prononcée le moût extrait du parenchyme. Les acides minéraux avivent la couleur rose de ces liquides;

les alcalis ne les troublent point et font passer la couleur
au bleu. L'eau de chaux donne, dans tous ces moûts, un précipité floconneux abondant, de couleur jaune-verdâtre ; à ce
précipité adhère une assez grande quantité de petites bulles
de gaz perceptibles à la loupe : il se rassemble facilement au
fond d'une capsule de porcelaine à la chaleur du bain-marie.
Ce précipité est composé en grande partie de tartrate de chaux,
et le moût n° 1 de la cellule est celui qui en contient la plus
forte proportion. En soumettant chacun de ces liquides à la
température de l'ébullition, ils ne tardent point à se troubler et
laissent déposer plus ou moins de matières albumineuses. C'est
le moût intermédiaire qui nous en offre davantage. Si, après
avoir filtré ces liquides et les avoir à nouveau soumis à la température de l'ébullition, qui n'y détermine plus de précipité, on
les traite par l'alcool rectifié, on obtient un abondant précipité
floconneux ayant la texture fibrineuse, et que nous avons reconnu pour du mucilage.

Un caractère particulier à ce précipité c'est qu'à chacune de
ses parcelles adhèrent de petites bulles de gaz visibles à la
loupe ; ce gaz ne peut être attribué aux fluides aériformes
tenus en dissolution dans tous les liquides, car l'ébullition les
en eût privés. Il est donc probable que l'alcool forme ce précipité mucilagineux à la suite de quelque décomposition opérée
dans le suc, et on en conclurait que les fluides gazeux qui concourent à la circulation végétale adhèrent, comme chimiquement, à quelque autre des principes constituants de l'organisme
auprès desquels ils joueraient le rôle de base ou d'acide. Nous
ajouterons que le précipité mucilagineux est surtout abondant
dans le moût du parenchyme. Enfin, si nous recherchons dans
lequel de ces trois liquides domine la matière sucrée, nous
verrons qu'elle abonde surtout dans le moût de l'enveloppe
membraneuse (1).

(1) J'indiquerai sommairement les procédés d'analyse dont je me
suis servi pour l'essai des moûts. 1° En soumettant à l'ébullition un
poids déterminé de moût, les matières albumineuses s'en séparent et
se précipitent au fond du matras ; 2° après avoir décanté et filtré la
liqueur, je la soumets, pour la détermination du sucre, aux méthodes
analytiques de M. *Fehling*; 3° pour doser le mucilage, je prends
une autre portion de la liqueur dont on a préalablement séparé
l'albumine, et après l'avoir évaporée à consistance demi-sirupeuse,

En comparant le moût des raisins que l'on récolte dans une vigne peu garnie, avec le moût des raisins qui proviennent d'une vigne dont les ceps sont très-rapprochés, j'ai reconnu que dans le suc de ces derniers fruits dominaient le mucilage et les acides libres. Dans le premier moût, le sucre et les matières colorantes sont en plus forte proportion.

Les raisins cueillis dans une vigne jeune ou trop renouvelée par le provignage donnent des résultats analogues; ils contiennent beaucoup moins de tannin, de sucre et de matières colorantes que les raisins récoltés sur de vieux sujets.

Dans les vignes que l'on surcharge d'engrais animaux, on obtient des moûts qui présentent tous les caractères des moûts provenant de jeunes vignes, elles donnent en outre, comparativement, une plus forte proportion de matières albumineuses.

A la suite des pluies qui surviennent quand le raisin est en maturité, le moût se charge d'une grande quantité d'eau et de substances mucilagineuses, et cela en proportion d'autant plus forte que le cep est plus jeune, et que la vigne qui a produit le raisin est plus garnie.

On observe constamment une densité plus considérable dans le suc des raisins qui sont cueillis sur les vieux ceps dont les longues souches traînent à la surface du sol.

La pourriture, les gelées d'automne, la grêle déterminent, dans le suc des raisins, des modifications de composition très-nettement tranchées; les altérations organiques du fruit qui en sont la conséquence augmentent les proportions de mucilage et d'acide libre qu'il contient : on y trouve, en outre (surtout pour les raisins gelés), une certaine quantité d'acide acétique.

Nous concluons de ces essais qualitatifs : 1° que le mucilage, le tannin, la fibre végétale se rencontrent principalement dans le parenchyme qui adhère au pepin; 2° que les acides résident dans la partie la plus liquide de la baie, et qu'on les rencontre en plus forte proportion dans les raisins récoltés sur des sujets

je la reprends par l'alcool, qui précipite tout le mucilage; 4° au moyen de liqueurs normales spéciales, je détermine soit les quantités d'acide libre, soit les quantités de tannin et de matières colorantes ; 5° par l'incinération et l'analyse des résidus, je dose les substances inorganiques; 6° en desséchant à 100 degrés un poids déterminé de moût et évaporant à siccité, j'ai la proportion d'eau qu'il contient.

jeunes ou très-chargés d'engrais azotés ; 3º enfin, que les substances sucrées, colorantes et salines dominent dans l'enveloppe
membraneuse du grain, et dans les moûts qui proviennent des
vignes les plus vieilles et les moins garnies.

PHYSIOLOGIE DU PEPIN

Le pepin du raisin joue un rôle important dans la vinification.
Nous avons vu quels étaient ses caractères, et nous avons dis-
tingué, dans son organisme, la pellicule ou tunique qui recouvre la boîte osseuse, cette boîte osseuse, enfin, l'amande
qu'elle renferme et la peau fine qui enveloppe cette amande.
Desséchés à la température de 100 degrés centigrades, ces
pepins perdent 25 pour 100 de leur poids. Par l'incinération
on en obtient, pour 1 gramme, 0.027 de cendres, dont 0.002
en sels solubles et 0.025 en sels insolubles. Le résidu insoluble
fait effervescence avec les acides, mais il contient surtout beaucoup de phosphate de chaux.

En enlevant avec soin les tuniques d'un certain nombre de
pepins et les traitant par l'eau à 15 degrés de température
d'abord, puis par l'eau bouillante, enfin par l'alcool, j'ai trouvé
que, si la liqueur de la première opération précipitait déjà très-
sensiblement par la gélatine, la dissolution obtenue au moyen
de l'ébullition était éminemment chargée de tannin ; enfin la
teinture alcoolique contenait des substances colorantes et résineuses.

Il était important de savoir si le tannin appartenait seulement
à la tunique du pepin ; aussi, après avoir dénudé complète-
ment une certaine quantité de pepins au moyen de l'acide sulfurique convenablement étendu d'eau, je les ai soumis à l'action de l'eau à 100 degrés et j'ai reconnu que la liqueur précipitait à peine par la gélatine.

Enfin, l'amande du pepin donne une huile douce dont on a
déjà tiré parti dans l'industrie, et la pellicule de cette amande

contient un principe amer probablement analogue à celui qui est renfermé dans la semence de tous les fruits à noyau. De ces essais, nous pouvons conclure ces deux faits importants, 1° que le tannin du raisin réside spécialement dans la tunique du pepin; 2° qu'à la température de 15 degrés centigrades l'eau et le moût ne dissolvent qu'une faible partie de ce tannin.

La décoction de pepins dans l'eau distillée bouillante donne une liqueur jaune brun qui présente tous les caractères de l'infusion de noix de galle, et se comporte de la même manière sous l'action des réactifs. La chaux précipite de cette dissolution les tartres, les malates et le tannin, car la liqueur qui reste après la filtration n'est plus troublée par la gélatine. Si, au contraire, quand on a filtré l'infusion de pepins dont la gélatine a préalablement séparé le tannin, on traite la liqueur par l'eau de chaux, la chaux donne alors un précipité composé seulement de tartres et malates insolubles. De la décoction de pepins comme de l'infusion de noix de galle, nous pouvons extraire de l'acide gallique, et il s'y dépose, à la longue, un précipité blanc entièrement analogue au précipité qui se détermine dans l'infusion de galle, et composé principalement de sulfate et gallate de chaux. Le tannin extrait du cachou n'est pas identique.

DE LA PELLICULE DU GRAIN DU RAISIN ET DE LA MATIÈRE COLORANTE

En prenant les pellicules d'un nombre déterminé de grains et les lavant à l'eau distillée froide jusqu'à ce qu'il n'y ait plus de réaction acide et que les eaux de lavage ne dissolvent plus rien, on trouve que l'enveloppe membraneuse abandonne à l'eau une très-faible quantité de matières colorantes; si, dans cet état, on les dessèche à l'air, on trouve qu'elles entrent pour 7.15 pour 100 dans le poids de la baie. En faisant digérer ces pellicules dans l'alcool, on dissout la matière colorante; il ne reste plus, après cette opération, qu'un parchemin incolore, et on trouve que la matière colorante entre pour 68 pour 100 environ dans le poids de la pellicule ; le grain en contient au moins 4 pour 100 de son poids total (récolte de 1841).

La pellicule du raisin contient une matière colorante bleue que rougissent les acides, et une matière colorante jaune que les alcalis font passer au brun, tandis que les acides la blanchissent entièrement ; ces deux matières colorantes sont peu solubles dans le moût et dans l'eau froide, mais très-solubles dans l'alcool. L'éther ne dissout pas la matière colorante bleue et dissout bien la matière colorante jaune ; ces deux substances se trouvent en proportions variables dans la pellicule du raisin ; la matière colorante bleue se précipite la première de la dissolution alcoolique.

En traitant par l'alcool la pellicule du raisin blanc dit *chardenet ou noirien blanc*, j'ai dissous une matière colorante jaune ayant la couleur de l'huile d'olive. Cette couleur est fortement blanchie par les acides ; elle passe au brun sous l'action des alcalis. Ces dissolutions de substances colorantes extraites des pellicules avaient une odeur très-agréable. J'en ai conclu que la pellicule du raisin contenait une huile essentielle odorante particulière ; ce que confirme, d'ailleurs, l'aspect de certains raisins dans lesquels l'enveloppe du grain présente, au microscope, la texture rugueuse de l'écorce d'orange. J'ai, en outre, observé que les dissolutions alcooliques de matières colorantes laissaient surnager à la surface du liquide, quand on l'étendait d'eau, de petites taches huileuses opaques, ayant l'aspect des plaques graisseuses que les liquides gras projetés en petite quantité dans l'eau froide produisent à sa surface.

Par l'incinération, ces pellicules donnent en cendres pour 1 gramme, 0.048 de résidu, dont 0.003 en sels solubles et 0.045 en sels insolubles. Le résidu insoluble fait fortement effervescence avec les acides ; il contient donc une grande quantité de carbonate de chaux, et on y trouve, en outre, des traces très-appréciables de fer.

La gélatine ne donne qu'un faible précipité dans la liqueur que l'on obtient en faisant digérer la pellicule dans l'eau ; cependant elle contient sensiblement plus de tannin que les sucs de la baie.

Puisque le tannin est un des agents conservateurs du vin et que cette substance domine surtout dans le pepin, j'ai dû rechercher quelle était la richesse du noirien comparativement à d'autres variétés pour des fruits récoltés dans la même année. S'il est facile de déterminer le volume d'un grain de raisin, il n'en est point ainsi du pepin, dont la forme irrégulière se prête peu à une évaluation suffisamment exacte. Pour arriver à ce cubage, j'ai déduit le volume des pepins du volume d'eau alcoolisé qu'ils déplacent dans une éprouvette graduée avec soin. J'ai, par ce procédé, évalué le rapport du volume des pepins à celui du grain dans diverses variétés de raisins (1).

Dans le noirien (récolte de 1844), nous avons trouvé en moyenne 2.05 pepins par grain, ces pepins cubant 0.000025; le volume du grain est de 0.000115; le rapport de ces deux nombres est de 0.227. En soumettant aux mêmes observations les grains des chasselas, où nous trouvons 2.10 pepins par grain pour un diamètre de 0.02, ceux du chardenet, du pinot gris, du gamet rond, etc., nous avons obtenu les chiffres suivants :

	Pinot gris.	Noirien.	Chasselas.	Gamet:
Diamètre du grain . .	0 015	0.014	0.02	0.016
Volume de dix grains.	0.000142	0 000115	0.000333	0.000172
Nombre de pepins (correspondant)	19.50	23.50	21.00	11.50
Volume des pepins. .	0.00002	0.000025	0.000022	0.000011
Rapport du volume des pepins à celui de la baie.	0.14	0 227	0.104	0.094

Il résulte de ce tableau que, d'après la seule détermination du volume de ses pepins, le noirien, par son organisme, est, parmi les raisins soumis aux essais, celui qui doit être le plus riche en tannin. Nous verrons ailleurs que la tunique du pepin n'est pas, dans toutes les variétés, également pourvue de ce tannin; ainsi, par exemple, toutes les variétés blanches en

____

(1) J'ai dû employer l'eau alcoolisée, parce que dans l'eau distillée pure une partie des pepins surnageait. En coupant le petit pédicelle du grain au lieu de l'en détacher, ce qui pourrait vider la baie, on peut aussi évaluer le volume du grain au moyen de l'éprouvette remplie d'eau alcoolisée.

contiennent beaucoup moins que les variétés rouges. J'ai trouvé
que les raisins cueillis sur les jeunes ceps présentaient, pour
la même nature de cépage, une infériorité notable pour le
rapport du volume des pepins au volume de la baie.

DE LA GRAPPE DU NOIRIEN

La grappe du noirien joue-t-elle, au point de vue chimique,
un rôle utile dans la vinification? Étant généralement soumise,
avec la baie, au travail de la cuve, j'ai dû étudier quelles sont
ses principales propriétés. Par des essais qui ont porté sur un
assez grand nombre de raisins parvenus à un développement
normal, j'ai trouvé qu'en moyenne le noirien contenait 3.23
pour 100 de son poids en grappe. Desséchées à 100 degrés
centigrades, ces grappes perdent 66 pour 100 de leur poids;
incinérées, elles donnent en cendres, pour 1 gramme, 0.06 de
résidu dont 0,004 en sels solubles et 0.056 en sels insolubles.

L'infusion à 100 degrés de la grappe dans l'eau distillée
laisse un résidu ligneux et inorganique insoluble qui s'élève à
85 pour 100 du poids primitif.

La dissolution a une réaction légèrement acide; en la soumettant à une douce chaleur, elle dégage une odeur de moût
cuit; sa couleur est d'un jaune brun, sa saveur plutôt douceâtre qu'acerbe; la gélatine donne un précipité peu abondant
dans cette liqueur. Les acides minéraux ne la troublent point:
le sous-carbonate de potasse la trouble légèrement. Par l'alcool
on obtient un précipité abondant de mucilage; l'eau de chaux
y détermine un dépôt floconneux de couleur fauve, reconnu
pour un mélange de tartrate et de malate de chaux. En exprimant le suc de la rafle, on y trouve d'ailleurs une assez forte
proportion de matières albumineuses.

Il résulte de ces faits que la grappe ne doit pas céder au vin
une grande quantité de substances propres, puisque, à 100 degrés, elle n'abandonne à l'eau que 15 pour 100 de son poids,

ou 0.48 pour 100 du poids du raisin, et que, à 20 degrés, le moût ne dissoudra qu'une bien faible quantité de parties solubles ; l'alcool du vin pourra bien, à la dernière période de la fermentation, dissoudre en petites proportions la matière colorante verte de la grappe et pénétrer la fibre ligneuse en se combinant à l'eau qu'elle contient. On voit, d'ailleurs, que la grappe renferme beaucoup moins de tannin qu'on l'a cru jusqu'alors, et que, si les vins provenant de raisins non écrasés sont souvent plus âpres qu'ils l'eussent été avec l'aide de l'égrappage, cela tient probablement à ce que, dans l'acte de la vinification, la rafle agit mécaniquement pour mieux favoriser la pénétration des liquides au travers du marc de la cuve, et la mettre ainsi en contact-plus complet avec les pepins du raisin.

ESSAIS QUALITATIFS SUR LA COMPOSITION DU MOUT DE QUELQUES RAISINS DÉVELOPPÉS DANS DES CIRCONSTANCES PARTICULIÈRES

La grêle, la pluie, la pourriture, le froid, l'effeuillage des ceps, etc., etc., ont une action marquée sur les qualités du vin que l'on extrait des raisins qui ont subi ces influences ; j'ai recherché quelles modifications il en était résulté dans la composition du moût.

Relativement à la densité du moût, le tableau suivant en donne le relevé dans plusieurs circonstances que l'on a spécifiées. Pour obtenir des résultats comparables, j'ai dû opérer sur des raisins de la même vigne placés, autant que possible, dans des conditions analogues.

DENSITÉ DE DIVERSES ESPÈCES DE MOUTS

(RÉCOLTE DE 1845)

Dans un raisin normal (n° 1), 1,083	Dans un raisin dont tout le cep avait été effeuillé trois semaines à l'avance (n° 2), 1,078	Dans un raisin dont la partie inférieure seule du cep avait été effeuillée (n° 3), 1,085
Dans un raisin dont le sarment avait été coupé au nœud immédiatement supérieur (n° 4), 1,077	Dans un raisin dont le sarment avait été rogné, en juillet, aux deux tiers de sa longueur (n° 5), 1,085	Dans un raisin demi-pourri (n° 6), 1,084
Dans un raisin entièrement pourri (n° 7), 1,104	Dans un raisin mi-mûr, dit *recoquet* (n° 8), 1,069	Dans un raisin qui avait subi vingt-quatre heures de pluie (le moût du raisin du même cep avait, avant la pluie, la densité de 1,082) (n° 9), 1,075
Dans un raisin grêlé (le moût du raisin du même cep avait, auparavant, une densité de 1,082 (n° 10), 1,086	Dans un raisin conservé à l'abri pendant quinze jours sur une claie (le moût du raisin du même cep avait, à la cueillette, une densité de 1,080) (n° 11), 1,080	Dans un raisin qui avait subi un coup de gelée d'automne (le moût du raisin du même cep avait, à la cueillette, une densité de 1,083) (n° 12), 1,079

Le moût (n° 1) avait une teinte jaune abricot, la saveur acide et mucilagineuse dominait (1).

Comparativement au moût n° 1, le moût n° 2 était d'un rose vif, la saveur acide était fortement prononcée, et, en dernière analyse, il contenait plus de matières colorantes, moins de sucre et plus d'acides libres que le moût n° 1.

Le moût n° 3 était d'un jaune abricot, plus sucré et moins acide que le précédent; il était moins riche en substances colorantes.

(1) Nous donnerons ailleurs, comparativement à celui d'autres récoltes, l'analyse quantitative de ce moût.

Le moût n° 4 était comparable, en tous points, au moût n° 2.

Le moût n° 5 était analogue au moût n° 1.

Le moût n° 6 présentait une couleur terne et avait une saveur douceâtre; soumis aux essais analytiques dont j'ai parlé ci-dessus; ce raisin accusait une destruction partielle de la matière colorante, et un développement de la partie mucilagineuse de la baie.

Dans le moût n° 7 il y avait destruction complète de la matière colorante, affaissement et presque adhérence, en certains points, de l'épiderme de la pellicule sur le pepin; saveur repoussante, abondance de mucilage. Dans la même vigne, les raisins gamets, les pinots gris et les fruits des jeunes ceps avaient moins longtemps résisté à la pourriture que le noirien. (Au 27 octobre 1845, le noirien était lui-même complétement désorganisé.)

Le moût n° 8, d'une couleur rouge clair très-pâle, était éminemment acide; la gélatine y déterminait un précipité abondant, précipité que l'on doit probablement attribuer plutôt à l'action de l'acide sur la gélatine qu'à la présence du tannin.

, Le moût n° 9 était à saveur fade et éminemment aqueuse; l'acidité paraissait plus développée que dans le moût n° 1.

Le moût n° 10 avait une saveur particulière, le goût d'évent. Au point frappé par la grêle, le grain avait été déchiré et le parenchyme était devenu opaque; il y avait eu épanchement des portions les plus fluides du suc; voilà pourquoi la densité avait augmenté. Le moût du raisin grêlé était riche aussi en substances mucilagineuses.

Le moût n° 11 avait une saveur sucrée plus prononcée; la réaction acide avait diminué, la substance colorante paraissait plus vive.

Le moût n° 12 contenait une notable quantité d'acide acétique, il était d'un rouge pâle et terne.

DE LA SÉVE

La composition des liquides qui circulent dans les cellules du sarment varie suivant l'époque à laquelle ils ont été recueillis. Ainsi la séve que l'on obtient de la vigne, avant qu'il y ait aucune trace dans la végétation, contient une grande quantité d'eau et un peu de sulfate de potasse, de chlorhydrate de soude et des traces de sels ammoniacaux. Plus tard, indépendamment de l'eau et des fluides aériformes qui sont dissous dans la séve, nous y trouvons des acétates et des tartrates de potasse, du carbonate et du phosphate de chaux, enfin une assez forte proportion de mucilage.

Pour se procurer la séve, il suffit de piler, dans un mortier de porcelaine, des rejets de vigne; on en exprime un suc à réaction éminemment acide, qui contient une matière colorante insoluble dans l'eau, des matières albumineuses qui se précipitent promptement au contact de l'air et sous l'action de la chaleur, enfin les sels et les substances organiques que nous avons indiqués plus haut. En lavant le marc à plusieurs eaux, on dissout encore une certaine quantité de ces mêmes matières. Si on traite par l'alcool rectifié ce marc dûment lavé et exprimé, on obtient une liqueur d'un vert foncé contenant la matière colorante propre aux tissus ligneux de la vigne; cette substance, par la façon dont elle se comporte avec les réactifs, est absolument identique à la chlorophylle des feuilles. Enfin nous avons vu que, si on opère sur des sarments déjà mûrs, en en extrayant la séve par la mise en digestion de ces ligneux avec l'eau, on obtient des dissolutions surtout riches en mucilage, en tannin, en amidon, en matières colorantes et résineuses. A cette époque, les liquides de la séve sont beaucoup moins riches en principes inorganiques. Nous savons, d'ailleurs, que le bitartrate de potasse et le phosphate de chaux sont des sels très-peu solubles; l'excès d'acide que contient la séve aide à les amener dans la circulation végétale.

DE LA CIRCULATION VÉGÉTALE

En nous appuyant sur les faits qui viennent d'être exposés, il nous sera facile de nous rendre compte de plusieurs phénomènes de la circulation végétale.

Nous avons vu que la tige sarmenteuse de la vigne se ramifiait de deux manières : d'un côté, elle s'attache à la terre par les dernières subdivisions du chevelu de ses racines ; de l'autre, elle tient à l'atmosphère au moyen des aigrettes aspiratoires qui tapissent le dessous de ses feuilles. Cette distinction nous porte à examiner deux ordres de fonctions dans la végétation de la vigne : 1º les fonctions des racines et la part que prennent à la végétation les substances de nature organique ou inorganique dans lesquelles elles pénètrent ; 2º la fonction des feuilles et la part que dans ces phénomènes de développement on peut attribuer aux gaz de l'atmosphère.

Je rappellerai qu'il résulte de nos études sur les diverses parties constituantes d'un cep, *que les différentes parties de cet organisme sont implantées les unes sur les autres, et que chacune d'elles, prise isolément, est un organe imperforé qui jouit d'une circulation particulière des liquides qu'il renferme.* Ainsi, en examinant la structure d'un grain de raisin, le pédicelle de la grappe s'ouvre pour l'insertion d'un petit corps conique, auquel adhèrent les cordons nourriciers du grain et des pepins, sans qu'il y ait communication immédiate des vaisseaux du pédicelle avec ceux de ce petit corps ; la circulation propre du grain part de ce point, et là où la pellicule est en contact avec le pédicelle, il y a indépendance complète des deux organes. La baie se trouve formée par une juxtaposition exacte de son enveloppe contre le pédicelle, sans qu'il y ait communication des vaisseaux circulatoires de ces deux parties du grain. Il en est de même de la disposition qu'affectent les diverses ramifications de la tige, la grappe, les feuilles, les nervures des feuilles, les pepins, etc., etc.

19.

Cela posé, voyons d'abord comment fonctionnent les racines de la plante, puisqu'au sortir de l'hiver, ce sont les seuls organes nourriciers qui subsistent. Nous savons que les dernières fibres chevelues de la racine sont terminées par de petits suçoirs; mais nous savons aussi que la première séve de la vigne contient beaucoup d'eau, de sulfate de potasse, de substances azotées, des acétates, enfin une petite quantité de sels ammoniacaux; on y trouve, en outre, des fluides aériformes dans lesquels domine l'acide carbonique. On ne peut révoquer en doute que les premières fonctions des racines soient d'absorber ces substances pour les élaborer et apporter à la bourre la nourriture nécessaire à son développement.

L'oxygène de l'air, en pénétrant dans le sol jusqu'aux racines, y détermine la production des acides végétaux qui entrent dans la composition de cette première séve. Aussi, d'après ces faits analytiques, est-il essentiel que la racine plonge dans un sol humide, dans un sol convenablement aéré par la culture; il faut, en outre, qu'elle y trouve du carbone, des substances azotées, des sels minéraux. L'humus, qui n'est que du ligneux en état de combustion lente, a pour effet, quand par l'ameublissement de la terre on le met en contact avec l'air, de pouvoir fournir à la plante le carbone dont elle a besoin; c'est aux pluies et aux engrais que les racines doivent l'ammoniaque qui leur est nécessaire; enfin le sol cède à la circulation les matières inorganiques qui se rencontrent dans la séve. Les travaux de *Saussure*, de *Liebig*, de *Boussingault*, *Payen*, *Pelouze*, etc., ont démontré de la manière la plus évidente ces faits de physiologie végétale.

Dès que la circulation s'est établie dans le sarment, chaque partie de la plante élabore, par un travail particulier, les sucs qu'elle puise dans l'organe sur lequel elle est implantée. La séve arrive de la sorte à la bourre; sous l'influence de la chaleur qui excite les forces vitales et des sucs qu'elle absorbe, la bourre se goufle peu à peu, elle cède du carbone de son enveloppe à l'oxygène de l'air, enfin elle s'ouvre et déploie ses petites feuilles; dès lors commence pour la plante un nouvel ordre de fonctions qui consistent dans l'assimilation du gaz de l'atmosphère par le feuillage dont elle se couvre.

Les savantes recherches des habiles chimistes que je viens

de nommer ne permettent plus de douter que les végétaux trouvent dans l'atmosphère une source inépuisable dont ils s'assimilent le carbone et rejettent l'oxygène. L'air atmosphérique renferme, en moyenne, un millième de son poids d'acide carbonique, et telle est la composition de ce gaz, que, pour un volume d'acide carbonique décomposé par les plantes, l'atmosphère reçoit un volume d'oxygène pur. Ainsi, dans l'admirable organisation de notre globe, les émanations gazeuses qui, par leur densité, restent à la surface de la terre et sont essentiellement nuisibles à la vitalité des animaux concourent au développement des plantes, et, dans cette assimilation, les végétaux nous rendent, pour un fluide impur, le gaz le plus nécessaire à la vie de l'homme.

Les petits tubes qui tapissent le dessous des feuilles de la vigne absorbent l'eau et l'acide carbonique de l'air; et comme, sous l'influence de la lumière, toutes les parties vertes des végétaux décomposent l'acide carbonique, le parenchyme de la petite feuille se développe en s'en appropriant le carbone. Mais plus le bourgeon s'allonge, plus il possède d'organes nutritifs; il ne tarde donc point à prendre un accroissement très-rapide et proportionnel à la surface de son feuillage. Ainsi le bourgeon qui, dans les premiers jours de son développement, gagne à peine 0 m. 002 par vingt-quatre heures, sous une température qui varie entre 12 et 15 degrés centigrades, grandit déjà de 1 cent. dans le même laps de temps, quand il a atteint de 8 cent. à 16 cent. de longueur, et bien que la température reste la même. Mais, quand le jet dépasse 33 cent. et que la température de l'air s'élève de 18 à 20 degrés (ce qui s'observe ordinairement en Bourgogne du 1er au 15 mai), le bourgeon peut grandir de 5 cent. dans un jour, et souvent, à la fin de ce mois, j'ai constaté sur des treilles un accroissement du bourgeon qui s'élevait, en moyenne, dans une période de quinze jours, jusqu'à 7 cent. par vingt-quatre heures.

Nous avons trouvé qu'en moyenne les trois brins de sarment laissés à chaque cep de noirien se chargent de quatre-vingt-huit feuilles offrant sur leurs deux faces une superficie de 140 décimètres carrés. Par cette surface, la plante enlève à l'atmosphère environ 90 grammes de carbone, en faisant abstraction du carbone pouvant provenir de l'assimilation propre à ses racines. Mais le raisin qui correspond à cette absorption ne représentant, en moyenne, que 19 grammes de carbone, on peut en conclure qu'en rognant les extrémités d'une partie du bois de la vigne, et lui laissant assez de feuilles pour la nutrition du fruit et du bois restant, on peut affranchir le sol d'une forte dépense de substances inorganiques, substances absorbées en pure perte par le sarment qui est enlevé par la taille de l'année suivante. En supprimant sur le cep, immédiatement après la nouure du fruit, le tiers de son feuillage ou une superficie de 46 centimètres de ses organes aériens, on doit donc en obtenir d'heureux résultats. J'ai reconnu, par des expériences souvent répétées, qu'au moyen de cette méthode on ne nuit pas au développement du fruit; j'ai constamment obtenu de bons effets d'un pincement opéré dans les conditions que j'ai signalées et dans de plus fortes proportions qu'on n'a coutume de le pratiquer. D'ailleurs les tiges herbacées que l'on supprime sont enfouies dans le sol et servent d'engrais pour l'année suivante. Enfin le fruit est plus exposé aux heureuses influences de l'air, de la chaleur et de la lumière; tout concourt donc à la réussite de ce procédé.

Nous avons vu que l'action de l'oxygène sur l'humus produit de l'acide carbonique que les fibres chevelues des racines transmettent à la circulation végétale. Ces fonctions des racines concourent, avec l'assimilation qui se fait par les feuilles, à fournir à la plante l'acide carbonique qui est décomposé par les parties vertes du végétal; mais le chevelu élabore dans l'obscurité, et ses fonctions doivent rester indépendantes de la succession des jours et des nuits; au contraire, la feuille ne décompose l'acide carbonique que sous l'influence de la lumière; à l'ombre, cette action n'a plus lieu. Il résulte de ces faits que quand les fluides aériformes de la circulation, dans lesquels se trouve l'acide carbonique absorbé par les racines, arriveront pendant la nuit dans les parties vertes de la plante, elles n'y éprouveront point de décomposition. Dans leurs expirations nocturnes, les feuilles devront donc rejeter de l'acide carbonique, effet que la chimie a constaté depuis longtemps.

ACCROISSEMENT EN LONGUEUR DU BOURGEON ET ÉPOQUES CRITIQUES

La charpente des nervures du sarment est formée de petits tubes cylindriques imperforés, renfermant la substance médullaire, et soudés bout à bout. Aux points de suture correspondent les nœuds, et c'est par le réseau des interstices que l'on remarque entre tous ces tubes, que se fait la circulation générale de la plante ; *chaque tube élabore, dans sa circulation particulière, les sucs qu'il reçoit, et à ses deux extrémités il sécrète une substance plus organisée au moyen de laquelle il s'allonge.* C'est dans la moelle que réside le principe de la vitalité de la plante, et là encore il se détermine une circulation particulière, et probablement aussi quelques phénomènes électriques.

Les pétioles des feuilles, les pédoncules de la grappe, etc., sont implantés sur les bourgeons aux points de suture des tubes cylindriques. Cette disposition particulière contribuera encore à fixer dans ces parties l'accroissement du végétal.

Nous savons que les plantes vivent au moyen d'une suite d'aspirations et d'expirations successives. Par l'aspiration particulière à chacun des deux tubes imperforés qui sont contigus, il y aura entre eux un vide qui y appellera les liquides élaborés par les feuilles. Les aspirations propres au pédoncule de la grappe, au pédicelle, au grain, etc., détermineront de même un appel de fluides aux points de suture, et c'est là que se produira tout accroissement, jusqu'à ce que l'organe ait atteint le développement qui lui est propre. Le développement diamétral des tubes cylindriques, dont l'ensemble constitue le bourgeon, a lieu du centre à la circonférence ; entre le canal médullaire et les espaces cellulaires des fibres longitudinales du tissu ligneux, organes qui jouissent également de leur circulation propre, les aspirations déterminent un vide qui y appelle les sucs du végétal, et dès lors il se crée à cette place

de nouveaux tissus. Les tissus plus anciens sont donc repous-
sés à la surface, où, sous l'action de l'oxygène de l'air, ils deviennent, par une perte de carbone, plus riches en principes
inorganiques. Le développement diamétral des vieilles souches
suit la même loi; chaque année une couche nouvelle de jeunes
fibres se produit au contact du canal médullaire.

Mais il arrive que, sous les couches successives qui le revêtent, ce canal perd peu à peu sa puissance d'assimilation, son
volume diminue, sa vitalité va toujours en décroissant. Enfin,
à une époque plus ou moins variable, suivant le terrain dans lequel vit le cep, le vieux bois périt et souvent aussi la plante
avec lui.

Au contact de l'air atmosphérique et sous l'influence de la
chaleur, les racines et le sarment de la vigne céderont de leur
carbone à l'oxygène; il se formera, dans cette opération, de
l'acide carbonique dont une petite quantité pourra être entraî-
née dans la circulation végétale. Cette combinaison du carbone
du cep avec l'oxygène de l'air sera une cause de chaleur qu'il
ne sera pas inutile de chercher à développer, puisqu'elle
devra augmenter la densité des sucs de la séve. C'est en
partie à cette cause et à l'évaporation qui se produit à leur
surface que les longues et vieilles souches de raisin que
l'on rencontre encore dans certains crus privilégiés doivent
de pouvoir donner un vin supérieur à celui des plus jeunes vignes.

Les feuilles jouissent encore de cette propriété, c'est, quand
il y a sécheresse du sol, de pouvoir puiser dans l'atmosphère
l'eau nécessaire à la vie de la plante; si, au contraire, la terre
est trop humide, les feuilles exhalent l'excédant d'eau qui se
trouve dans la circulation.

Mais si nous avons reconnu, dans les produits de la vigne, 1°
des combinaisons renfermant du carbone et les éléments de
l'eau, tels que le ligneux, la gomme, le sucre, l'amidon, etc.;
2° des composés acides qui, en outre du carbone et des éléments
de l'eau, contiennent un excès d'oxygène, tels que les acides
tartrique, malique, acétique, etc.; 3° enfin, des composés qui
renferment à la fois du carbone, les éléments de l'eau et un
excès d'hydrogène, tels que les substances résineuses, la chlorophylle, etc.; il existe encore, dans la séve et le suc du fruit, des

composés tels que les matières albumineuses qui contiennent une certaine quantité d'azote.

On a cru pendant longtemps que les végétaux ne trouvaient que dans les engrais tous les sels ammoniacaux nécessaires à leur nutrition. Les calculs de *Liebig* ont démontré que les plantes rencontraient dans l'atmosphère une source inépuisable d'ammoniaque. En effet, l'ammoniaque, qui est la plus simple des combinaisons azotées, représente l'azote résultant de la putréfaction des matières animales; elle se combine, dans l'atmosphère, avec l'acide carbonique et retombe sur le sol en dissolution dans les eaux pluviales. Des expériences directes ont prouvé que l'eau de pluie contenait des quantités notables de carbonate d'ammoniaque.

En Bourgogne, il tombe annuellement, en moyenne, 745 mm. d'eau ; une surface de 1 hectare recevra donc 745,000 kilogrammes, et en admettant, avec *Liebig*, que la pluie contienne 2 grammes d'ammoniaque par kilogramme d'eau, nous trouvons que cet hectare recevra par an 149 kilogrammes d'ammoniaque correspondant à 144.53 kilogrammes d'azote pur, quantité plus que suffisante à la formation des substances azotées de la plante.

Et, d'ailleurs, ne savons-nous pas qu'il est des vignes qui, de mémoire d'homme, n'ont jamais reçu d'engrais ; et cependant chaque année, les pleurs de leurs ceps contiennent, au printemps, une certaine quantité d'ammoniaque ; chaque année, nous en exportons un poids assez considérable de substances azotées, substances contenues soit dans le vin ou les marcs, soit dans les sarments enlevés par la taille. Nous admettrons donc que l'ammoniaque existe dans l'atmosphère, et que les eaux pluviales entraînent les sels ammoniacaux dans les interstices du sol. Là, ces substances pénètrent jusqu'aux racines de la plante, et la vigne y trouve une source d'azote suffisante pour sa végétation.

Les engrais ont pour but principal de présenter aux jeunes fibres chevelues un excès de substances organiques et inorganiques destiné à opérer une abondante production de sève. Les sels agissent en attirant l'humidité de l'air, en fixant l'ammoniaque, enfin en fournissant à la plante les principes minéraux nécessaires à sa nutrition.

Des expériences directes ont démontré que l'azote de l'atmosphère n'est pas absorbé par les plantes à l'état de gaz.

Époques critiques dans la végétation de la vigne. — Dès que le bourgeon de la vigne a pris le développement qui est propre à son organisme, il se produit dans la plante un nouvel ordre de phénomènes. La vigne entre dès lors immédiatement dans la période de la floraison. Jusqu'à cette époque, la croissance de la grappe était presque restée stationnaire; à dater de ce moment, elle se déploie et assimile, dans la circulation qui lui est particulière, les principes organiques et inorganiques qui conviennent à sa nutrition.

L'odeur de la fleur de vigne annonce qu'elle renferme une huile essentielle; nous savons d'ailleurs que la grappe contient de l'albumine, du mucilage, des substances résineuses, et des acétates et des phosphates, et qu'on a constaté, dans la corolle de certaines fleurs, des dégagements d'azote. Enfin au moment où la vigne entre en fleur, les racines se garnissent, presque à la surface de la terre, d'un grand nombre de fibres chevelues. Il doit résulter de cet appel de substances nouvelles dans la grappe quelques modifications dans la circulation, et c'est cet état qui constitue la seconde époque critique de la végétation; le développement du bouton a été la première de ces périodes critiques. Si dans le cas que nous examinons, les conditions atmosphériques et la culture du sol sont favorables à la floraison, la fleur passe facilement, le fruit se noue dans l'espace de huit à dix jours; autrement la fleur ne tarde point à couler. Les pepins contenant une notable proportion de phosphates calcaires, n'est-il pas probable que, si le sol manque de phosphates au moment de la floraison, le fruit aura plus de difficulté à nouer et sera plus sujet à la coulure. C'est à l'époque de la floraison que les feuilles de la vigne contiennent la plus forte proportion de sels solubles.

Dès que le raisin a noué, le grain prend un développement très-rapide : trente-sept jours, en moyenne, après que la fleur a passé, le pepin commence à subir les transformations qui se terminent par sa maturité complète ; la baie a dès lors acquis sa grosseur et est prête à tourner. Nous avons vu que le raisin vert contenait une assez grande quantité d'albumine et de bitartrate de potasse; il trouve suffisamment de ces substances dans la séve et les fluides aériformes qui circulent au milieu des cellules du bois, puisque, à cette période de la végétation de la vigne, les tiges prennent peu d'accroissement. Cependant, il arrive souvent que, sous l'influence de la sécheresse d'un été très-chaud, les principes minéraux ne peuvent, faute de pluie, entrer dans les conduits séveux de la plante ; alors les bases manquant aux acides qui tendent à se dévolopper dans le fruit, la baie devient dure, bleuâtre ; la grappe, les feuilles se fanent ; il y a en un mot comme une suspension dans la vitalité de la plante. Les feuilles de la partie inférieure du cep tombent parce qu'elles cèdent aux fluides de la circulation les principes inorganiques qu'ils ne peuvent puiser dans le sol, principes indispensables à la nutrition des feuilles plus jeunes et du fruit. C'est pour le même but que la tige perd sa couleur verte, qu'elle cède les liquides dont elle était pénétrée, qu'elle prend la consistance ligneuse. Tous les sels solubles de l'écorce passent les premiers dans la circulation ; aussi, dans le résidu de l'incinération des fibres corticales, trouve-t-on jusqu'à 60 pour 100 de carbonate de chaux ; on dit alors que le sarment s'aoûte. Quand, dans cette période de son développement, la vigne végète sous des conditions atmosphériques convenables, la maturation du bois est plus tardive et le raisin n'*arsit* pas. Toutefois, on a remarqué qu'une précoce maturation du tissu ligneux était favorable à une prompte maturation du fruit.

Dès que le raisin a acquis sa grosseur normale, de nouvelles métamorphoses s'opèrent dans son organisme ; le grain a commencé par devenir translucide, le pepin a acquis plus de dureté, tandis que le parenchyme, au contraire, devenait plus mou. Maintenant la pellicule de la baie se colore sous l'action des rayons lumineux qui la pénètrent, et les sels acides tenus en dissolution dans le suc du fruit donnent lieu à d'autres combinaisons. Les feuilles rejettent une plus forte proportion d'oxygène que précédemment, et le travail le plus remarquable consiste dans la transformation en matières sucrées des acides du végétal.

Mais nous savons que les cendres du raisin mûr contiennent une moindre quantité de potasse que les cendres du raisin vert ; la vigne doit donc avoir, à cette époque de sa végétation, un moyen de débarrasser son fruit de cet excédant de sels. C'est à cette destination que j'ai cru pouvoir rapporter le développement de ces bourgillons qui naissent aux aisselles de certaines feuilles, et dont la sortie accompagne ordinairement la tournure du raisin.

Ainsi, en résumé, avant la floraison, apparition des fibres chevelues qui doivent aider à apporter dans la circulation les principes inorganiques nécessaires à la nutrition du fruit ; avant la maturation, apparition des bourgillons qui le débarrassent des substances qui lui deviennent inutiles. Enfin il est encore probable que, dans ses excrétions, la vigne rend à la terre les sels de potasse qui sont alors en excès dans les sucs de la baie ; ce sera à cette destination que j'attribuerai la sortie des petites excroissances qui apparaissent aux racines dans le mois d'août. Plus nous marchons vers la maturité du raisin, moins le grain agit sur l'acide carbonique de l'atmosphère ; les feuilles jaunissent, la chlorophylle est détruite, ce qui annonce une absorption d'oxygène. Tous ces effets sont une conséquence des métamorphoses qu'éprouvent les acides de la séve. En dernier résultat, les matières colorantes, le sucre, se sont déposés dans l'enveloppe membraneuse de la baie ; le mucilage combiné aux phosphates terreux a acquis une dureté osseuse dans le pepin, il a formé les fibres demi-ligneuses qui environnent ce pepin et entrent à l'état gommeux pour une forte proportion dans le parenchyme du grain. Enfin les lois providentielles, dans un but de prévoyance pour la conservation des espèces, ont muni le pepin d'une tunique éminemment riche en tannin, destinée à le préserver de l'attaque des insectes.

Nous avons recherché combien il s'écoulait de temps entre ces diverses métamorphoses observées dans les sucs de la séve de la vigne. Si nous prenons le 1er mai pour point de départ, il s'écoule, en moyenne, trente-sept jours de cette époque au moment où le raisin entre en fleur, vingt-deux jours plus tard, le raisin est noué. En additionnant les maxima de température recueillis chaque jour, on trouve qu'en moyenne on a passé cette période critique de la végétation de la vigne avec 1170 degrés centigrades répartis sur ces cinquante-neuf jours. De la fin de la floraison à la tournure du raisin, il s'écoule, en moyenne, trente-quatre jours pendant lesquels la somme des maxima de température s'élève à 828 degrés centigrades. Enfin, soixante jours après la tournure du raisin, on procède à la vendange, et la somme des degrés maxima correspondant à cet intervalle est de 1292 degrés centigrades. En total (dans l'état actuel de la culture adoptée en Bourgogne), on compte, en moyenne, cent cinquante jours du 1er mai à la vendange. La somme des maxima de température correspondant à cette période est de 3290 degrés, ce qui donne une moyenne de 21 deg. 50 pour la température maxima de chaque jour.

Nous avons vu plus haut quels effets produisaient sur la composition des sucs du raisin les mutilations opérées sur les organes externes de la vigne. J'ai fait quelques recherches sur la part que prenaient à la végétation certaines parties des racines et les sels contenus dans le sol. Bien que ces questions appartiennent plus particulièrement à la théorie des engrais, je dirai ici deux mots de ces essais; les faits que je citerai me paraissent devoir jeter quelque jour sur la physiologie de la vigne. Toutes les perforations que nous avons pratiquées dans le sarment et la racine, soit à l'automne, soit avant le premier mouvement ascensionnel de la séve, n'ont en rien nui à un développement normal des ceps soumis à ces mutilations; quand les souches ou les racines ont été blessées pendant la végétation, l'individu attaqué en a toujours souffert, quelquefois il a péri; mais toujours le fruit ne s'est point développé d'une manière aussi régulière en opérant sur des ceps contigus. J'ai supprimé sur les uns et non sur les autres les fibres chevelues dont l'apparition précède la floraison; j'ai cru remarquer que, pour les individus mutilés, la fleur coulait davantage. Enfin, la suppression des bourgillons qui poussent aux aisselles du sarment, à l'époque de la maturation, a toujours été suivie de l'éruption de nouvelles pousses qui paraissaient ailleurs, et j'en ai conclu que cet acte de la végétation se liait intimement à la disparition des acides dans le fruit.

De récentes expériences de M. *Delarue,* chimiste, à Dijon, tendent à prouver que le voisinage des forêts contribue au développement d'une plus grande quantité de tannin dans les raisins des vignes que les bois dominent. J'ai recherché si, en donnant aux racines de la plante une nourriture très-chargée de tannin, le suc de ces fruits en contiendrait une plus forte proportion. Voici comment j'ai opéré, toujours en agissant d'une manière différente sur des ceps contigus : en soulevant et déchaussant le cep avec précaution, j'amenais au jour le chevelu qui tient au collet de la souche, et je le plongeais dans un flacon à large ouverture dont l'orifice affleurait le sol. Ces dispositions prises, j'ai rempli le vase d'une infusion de tannin extraite du pepin; quand cette décoction était légère, elle était assez rapidement absorbée dans la circulation végétale; la plante en assimilait très-peu, si les liquides étaient concentrés. Le suc et les pepins des raisins cueillis sur les ceps soumis à cette expérimentation n'étaient pas sensiblement plus riches en tannin que ceux des ceps voisins.

J'ai été, par ce genre de recherches, conduit à essayer l'action d'autres substances sur le chevelu de la vigne; toutes les matières végétales, telles que le sucre, la gomme, sont, en général, très-peu absorbées par les racines. On aide singulièrement à l'assimilation en ajoutant un peu de sels à ces dissolutions; en tout cas, il est essentiel qu'elles ne soient pas concentrées. Mais, si nous trouvons que les racines de la vigne assimilent peu les matières végétales pures, en revanche, les dissolutions salines entrent plus facilement dans la circulation végétale. J'ai seulement essayé l'action du chlorhydrate de soude et du sulfate de fer sur le chevelu : les réactifs chimiques n'ont pas sensiblement indiqué, dans le fruit, une plus forte proportion de ces sels; cependant on pouvait remarquer qu'il y avait plus de vigueur dans la végétation des ceps soumis à ces essais et une couleur plus foncée dans la verdure de leur feuillage. Les dissolutions légères étaient plus facilement absorbées que lorsqu'elles étaient plus concentrées.

Résumé. — Nous résumerons ici en peu de mots les principales conclusions que l'on peut déduire des faits qui viennent d'être exposés.

Les diverses parties constituantes de l'organisme de la vigne, telles que le sarment, les feuilles, les fruits, les racines, le chevelu, etc., sont toutes attachées les unes aux autres de la même manière que la greffe en fente s'implante sur le sujet greffé. *Il en résulte que chacun de ces organes, chacune des subdivisions de l'organe est une cellule imperforée qui jouit d'une circulation particulière; la circulation générale se fait par le réseau des interstices qui se trouvent entre ces organes.*

La vitalité de la plante paraît résider dans la moelle ; le développement du sarment a lieu du dedans au dehors.

Nous ne citerons point de conséquences isolées des résultats analytiques que l'on a obtenus par l'examen des cendres des diverses parties des végétaux, puisque ces résultats peuvent varier d'une année à l'autre ; mais par la discussion comparative des chiffres obtenus, nous reconnaîtrons que les feuilles et le bois sont riches surtout en sels de potasse, que l'écorce contient une grande proportion de carbonate de chaux. La moelle et le pepin sont riches en phosphates calcaires ; la souche et les fortes racines donnent, à l'incinération, un moindre résidu que les feuilles, le jeune bois et le chevelu.

La vigne, comme tous les végétaux, s'approprie les principes nécessaires à sa nutrition, au moyen de deux systèmes d'organes, qui sont les fibres chevelues de ses racines et les feuilles de sa tige. Les dernières ramifications du chevelu sont terminées par de petits suçoirs qui jouissent de la propriété de dissoudre, dans les acides carbonique et acétique qui sont le produit de la végétation, les-alcalis qu'ils réabsorbent ensuite pour les émettre dans la circulation générale. Tant que la plante n'a point de feuilles, c'est dans l'humus qui est en contact avec les suçoirs du chevelu, et sous l'action de l'oxygène atmosphérique qui doit pénétrer le sol, que les racines puisent l'acide carbonique nécessaire à la nutrition du cep. L'analyse des sucs contenus dans la racine de la vigne nous démontre qu'aux premiers mouvements de la séve ils contiennent beaucoup d'eau, de l'acétate de potasse et des sels ammoniacaux ; que, plus tard, les sels de potasse, les phosphates, le tannin s'y développent en fortes proportions ; enfin, à l'automne, le mucilage, l'amidon, les substances résineuses paraissent y dominer.

L'analyse des sucs du sarment nous donne des résultats analogues.

Dans l'obscurité, les plantes ne peuvent décomposer l'acide carbonique ; la capacité de nutrition de la vigne, à cet endroit, sera donc proportionnelle à l'intensité de la lumière qu'elle recevra.

C'est aussi dans l'atmosphère que la vigne puise la plus grande partie de l'azote qui est nécessaire à son alimentation. Les pluies, la neige, entraînent avec elles, dans le sol, l'ammo-

niaque qui résulte de la décomposition des matières animales
en putréfaction disséminées à la surface du globe.

Enfin l'eau et les vapeurs aqueuses de l'atmosphère donnent
encore à la plante un nouvel aliment dont elle s'appropric, en
certains cas, un des principes constituants (l'hydrogène) qui y
sont contenus.

La chaleur excite la vitalité de la plante et aide aux oxydations
qui s'opèrent sur les surfaces des divers organes du végétal.

L'électricité produit des effets analogues sur la vigne; peut-
être aussi détermine-t-elle, dans les autres régions de l'atmosphère, des productions de nitrate d'ammoniaque que les pluies
entraînent ensuite dans le sol.

Nous distinguerons quatre époques critiques dans la végétation de la vigne : 1° le développement de la bourre et de la
tige; l'humus du sol est nécessaire à ce premier acte de la végétation; 2° l'épanouissement de la fleur et la nouure du fruit;
cette période de la floraison est précédée de l'apparition de
nouvelles fibres chevelues au collet de la racine; 3° dans la troisième époque critique, la baie acquiert sa grosseur et perd à
la fois sa dureté et son opacité, pour devenir élastique et
transparente; 4° enfin c'est dans la quatrième période que
commence la maturation du raisin, l'aoûtement du bois et la
sortie de ces bourgillons qui naissent aux aisselles des feuilles,
accompagnent ou précèdent cette dernière période.

Les gelées printanières, les pluies froides qui surviennent
au moment de la floraison, l'extrême sécheresse de l'été, les
pluies et les froids de l'automne sont les accidents, par intempéries, funestes à la vigne, qui correspondent à chacune de ces
époques critiques.

Nous conclurons de l'examen auquel nous avons soumis le
raisin du noirien, 1° que ceux des sucs de la baie qui séjournent au milieu des ligaments nourriciers du pepin, que les sucs
du parenchyme, en un mot, sont surtout riches en mucilage
et en fibres ligneuses; 2° que les sucs qui avoisinent l'enveloppe membraneuse du grain sont les plus sucrés; 3° que les
sucs intermédiaires sont les plus acides; 4° que les fluides
aériformes que l'on rencontre dans la séve et les sucs de la
baie paraissent s'y trouver plutôt à l'état de combinaison chimique qu'à l'état de simple dissolution.

Le pepin est enveloppé d'une tunique fibreuse éminemment riche en tannin. La quantité de tannin que contiendront les vins pourra, toutes choses égales d'ailleurs, être proportionnelle au rapport qui existera entre le volume des pepins renfermés dans le grain du cépage qui l'aura produit et le volume de la baie de ce cépage. Le tannin du raisin est identique au tannin de la noix de galle et à celui des écorces. L'enveloppe osseuse du pepin renferme une amande oléagineuse recouverte d'une membrane très-amère.

Les matières colorantes résident dans la pellicule de la baie, sous l'épiderme qui la revêt. La coloration du raisin se produit sous l'action de la lumière, quand cette lumière peut être absorbée par la baie devenue transparente. À cet endroit, les raisins des vignes très-garnies recevront peu de rayons lumineux et seront, par conséquent, moins riches en matières colorantes. Il en sera de même pour les raisins à grains très-serrés, et pour les raisins qui auront mûri sous le ciel toujours obscurci par les nuages d'un automne pluvieux.

La grappe contient du mucilage, de l'albumine, des tartrates, du tannin, etc., enfin toutes les substances que l'on trouve dans le raisin ; mais aucune de ces matières n'y prédomine d'une manière prononcée, et elle n'abandonne qu'une faible partie de ses principes constituants aux liquides dans lesquels elle baigne. Son action dans la cuve paraît purement mécanique ; elle se combine avec l'alcool du vin.

La pellicule du grain contient une huile volatile odorante.

En rejetant une partie de leur oxygène, les acides végétaux se transforment en sucre dans la baie du raisin, au moment de sa maturation.

Un effeuillage complet du cep (si cet effeuillage se pratique à l'automne) rend plus acide et moins dense le moût des raisins qu'il nourrit. L'effeuillage partiel pratiqué à la base du cep à l'époque de la maturation est favorable au développement de la matière sucrée.

Si, dès que le raisin a noué, on supprime, en en coupant les extrémités, le tiers environ des jeunes sarments, la croissance du fruit n'en est point modifiée, et on obtient cet avantage que la lumière et la chaleur pénétrant davantage le cep, on hâte la maturation du bois et du raisin. En diminuant les organes qui

assimilent pour eux les substances inorganiques du sol, on
maintiendra la fertilité de ce sol ; enfin les tiges herbacées
que l'on enfouit dans la terre, en lui donnant son troisième
labour, lui serviront d'engrais. On comprendra que cette
suppression de l'extrémité des jeunes tiges devra être faite
rationnellement, varier d'un sol à l'autre, et varier encore
suivant le nombre de raisins que porte chaque tige, et la
vigueur du sujet ; car il faudra toujours que le sarment
présente un nombre de feuilles qui puisse suffire à l'assimilation de la nourriture atmosphérique nécessaire à la croissance du fruit et à la maturation du bois que l'on a conservé.

La pluie diminue la densité du moût, gonfle la baie, et augmente dans le suc la proportion de matières aqueuses et mucilagineuses ; elle y amène en outre une nouvelle quantité de
sels acides, ce qui, en dernier résultat, recule la maturation
du raisin et rougit la pellicule du fruit.

La pourriture détruit la matière colorante et le sucre, elle
augmente aussi la proportion de mucilage. Le moût du raisin
pourri est plus dense que le moût du raisin sain.

Le moût du raisin saisi par le froid, avant son entière maturité, contient de l'acide acétique.

Le moût des raisins, conservés sur des claies à l'abri, contient, en résultat absolu, plus de sucre qu'il n'en contenait à
la récolte ; de plus, comme il y a eu desséchement partiel du
grain, il renferme, proportionnellement au nouveau poids de
son fruit, une plus forte quantité de matières colorantes ; enfin
il est évident, par ces deux causes, qu'il doit avoir une densité
plus élevée.

Le raisin grêlé, dont la baie est déchirée à l'automne,
éprouve une désorganisation toute particulière ; son parenchyme
devient opaque, il a le goût d'évent ; la vitabilité du grain, sous
l'influence du froid qui le saisit, doit être détruite par la grêle
autrement qu'elle l'est par le foulage, puisque le vin que donne
ce raisin est toujours entaché d'un goût de non franchise, même
lorsqu'il est immédiatement récolté.

Les dissolutions salines peu concentrées sont très-rapidement
assimilées par la circulation de la vigne ; les dissolutions de
chlorhydrate de soude et de sulfate de fer paraissent agir d'une

manière favorable sur la coloration du feuillage et la vigueur de la végétation.

Les dissolutions de substances végétales sont moins prompte- ment absorbées par les racines ; les matières visqueuses ou astringentes le sont très-peu.

En comparant les moûts des raisins qui proviennent d'une vigne peu garnie avec les moûts des raisins qui sont récoltés dans une vigne dont les ceps sont très-rapprochés, on reconnaît que dans le suc de ces derniers fruits dominent le muci- lage et les acides libres. Dans le premier moût, le sucre et les matières colorantes sont en plus forte proportion ; dans ce der- nier cas, la grappe est à grains moins serrés, et la pellicule de la baie est plus épaisse.

Les raisins recueillis dans une vigne jeune ou trop renouve- lée par le provignage donnent des résultats analogues, et, d'ail- leurs, comme la baie est plus grosse, il s'ensuit que les sucs des baies les plus volumineuses et présentant, par conséquent, les moindres surfaces pour un même poids, seront riches sur- tout en substances acides, en mucilage, en eau, tandis que dans les autres baies domineront les substances propres aux tissus superficiels, c'est-à-dire le sucre et les matières coloran- tes. On observe, en outre, que dans ce cas le rapport du volume des pepins à celui de la baie sera toujours inférieur à ce qu'est ce même rapport pour des raisins à plus petits grains ; le vin qui proviendra des jeunes vignes et des jeunes ceps sera donc aussi moins riche en tannin que le vin donné par les vieux ceps.

Le tannin résidant principalement dans la tunique qui enve- loppe le pepin, toutes les manipulations qui, dans l'acte de la vinification, agiront sur cette tunique en la déchirant et en mul- tipliant ses points de contact avec le moût, contribueront à aug- menter la richesse en tannin du vin qui en sera le produit. A cet endroit, l'égrappage qui écrase la baie, et les foulages qui précéderont la mise en cuve, mais surtout le broiement obtenu au moyen des cylindres, seront d'un effet avantageux.

Toutes les fois que la température du moût, à la récolte, ne s'opposera point à l'emploi du procédé bavarois (1) dans l'acte

____

(1) Je désigne sous le nom de *procédé bavarois* (parce qu'on en doit

de vinification, les foulages répétés et fréquents que, dès le début de la fermentation, on pratiquera sur les cuves, auront encore pour effet d'aider (à température égale) à la dissolution dans le vin d'une plus forte proportion de tannin. Enfin, après que la fermentation est terminée, si on laisse séjourner, au contact des pepins, le vin dans la cuve, ce sera encore là une circonstance favorable au développement du tannin dans le vin.

Dans les vignes que l'on surcharge d'engrais animaux, on obtient des moûts qui présentent tous les caractères des moûts provenant de jeunes vignes.

Si, à la suite des pluies d'automne, le mouvement ascensionnel de la séve porte dans la baie une notable quantité d'eau et de substances mucilagineuses, les raisins des vieux ceps seront moins sujets à ces modifications organiques; et comme d'ailleurs il y a à la surface du bois une continuelle évaporation des liquides séveux, plus un cep vieux aura de longueur, plus auront de densité les sucs qu'il fournira à la nutrition du fruit. Par cette même cause, dans les vignes peu garnies, les effets des pluies d'automne seront moins funestes.

Comme il est reconnu que, pour la conservation du vin, ce vin doit contenir une certaine proportion de bitartrate, il en résulte que, si on attend, pour récolter les raisins, que toutes les grappes aient atteint une maturité complète, le produit qu'elles donneront ne présentera point toutes les conditions qui importent à une longue durée du vin.

La pourriture, la gelée, la grêle déterminent, dans les sucs du raisin, des modifications essentiellement funestes à la santé des vins, par la forte proportion de mucilage et d'acide acétique qu'y développent les altérations organiques qui en sont la conséquence.

le principe aux brasseurs de Munich) ce procédé de vinification, qui consiste à fouler les cuves de trois en trois heures, et y détermine un prompt départ de la fermentation.

VOCABULAIRE ŒNOLOGIQUE

Nous appellerons *séve* la physionomie et le caractère du vin, sa manière d'être. Ainsi, nous dirons : « La séve du bordeaux diffère de celle du bourgogne; il y a de la délicatesse dans la séve de ce vin. » Quelques œnologues prennent le mot séve dans une autre acception; ainsi, pour eux « un vin sera plein de séve et de finesse; » ici le mot séve est synonyme de corps.

La *saveur*, le *goût* du vin, seront deux mots équivalents, applicables aux sensations perçues dans la dégustation par les houppes nerveuses du palais.

Les trois mots *odeur*, *parfum*, *arome*, rendront les impressions produites sur l'organisme, quand les vins seront soumis à l'appréciation de l'odorat. Toutefois, si *parfum* est plus applicable aux odeurs analogues aux odeurs de parfumerie, le mot *arome* sera plus approprié à l'odeur caractéristique des vins.

Pour nous, le *bouquet* d'un vin aura pour effet d'impressionner à la fois l'odorat et cette portion du sens du goût qui en est la plus voisine.

Un vin sera *vineux* quand il présentera à un degré convenable cette saveur chaude qui caractérise la saveur alcoolique. Les 1825 furent très-vineux. Mais leur vinosité était enveloppée d'un goût plein et corsé qui la voilait. — Les 1822, moins vineux que les 1825, semblaient beaucoup plus alcooliques au palais.

Un vin aura du *corps* quand ses parties constituantes, intimement liées et combinées, sembleront faire un tout complet; un vin *corsé* résiste à l'action du temps, et il se dépouille avec l'âge sans s'amaigrir; un vin est corsé quand, par exemple, les différentes saveurs que perçoit le palais paraîtront faire *corps* entre elles. Les 1811, les 1825, étaient des vins éminemment corsés.

Dans les 1811, le grand corps était réuni à l'extrême finesse (combinaison très-rare).

Le vin *dur* est caractérisé par une saveur résistante, qui en primeur déplaît généralement. Tels, en Bourgogne, ont été les 1832, 1838, 1848. Le vin dur manque de cette onctuosité particulière qui enveloppe la rudesse de quelques-unes des substances salines ou organiques qu'il contient.

La dureté dans le vin peut être alliée à de bonnes qualités qui en sont voisines; mais la dureté, par elle-même, est toujours un défaut.

Dans les vins des grands crus, la dureté peut tenir au sol; mais alors cette dureté originelle est réunie au *corps*. C'est un des caractères des vins de Nuits.

Les vins qui joindront le corps à la dureté seront des vins *sévères* ou *austères*, vins très-solides, mais peu agréables.

La dureté est souvent l'indice de la solidité du vin.

La *rondeur* est le caractère que prennent les vins corsés et durs au bout de dix ou douze ans. Ainsi les 1832 ont fini par être des vins agréables d'une grande *rondeur*. Les 1825 possédaient une rondeur sans dureté.

Quand la dureté provient du sol, elle se traduit dans les vins ordinaires par un goût commun. Les vins fins de Beaune et de Volnay, quoique fins et légers, ont de la *rondeur*.

Bien des vins fins, provenant de crus secondaires, manquent de *rondeur*, quoiqu'ils présentent un goût ferme et plein, qui, plus tard, tourne au goût sec.

La *rondeur* d'un vin ne peut pas se juger en primeur.

La *rudesse* sera la dureté jointe au goût commun.

L'*âpreté* dans un vin est cette saveur rude qui happe à la langue et provient de l'impression du tannin sur les houppes nerveuses du palais. Les vins communs du Bordelais sont *âpres*.

Un vin sera *acerbe* quand, à l'âpreté, il réunira la saveur acide qui caractérise les acides végétaux.

Dans le vin *acide* dominera la saveur particulière aux acides tartrique et malique.

Dans le vin *aigre* nous retrouvons la saveur de l'acide acétique.

La *verdeur* dans les vins est caractérisée par la saveur acide des raisins non mûrs (saveur du verjus). Si nous attribuons l'*acidité* à la présence dans le vin de l'acide malique, la *verdeur* sera plus particulièrement due à l'action du bitartrate de potasse : cette saveur se retrouve dans les vins qui pèchent surtout par le défaut de maturité des raisins; quand la verdeur tombe, par le précipité qui se fait dans la lie des sels acides tenus en dissolution, le goût reste quelquefois plat et commun. Dans les vins communs, quand la *verdeur* ou plutôt l'acidité tombe, le vin devient faible.

Un vin aura de la *finesse* quand la saveur en sera délicate et comme soyeuse et que rien dans l'impression qu'il laisse ne heurte le palais. C'est la qualité qui plaît partout et toujours dans les vins de Bourgogne, et sans laquelle ils ne sont pas complets.

Un vin *velouté* est à la fois moelleux, soyeux et fin; la saveur sucrée persistera jusqu'à un certain point dans le vin *fait* qui sera *velouté*. C'est à cette classe de vins qu'on peut encore appliquer cette périphrase prise dans le langage des tonneliers : *Ce vin a de l'amour.*

Nous dirons qu'un vin est *chat* (mot essentiellement bourguignon) quand il est en même temps fin, vineux et velouté. En Belgique on dirait : Il est *glou*.

Un vin *léger* est un vin fin, coulant, peu coloré et peu riche en alcool et en substances sapides. S'il y a dans son ensemble quelque chose de faible et de féminin, on y retrouve cependant un *équilibre* convenable de ses parties constituantes.

Un vin *moelleux* est à la fois corsé et velouté.

Un vin *vif* se comportera à la dégustation comme s'il y avait peu d'adhérence mécanique entre ses molécules, sans toutefois que ce peu d'adhérence mécanique exclue une intime adhérence chimique de ses parties constituantes. *Il pénétrera jusqu'aux réduits les plus reculés de l'organe du goût.* Le vin *vif* impressionne vivement le palais sans présenter une saveur spéciale acide ni alcoolique. Les vins rouges d'Aï et Bouzy (en Champagne) seront des vins éminemment *vifs;* auprès de ces vins-là, nos bourgognes paraîtront presque lourds et huileux. La vivacité dans un vin accompagne souvent la légèreté.

Dans les vins *nerveux* on trouve du corps et de la vivacité. Les 1825 étaient des vins très-nerveux. Ce caractère, dans la Bourgogne, est l'indice d'une robuste constitution.

20.

Dans le vin *plat* il y aura absence de goût alcoolique.

Dans le vin *faible* il y aura à la fois prédominance d'eau et manque de goût alcoolique. Le vin faible doit le caractère de sa saveur à la prédominance de l'eau et des substances mucilagineuses.

Les vins sont *aqueux* quand leur goût se rapproche du goût fade et insipide de l'eau.

Dans les vins *mous*, dans les vins qui *doucinent*, c'est la saveur gommeuse qui *prédomine* à l'*exclusion* de toute autre.

Un vin de Bourgogne devient *sec* quand il a perdu, par suite de son âge, les parties onctueuses qu'il possédait. Dans ce cas, on dit encore que le vin est *râpé*. Dans un vin jeune, la sécheresse indique qu'il manque de ce que nous avons appelé le velouté du vin. On dit encore d'un vin vieux passé au *sec* qu'il est *décharné*. Un vin tourne *court* quand l'impression de sa saveur s'efface brusquement du palais. Ce défaut n'est pas l'attribut exclusif des vins vieux. Un vin râpé est *dépouillé par l'âge* de toutes ses parties moelleuses, fines et sapides.

La *franchise* dans un vin est l'absence de tout goût de terroir, de tout goût provenant du sol. On appelle aussi *franchise* l'absence de toute saveur particulière provenant d'une altération ou d'un développement anormal et maladif du raisin ou du vin. Les 1844 sont des vins très-*francs*. Les 1826 ont été caractérisés par une méfranchise prononcée.

Les vins de second ordre sont très-souvent francs en primeur.

Le goût se détériore par la prédominance fâcheuse qu'y prennent avec l'âge les acides sur l'alcool. Quand l'alcool prédomine, il fait disparaître ou atténue notablement les goûts méfrancs accidentels; les vins de 1832 et 1826 en offrent un exemple.

Le goût de *cuit* dans un vin, est ce goût factice qui fait le cachet des vins sucrés de l'Espagne. Il résulte de l'excès de maturation qu'atteignent sous une haute température les raisins à pellicule épaisse des pays chauds. Ce goût dominait en Bourgogne en 1811; il était très-prononcé en 1822 et 1865.

Le goût de *figué* est ce goût particulier que nous présente la baie du raisin, quand elle se flétrit lentement (après sa maturité accomplie), sous l'influence d'une chaleur propice, et sans que le pédicelle du grain soit desséché ou frappé de mort. On dit encore que la baie *figurée* s'est panarillée par suite de l'évaporation de ses parties liquides. Les 1819 avaient au plus haut point ce goût de figué.

Les vins concentrés au froid et dits vins *gelés*, ont un goût de *rôti* tel qu'on l'obtiendrait de raisins figués à un soleil ardent.

Le goût de *raisins brûlés* se trouve dans les vins provenant de fruits desséchés, avant leur maturité, par un violent coup de soleil précédé de nuits froides et de petites gelées blanches. La saveur des acides malique et acétique s'y allie à un faux goût de cuit.

Les vins provenant de raisins *grélés* présentent diverses sortes de saveur, suivant l'époque à laquelle le fruit a subi cette action délétère.

Quand la grêle frappe le raisin en plein verjus, et que les baies se cicatrisent, il s'y développe un goût tout particulier de *dureté méfranche* appelé spécialement le *goût de grêle*. Si le pédoncule du raisin est attaqué, souvent il mûrit mal, et le vin qui en est le produit accuse une *verdeur* spéciale. Enfin, quand la grêle entame les baies du raisin mûr, il s'y établit sous l'influence d'une saison humide un commencement de décomposition putride, qui donne au vin le goût de pourri. Le vin restera franc dans le cas tout exceptionnel où les grains frappés et desséchés tomberont tous, ou seront soigneusement enlevés et distraits de la récolte, et encore l'influence des contusions reçues par la grappe et les pédoncules pourrait être une cause de méfranchise.

Le goût de *pourri* est ce goût repoussant qui caractérise le fruit, qui a pourri, étant encore vert, sous l'influence d'une humidité prolongée. Cette saveur se communique facilement au vin dans la cuve, et il est persistant. Dans ce cas, elle est toujours accompagnée du goût plat et acide.

Le raisin mûr, pourri, moisi et décomposé sur pied, donne au vin un goût fade et méfranc; la saveur du pourri disparaît souvent après deux ou trois ans, parce que l'alcool, provenant de la maturité générale, atténue tous les goûts de méfranchise.

Le goût de *moisi* se développe dans le vin provenant de raisins mûrs vendangés tard, dont le parenchyme a été déchiré par des insectes et s'est couvert de moisissures. Souvent ce goût disparaît sous l'influence des parties alcooliques qui prédominent quand la masse des raisins est riche en sucre.

Lorsque le goût de moisi vient d'une futaille dans laquelle on a laissé moisir de l'eau, cet accident est peu remédiable.

On entend par goût d'*échaud* cette saveur acétique qui s'est développée dans le raisin, soit pendant la récolte même, sous l'influence d'une fermentation particulière et d'une forte chaleur, soit pendant le cuvage, quand le chapeau de la cuve a subi un travail d'acescence.

Le vin prend le goût d'*aigre* ou de *bisaigre* quand, laissé en vidange dans le tonneau à une température supérieure à 20 degrés centigrades, il a éprouvé un commencement de fermentation acétique.

Dans le goût de *fermentation* nous retrouvons la saveur de l'acide carbonique dont d'ailleurs les bulles attachées à la tasse ou au verre annoncent suffisamment la présence.

Par *amertume* on entendra cette saveur fine, parfumée et légèrement amère qu'ont, dès le début, les vins des grands crus dans de bonnes années.

Les vins à l'*amer* seront ceux qui offriront cette saveur amère et repoussante des vins qui entrent en décomposition. C'est ce goût qu'on appelle généralement, en Flandre, *goût de queue de renard*.

Le goût de *fût* rappelle l'odeur caractéristique que nous sentons dans les magasins de bois de chauffage, ou encore l'odeur du terreau consumé. Le bois des tonneaux neufs qui communiquent aux vins le goût de *fût* provient selon toute probabilité d'arbres malades dont la séve a subi quelques transformations de nature ulmique.

Dans les vins au goût d'*évent*, il y a eu par l'évaporation et la vidange perte d'une petite quantité d'alcool. Ils ont de plus une saveur légèrement *rance* et quelquefois acétique. C'est la saveur rance qui domine.

Les vins qui *graissent* ont une saveur et une consistance éminemment huileuses. La fadeur qui caractérise ces vins doit être attribuée à l'absence du tannin.

Dans les vins qui *poussent* on retrouve à la fois la saveur ammoniacale et amère et le goût acétique. Les vins livrés à cette maladie putride sont essentiellement repoussants.

Le vin *forcé à la cuve* présente un goût *dur, commun* et *fort*, souvent accompagné du goût *corsé* ; ce goût s'adoucit avec le temps.

Quand le vin *forcé de cuve* présente en outre la saveur acétique, nous dirons qu'il est à l'*échaud*. Ce goût provient de l'acescence du chapeau ou des raisins laissés en tas à l'air libre avant l'encuvage.

Les raisins *arsis* pendant la sécheresse de l'été sont ceux dans lesquels la séve ne circule pas. Ils restent petits, durs et *bleus*. Ils peuvent se rétablir sous l'influence de la pluie et reprendre leur développement *suspendu* par la sécheresse et la chaleur de l'atmosphère.

ÉCONOMIE RURALE. — DES EFFETS DE LA CHALEUR POUR LA CONSERVATION ET L'AMÉLIORATION DES VINS (1)

Nous avons eu plusieurs fois l'occasion d'examiner quelle était l'action de la chaleur sur les vins fins de la Bourgogne, la température à laquelle on les exposait restant limitée entre 35 et 70 degrés centigrades. L'analyse des vins, que M. Coste avait envoyés, en 1846, à Calcutta, et dont on lui avait réexpédié un certain nombre d'échantillons, nous avait présenté ce remarquable résultat, que la température élevée qu'ils avaient subie pendant ces deux voyages avait peu changé leur composition ; la couleur seule de ces vins était altérée ; ils n'avaient plus cette nuance rouge violacé qui est caractéristique en Bourgogne, et ils avaient pris la nuance rouge jaune des vins vieux.

Lorsque ces recherches ont été publiées, on ne connaissait pas les beaux travaux de M. Pasteur sur les mycodermes du

(1) *Comptes rendus de l'Académie des sciences*, 1ᵉʳ mai 1865.

vin, et nous ne nous expliquions guère comment, presque avec le même état chimique, les vins pouvaient offrir au goût des différences aussi sensibles ; ajoutons cependant que l'on n'avait pas encore reconnu dans le vin l'existence de la glycérine, et on sait aujourd'hui, par les travaux de M. Pasteur et ceux de M. Prat, que cette substance a une très-grande part dans la saveur des boissons alcooliques.

Il nous a paru qu'il n'était pas sans intérêt de rechercher ce que devenaient, sous l'action de la chaleur, les mycodermes que M. Pasteur a représentés dans la figure 8 de son mémoire.

Les mycodermes de la figure 7, mycodermes de l'amer, ne sont point ceux que nous redoutons le plus en Bourgogne. Il est reconnu depuis longtemps que des vins restent bons, parfaits, pendant vingt et trente années, et, lorsqu'ils deviennent amers, on peut dire qu'ils périssent comme ces vieillards qui meurent après avoir fourni une longue et brillante carrière. C'est dans les vins qui finissent comme nous venons de le dire, que l'on rencontre abondamment le ferment de la figure n° 7. Mais souvent, au moment où l'on élève les vins, à la troisième ou quatrième année de leur âge, ils présentent tout à coup une saveur douceâtre caractéristique ; plus tard, ils contractent un goût connu dans le commerce sous le nom de *goût de queue de renard* ; ils laissent dégager quelques bulles d'acide carbonique ; enfin, si le mal, qui est bien grand dès le début, n'est pas arrêté, le tartre est décomposé, et on trouve dans le vin de l'acétate de potasse. Cette maladie est la plus grave de toutes celles que redoutent les viticulteurs.

On l'a vue causer de grands ravages dans le Beaujolais en 1859, dans le Midi en 1861. En Bourgogne, quelques vins de 1858, et des meilleurs, ont aussi été atteints par cette maladie. En examinant le dépôt de ces vins au microscope et avec un grossissement de 300 à 600 diamètres, on y trouve en abondance le mycoderme n° 8 des figures publiées dans le mémoire de M. Pasteur.

Cette maladie se déclare souvent dans le vin quand il est en bouteilles. On est donc obligé, d'après la théorie nouvelle, d'admettre que les vins ont tous, plus ou moins, dès le cuvage, les germes de ces ferments, et que si ces mycodermes peuvent y rester longtemps à l'état inerte, ils peuvent aussi envahir très-rapidement les liquides alcooliques dès qu'ils s'y trouvent dans des conditions favorables à leur développement. Les soutirages fréquents, en enlevant le dépôt dans lequel se trouvent les mycodermes, aident singulièrement à la conservation du vin. Un froid de 12 degrés, l'alcool, les sels, le tannin, les acides, le gaz sulfureux, le soufre en poudre, les résines ont une action éminemment conservatrice sur les vins de toutes provenances.

La chaleur d'une étuve est aussi, comme nous le savons tous, d'un très-grand effet pour la conservation des substances végétales. C'est de cette action de la chaleur sur les vins qu'il sera question dans cette notice. Notre but, en cherchant à améliorer et à élever les vins au moyen des agents extérieurs, a toujours été d'arriver à cet élevage sans introduire dans les liquides alcooliques aucune substance étrangère qui en altérât le goût.

Les mycodermes du vin deviennent inertes lorsque ce vin est, pendant quelque temps, exposé à une température qui ne dépasse pas 40 degrés.

Ce résultat, que l'examen des vins revenus de l'Inde pouvait nous faire prévoir, est confirmé par les expériences dont nous allons rendre compte. Un certain nombre de bouteilles contenant un vin de Bourgogne riche à 12.80 pour 100 d'alcool, d'une belle couleur rouge violacé, ont été soumises pendant deux mois à la chaleur d'une étuve dont la température n'a pas dépassé 50 degrés. Ce vin a été plus tard descendu à la cave et comparé au vin qui n'avait pas subi l'action de la chaleur; il présentait alors les caractères suivants : il avait perdu sa couleur rouge violacé et son goût de fruit; il rappelait un peu les vins d'Espagne. Le vin élevé dans la cave commençait à prenpre la saveur douceâtre des vins malades; la couleur était violacée; les mycodermes n° 8 abondaient dans le dépôt. Ces mycodermes, que l'on rencontrait aussi dans le vin de l'étuve, paraissaient moins organisés que dans le vin qui n'avait point été soumis à l'action de la chaleur.

En prolongeant l'expérience, on arrive au bout d'une année à décolorer complétement le vin; il prend cette nuance dorée qu'on appelle, dans le langage œnologique, *couleur pelure d'oignon;* le verre est couvert d'un dépôt abondant, et la saveur de ce vin est tellement différente de ceux qui succombent avec le développement des mycodermes n° 8, que nous croyons notre procédé destiné à les préserver entièrement de la maladie qu'ils caractérisent. Nous avons, en effet, depuis quelque temps remarqué que les vins qui présentent une nuance violacée étaient les plus exposés à la maladie qui nous occupe, et qu'ils devenaient beaucoup moins altérables lorsque l'on pouvait fixer la matière colorante sur le verre ou dans le tonneau. De là, pour nous, cette conviction que la maladie que caractérise le mycoderme n° 8, débute toujours par une altération de la matière colorante.

La chaleur n'a donc pas sur le vin, lorsqu'il est en bouteilles, l'action maladive qu'on lui attribuait. Cependant la quantité d'air atmosphérique qui est en contact avec lui doit être aussi faible que possible, autrement la fermentation acétique ne tarderait pas à se produire.

On ne peut boucher plein à l'aiguille les vins qui doivent être soumis à l'action de la chaleur. En effet, la dilatation apparente d'un vin riche à 12.80 pour 100 d'alcool est de 0.053 de 0 à 100 degrés. Si nous admettons que la température initiale du liquide, lorsqu'on le met en bouteilles, est de 10 degrés, et que cette température peut être de 40 degrés dans l'étuve, l'augmentation de volume sera donc, en représentant par V ce volume :

$$V \times 0.00053 \times 30 = V \times 0.0159.$$

Or, la contenance des bouteilles ordinaires étant de 80 centilitres, le volume du vin augmentera donc de 0.0127.

Cette dilatation est trop considérable pour que la compressibilité du verre et du liquide puisse y faire équilibre si l'on bouchait plein. Il arriverait alors ceci : ou les bouteilles casseraient, ou bien, comme nous l'avons vu au concours agricole de Paris en 1860, lorsque la température du palais de l'Industrie s'est élevée, un certain dimanche, à + 40 degrés, les bouchons seraient à demi chassés de la bouteille. Il suffit de laisser 3 centimètres de vide entre le bouchon et le vin pour éviter cet inconvénient.

Lorsque nous exposons le vin à la congélation, les gaz qu'il renferme s'en séparent en partie; il se passe ici quelque chose de semblable. Plus tard, en se refroidissant, les vins absorbent de nouveau les gaz avec lesquels ils sont en contact, et, en définitive, il ne reste plus dans la bouteille que de l'acide carbonique et de l'azote. Le traitement des vins par la chaleur n'est applicable pour les produits de la Bourgogne que sur les vins en bouteilles. S'ils sont enfûtés, les parois des tonneaux laissant pénétrer l'air extérieur et les mycodermes aidant, la fermentation acétique ne tarde pas à se produire dans le liquide.

En résumé, il résulte de cette étude que la chaleur peut être employée avec succès dans l'élevage des vins. Son action sur les mycodermes paraît très-efficace lorsque les vins sont en bouteilles.

A *défaut d'une étuve*, on peut se servir d'un grenier chaud pour faire subir aux vins le traitement dont nous avons obtenu de si remarquables résultats.

Dans ce cas, voici comment on opère : on mettra les vins en bouteilles au mois de juillet, en ne choisissant jamais que des vins âgés de deux ans au moins, les fûts qui les contenaient étant jusqu'à ce moment restés dans la cave.

Les bouteilles ne seront point bouchées à l'aiguille, mais cependant à la mécanique.

Après le tirage, les bouteilles seront transportées et empilées au' grenier. Elles y resteront deux mois, et les vins seront ensuite descendus en cave pour y être conservés, comme de coutume, jusqu'à ce qu'on les livre à la consommation.

ÉCONOMIE RURALE. — CONSERVATION DES VINS PAR L'EMPLOI
DE LA CHALEUR (1)

Dans un premier travail, celui que j'ai eu l'honneur de communiquer l'année dernière (en 1865) à l'académie, j'ai examiné quels étaient les effets de la chaleur sur les vins, lorsque cette

(1) *Comptes rendus de l'académie des sciences*, 11 mars 1866.

chaleur ne dépassait pas 45 degrés centigrades, et démontré que
sous l'empire de certaines conditions, les vins, soumis à l'action
de cette température peu élevée, trouvaient dans ce traitement
de remarquables principes de conservation.

Je viens aujourd'hui, dans cette notice, rendre compte des
essais auxquels j'ai soumis des vins de toute provenance, en
examinant avec soin quelle était sur eux l'action de la chaleur,
suivant que l'on opérait à haute ou à basse température, et
que la durée de cette action était plus ou moins longue.

Nous diviserons en plusieurs classes les vins sur lesquels j'ai
opéré.

La première comprendra les vins qui présentent les caractères des vins d'Espagne. S'ils sont secs comme les xérès,
madère, etc., ils contiennent de 18 à 22 pour 100 d'alcool et
donnent à l'évaporation de 4 à 5 pour 100 de résidu ; s'ils ont
la saveur sucrée des malagas, ils sont riches de 17 à 19 pour
100 d'alcool et ont un résidu de 15 à 18 pour 100.

Nous mettrons dans la seconde classe tous les grands vins de
table ; ce sont ceux que produit surtout la France, que leur
provenance soit de la Bourgogne, du Bordelais ou des bords
du Rhône. Ces vins contiennent de 11 à 15 pour 100 d'alcool,
et donnent à l'évaporation un résidu qui est à peine de 2 1/2 à
3 pour 100.

Enfin, une troisième classe comprendra tous les vins dont
la richesse alcoolique sera au-dessous de 9 pour 100, et qui
devront à leur acidité ou à leur *platitude* les caractères que
l'on rencontre dans les vins communs de tous les pays.

Les vins blancs de toute provenance se comportent d'une
manière particulière lorsqu'on les traite par la chaleur. Nous
examinerons à part ce que nous avons observé à leur sujet.

Nous avons d'abord repris, avec le procédé Appert, les expériences dont nous avons rendu compte, il y a quinze ans, dans
un mémoire adressé à la Société centrale d'agriculture de
Paris.

Puis nous avons soumis les mêmes vins à la chaleur d'une étuve
dont la température n'a pas dépassé 45 degrés : c'est le procédé dont j'ai déjà eu l'honneur d'entretenir l'académie, et que
je distingue de la méthode Appert, qui, pour moi, consiste dans
le *chauffage des vins,* en l'appelant *traitement des vins par la*

chaleur. Quelques-uns des vins sur lesquels j'ai opéré sont restés cinq jours dans l'étuve, d'autres dix jours et d'autres quinze jours; d'autres vins ont été déposés pendant deux mois dans un grenier dont la température a atteint 45 degrés pendant le mois d'août (1).

Enfin, un certain nombre de bouteilles de vin ont été pendant huit mois enfermées dans une armoire adossée à une cheminée qui est toujours en feu. La température minima de cette armoire a été de 21 degrés, la température maxima de 43.

Je rappellerai que le procédé Appert est ainsi décrit par les personnes qui l'ont employé.

Dans le mémoire que j'ai adressé en 1850 à la Société impériale d'agriculture, je disais ceci (p. 11, lig. 30 et suiv.): « On soumet les bouteilles bouchées et ficelées à la chaleur d'un bain-marie en ayant soin d'éteindre le feu dès que la température s'élève à 70 degrés centigrades.

« Quand l'eau est descendue au degré de la température ambiante, on les retire, ou les goudronne. J'ai soumis à mes essais de grands vins blancs de Bourgogne qui, après avoir subi ce traitement, ont fait deux fois le trajet des Antilles sans subir la moindre altération. »

Voici maintenant le procédé qu'indique M. Pasteur (*Comptes rendus de l'académie des sciences*, 1865, n° 18, p. 899, lig. 31 et suiv.) : « Je crois être arrivé à un procédé très-pratique qui consiste simplement à porter le vin à une température comprise entre 60 et 100 degrés, en vase clos, pendant une heure ou deux; » et (p. 900, lig. 30 et suiv.) « Après que le vin a été mis en bouteilles, je ficelle le bouchon et je porte la bouteille dans une étuve à air chaud en la plaçant debout. On peut la remplir entièrement sans y laisser de traces d'air. Voici ce qui se passe : le vin se dilate et tend à soulever le bouchon, mais la ficelle le retient, de façon que la bouteille reste parfaitement close, pas assez cependant pour que la portion de vin chassée par la dilatation ne suinte entre les bouchons et les parois du verre. La ficelle ne cède jamais, et je

____

(1) M. Pasteur n'a pas admis que j'aie pu obtenir une température de 45 degrés dans un grenier; ma réponse se trouve dans le remarquable travail du général Morin sur la ventilation des édifices publics.

n'ai pas vu une seule bouteille se briser, quelque peu de soin que j'aie pris dans la conduite de la température de l'étuve ; on retire la bouteille, on coupe la ficelle, on repousse le bouchon dans le goulot pendant que le vin se refroidit et se contracte, puis le bouchon est mastiqué et l'opération est achevée. »

Il me semble qu'il y a un grand air de parenté entre ces deux procédés, et si l'on n'en devait pas la priorité à Appert, il me paraîtrait difficile que cette priorité me fût refusée.

M. Pasteur dit (p. 2 de sa lettre au *Moniteur vinicole*) : « Qu'il est impossible à un membre d'une société de viticulture de produire authentiquement sur le bureau de cette société un litre de vin qui ait été conservé par son procédé avant le jour de sa première communication à l'académie, le 1er mai 1865. »

Mes mémoires de 1850 et ma communication du 1er mai à l'académie, répondent à cette assertion.

Dans mes expériences sur le *traitement des vins par la chaleur*, j'opère toujours sur des vins en bouteilles. M. Pasteur, dans sa lettre au *Moniteur vinicole* (p. 15, lig. 26 et suiv.), parle des expériences qu'il a faites pour se convaincre que l'on pouvait chauffer au bain-marie des tonneaux cerclés en fer. M. Pasteur ignorerait-il qu'il se produit dans ce cas des effets très-sensibles d'endosmose et que le vin est altéré? Comme je l'ai expliqué dans mon premier mémoire, avec mon procédé les bouteilles ne sont pas bouchées à l'aiguille, et il reste 3 centimètres de vide entre le vin et le bouchon. On maintient dans l'étuve une température de 45 degrés; lorsqu'on a éteint le feu et que les bouteilles ont pris la température ambiante, on frappe le bouchon, on coupe la ficelle, on goudronne la bouteille et on descend les vins dans la cave. Il n'y a nul inconvénient, si les vins doivent être bus dans l'année, à ce qu'ils restent enfermés dans des meubles de salle à manger.

Voyons maintenant d'abord ce que deviennent les vins qui ont été soumis aux procédés d'Appert.

S'il s'agit des vins de la première catégorie, les vins alcooliques et sucrés, la réussite est complète. Il en est de même pour tous les vins blancs, comme je l'avais d'ailleurs déjà observé en 1840.

La plupart des vins de table, ceux de la deuxième classe, ne résistent pas, au point de vue œnologique, à ce traitement; ils deviennent secs, *vieillardent*, et ne tardent pas à se décolorer. On m'a reproché de n'avoir pas compris la portée des essais faits en 1840. Je répéterai ce que je disais alors, c'est qu'avec le procédé Appert, le seul que j'eusse en ce moment employé, si les vins sont conservés, chimiquement parlant, ce que j'avais constaté, ils ne le sont pas le plus souvent au point de vue œnologique, ce qui est très à considérer lorsqu'il s'agit de produits aussi délicats que le sont les grands vins; et la plupart du temps il y a, entre ces vins chauffés à haute température et ceux qui se sont conservés sans l'avoir été, toute la différence qui existe entre des légumes frais et les légumes des conserves d'Appert.

De tous 'es vins de table, ceux qui résistent le mieux au procédé Appert sont les vins de l'Hermitage, et ceux qui perdent le plus sont ceux du Bordelais. Le peu de succès que nous avons obtenus en opérant sur les grands vins de Bourgogne nous engagent à ne point recommander ce procédé dans notre vignoble.

Mais des vins qui sans exception perdent leur valeur, si faible qu'elle soit, lorsqu'on les traite par le procédé Appert, ce sont les vins communs de la troisième catégorie, tant ils se décolorent et deviennent secs et acides.

Le procédé que j'ai proposé pour le traitement des vins réussit dans le plus grand nombre de cas, et cependant encore ne le conseillerai-je qu'avec beaucoup de réserve pour les vins de la troisième catégorie.

Il réussit sans exception pour tous les grands vins de table (ceux de la deuxième classe) comme pour ceux qui ont le caractère des vins d'Espagne. J'ai surtout remarqué que plus les vins avaient de parties sapides, plus ils avaient été mis jeunes en bouteilles, et mieux ils conservaient leur caractère. Lorsque les vins sont peu alcooliques, donnent peu de résidu à l'évaporation et ont été mis vieux en bouteilles, ils se dessèchent toujours un peu, se décolorent et sont plus vieux qu'avant le traitement.

Pendant les deux mois que les vins sont restés au grenier, la température y est souvent descendue au-dessous de 20 degrés; ils résistent parfaitement à cette épreuve.

Les vins qui ont passé huit mois dans l'armoire chaude sont bien conservés et très-remarquables. Il faut dire qu'ils étaient très-corsés, très-riches en parties sapides, et ont pu prendre impunément un léger goût de vieux et une odeur de vin d'Espagne qui est très-appréciée des connaisseurs.

La manière de procéder, qui a le plus le caractère industriel, consistera dans l'emploi de l'étuve à 45 degrés; on y laissera les vins de cinq à quinze jours. Les divers essais que j'ai faits pour me fixer sur la durée de l'opération m'ont donné à peu près les mêmes résultats.

Les vins blancs gagnent tous beaucoup au traitement par la chaleur. J'avais eu l'honneur, il y a un an, d'entretenir plusieurs membres de l'académie de mes recherches pour conserver à quelques-uns de nos grands vins blancs cette saveur sucrée que l'on apprécie tant dans les produits du château d'Ycquem. J'ai déjà obtenu quelques résultats assez curieux. Ainsi, il suffit que le résidu de l'évaporation soit de 4.5 pour 100 pour que le vin reste suffisamment doux, et ce que je puis encore dire dès aujourd'hui, c'est qu'une chaleur de 45 degrés prolongée peut, dans certaines conditions, arrêter les fermentations alcooliques. Ce fait devra amener de grands changements dans la préparation des vins muscats et en général des vins qui ont une saveur sucrée. J'ajouterai que j'ai même réussi à préparer à cette température certaines conserves alimentaires qui, traitées de cette manière, se rapprochaient davantage des produits frais que dans la méthode d'Appert.

On a avancé que les vins chauffés ou traités par la chaleur ne faisaient point de dépôt : le fait n'est pas exact. Je viens d'examiner des vins de Pommard 1847, chauffés en 1850 par le procédé d'Appert, et voici dans quel état ils se trouvent. Ils sont conservés, chimiquement parlant, en ce sens qu'ils ne sont ni amers, ni gâtés; au point de vue œnologique, ils sont peu agréables, ils sont secs, plus vieux et plus acides que ne le comportent leur âge et leur origine, enfin très-décolorés. Mais ce que je voulais surtout signaler, c'est qu'ils ont fait dans la bouteille un dépôt très-abondant; seulement, le caractère physique que présente ce dépôt est de se séparer mécaniquement, avec facilité, du vin auquel il est mélangé.

Les vins traités par la chaleur, suivant mon procédé, forment aussi des dépôts malgré leur remarquable état de conservation. Comme dans le cas précédent, ces dépôts se séparent facilement du vin. Je comprends que M. Pasteur n'ait point encore trouvé de résidus dans les vins chauffés : il y a trop peu de temps qu'il s'occupe de cette question pour avoir pu observer les faits que je signale ici.

Pour tous ces vins, qu'ils aient été préparés par le procédé Appert ou par le mien, les dépôts présentent toujours, sans que pour cela ils soient altérés, les filaments plus ou moins organisés que M. Pasteur a considérés comme des végétations parasites, causes premiè-res des maladies des vins. La théorie du savant académicien est donc ici en défaut; comme nous avons eu encore à constater d'autres faits qui jusqu'à présent sont aussi en contradiction avec cette théorie, nous en ferons bientôt l'objet d'une autre communication à l'a-cadémie (1).

Fig. 29. — Maladie de l'amer.

Les droits de priorité ont été dans cette question souvent débattus devant le public. Je demanderai à l'académie la permission de lui en

(1) Dans quelques vins devenus amers avec l'âge, on trouve les filaments de la figure 57; il est probable, dans ce cas, que ces vins ont éprouvé une maladie, dont ils se sont guéris, pour prendre plus tard l'amertume du vin vieux. Ce fait de guérison spontanée d'un vin malade est connu de tous les œnologues; mais aucune théorie ne l'implique.

Peut-être, comme nous le remarquons, dans le vocabulaire de l'appendice au sujet du goût de pourri que présentent quelquefois les vins, c'est au haut degré de la richesse alcoolique des vins malades qu'on peut attribuer cette atténuation des saveurs étrangères et anormales qu'ils peuvent accuser à un moment donné de leur âge.

Mais, en définitive, nous le répétons, plus on étudie ces questions et moins les faits viennent confirmer la théorie de la spécificité dire un seul mot. Dans mes recherches qui datent de 1840, dans mes communications à la Société centrale d'agriculture, j'ai toujours cité le nom d'Appert à propos du chauffage des vins et ne me suis jamais permis de prendre un brevet d'invention pour l'exploitation, dans ce cas particulier, des procédés de conservation qu'on lui doit.

Quant au traitement des vins par la chaleur, j'ai le premier expérimenté, sur les vins dits de table, l'action plus ou moins prolongée qu'une température de 40 à 45 degrés exerce sur eux, toujours en opérant en vases clos (1).

Ainsi donc, tout juge impartial, qui, les pièces à la main, voudra étudier cette question, y reconnaîtra deux initiatives : celle d'Appert à laquelle on doit le *chauffage des vins*, et la mienne qui aura donné à l'œnologie ce que j'appelle le *traitement à basse température des vins par la chaleur.*

En résumé, deux moyens ont été proposés relativement à l'emploi de la chaleur pour la conservation des vins. Dans l'un, le chauffage des vins, on les expose pendant quelques minutes à peine à une température de 75 à 80 degrés centigrades; c'est le procédé d'Appert remis en lumière par M. Pasteur dans la séance du 1er mai 1865. Les vins de la Bourgogne qui ont subi ce traitement se dessèchent souvent, vieillissent et se décolorent; cette méthode ne réussit que pour les vins de table qui laissent à l'évaporation un résidu abondant et sont riches en alcool.

Le procédé d'Appert donne de bons résultats avec tous les vins blancs, et avec les vins sucrés et alcooliques présentant les caractères des vins d'Espagne, de Portugal, de Sicile, etc.

De longues et consciencieuses recherches m'ont conduit à recommander une autre manière d'employer la chaleur pour l'é-

---

absolue des ferments. Nous le regrettons; et si toutes les fois que l'occasion s'est présentée dans ce livre, comme dans le premier de nos mémoires sur le chauffage, de lui apporter celles de nos observations q i lui étaient favorables, nous nous sommes empressés de le faire, on voudra bien aussi nous croire quand nous dirons nos réserves sur ce sujet.

(1) J'ai vu avec plaisir que, dans les publications qu'il a faites depuis le 1er mai 1865, M. Pasteur se rapproche de mon procédé; la température qu'il emploie n'est plus que de 50 degrés, et il espère même pouvoir opérer à une température moins élevée.

le vage et la conservation des vins. Mon procédé consiste dans l'action plus ou moins prolongée que la chaleur exerce sur eux; la température ne dépassant pas 45 degrés centigrades. Ce procédé, que pour le distinguer du premier, *le chauffage des vins*, j'appellerai *traitement des vins par la chaleur*, réussit d'une manière remarquable pour tous les vins de table. Il est spécialement applicable aux produits des grands crus de la Bourgogne.

BONDES EN VERRE

Nous avons dit que les tonneaux étaient fermés avec des bondes en bois entourées de linge. Or, on a reconnu que ce linge était toujours humide et l'acescence qui s'y détermine à l'intérieur, peut, dans certaines circonstances, envahir le vin des fûts. Pour remédier à cet inconvénient grave, plusieurs négociants ont adopté dans le Bordelais des bondes en verre qui ferment hermétiquement les fûts et ne présentent pas les dangers que nous venons de signaler.

FIN

TABLE DES MATIÈRES

I

VENDANGE

II

DE LA FERMENTATION

III

DES FUTS VINAIRES

REMPLISSAGE DES VINS NOUVEAUX

V

AMÉLIORATION DES MOUTS. — SUCRAGE DE LA VENDANGE

VI

DU VINAGE DES VINS

VII

COUPAGE DES VINS

VIII

ÉTUDE DU VIN NOUVEAU

IX

RICHESSE ALCOOLIQUE DES VINS. — ALCOOMÉTRIE

X

DES VINS FABRIQUÉS. — PROCÉDÉS GALL ET PETIOT

XI

SOINS A DONNER AUX VINS DANS LA PREMIÈRE ANNÉE. — COLLAGE DES VINS

XII

FERMENTATION DES VINS AU TONNEAU

XIII

DES CAVES

XIV

SOINS QUE DEMANDENT LES VINS VIEUX

XV

ACTION DU FROID SUR LES VINS. — CONGÉLATION DES VINS

XVI

ÉLEVAGE DES GRANDS VINS BLANCS

XVII

TIRAGE EN BOUTEILLES DES GRANDS VINS ET DES VINS ORDINAIRES

XVIII

CARACTÈRES DES VINS TIRÉS VIEUX

XIX

MALADIES DES VINS

XX

ACESCENCE DES VINS

XXI

MALADIE DU TOUR

XXII

MALADIE DE LA GRAISSE

XXIII

MALADIE DE LA POUSSE

XXIV

AMERTUME DES VINS

XXVII

AMERTUME DES VINS VIEUX

XXVIII

CHAUFFAGE DES VINS

XXIX

THÉORIE ET EFFETS DU CHAUFFAGE

XXX

PRATIQUE DU CHAUFFAGE

APPENDICE

FIN DE LA TABLE

ERRATA

Page 55, ligne 11 : si les moûts sont sucrés, *lisez* si les moûts sont peu sucrés.

— 58, — 20 : piquée, *lisez* liguée.

— 59, — 17 : les charge, *lisez* le charge.

— 150, — 14 : 1852, *lisez* 1842.

— 298, — 21 : 0,0050, *lisez* 0,50.

— 355, — 2 : paparillée, *lisez* passerillée.

— 567, — 29 : 57, *lisez* 29.

— 369, — 15 : l'intérieur, *lisez* l'extérieur.

AMENDEMENTS --- ENGRAIS --- CHIMIE --- PHYSIQUE

BOBIERRE.

Atmosphère (L'), le sol, les engrais, par Bobierre. 1 vol. in-12 de 632 pages. 5 »

Noir animal (Le). Analyse, emploi, vente ; par BOBIERRE (Bib. du Cultiv.), 156 p. et 7 grav. 1 25

BORTIER.

Coquilles animalisées, leur emploi en agriculture, par Bortier.. 1 »

CARTIER (J.).

Sels alcalins (de l'emploi des) en agriculture, par J. Cartier, ingénieur civil. 1 vol. in-8 de 133 pages . . . . 2 »

COMPOSTS, etc.

Composts, fumiers, plâtre (Notice sur les), employés comme engrais. . . . . » 50

FOUQUET.

Fumiers de ferme et composts; par Fouquet (Bibl. du Cultiv.) 2e édit., 176 p. et 19 grav. 1 25

JAUFFRET.

Nouvelle Méthode pour la fabrication économique des engrais; par Pierre J. Jauffret. 1 br. in-8° de 56 p. et 1 pl. . . 3 »

HEUZÉ.

Fumures (Formules des); par G. Heuzé. 1 brochure in-8 de 12 pages. . . . . 1 »

Matières fertilisantes; par HEUZÉ. 4e édition. 1 vol. in-8° de 708 pages. 9 »

LEFOUR.

Sol et engrais, par Lefour (Bibl. du Cultiv.), 180 p. et 54 gr. 1 25

MASURE.

Marne et chaux employées en agriculture (Mémoire sur les avantages comparés), par Masure. 1 brochure in-8° de 108 pages. 1 50

OKORSKI.

Désinfection des villes. Engrais complet dit engrais atmosphérique; par Okorski. 1 brochure in-8, de 24 pages et 3 tableaux. 1 »

PETIT-LAFFITTE.

Études de terres arables; par Petit-Laffitte. 1 vol. in-18 de 160 pages. 1 50

PIÉRARD.

Chaux (La), son emploi en agriculture; par Piérard, ingénieur en chef des mines. 36 pages in-12. . . . . 0 75

PIERRE.

Chimie agricole; par Isidore Pierre, professeur de chimie à la Faculté de Caen. 4ᵉ édition. 1 vol. in-12 de 560 pages et 23 grav. 4 »

PUVIS.

Amendements (Traité des), par Puvis; 1 volume in-18 de 440 pages 3 50

RONNA (A.).

Phosphates de chaux (Fabrication et emploi des), en Angleterre; par A. Ronna, ingénieur. 1 vol. in-18° de 162 pages. . . . . . 1 »

Utilisation des eaux d'égout, en Angleterre, Londres et Paris, par A. Ronna, ingénieur. 1 vol. in-8 de 132 pages et 5 grandes planches . . . . 6 »

SACC.

Chimie agricole (Précis élémentaire de); par le docteur Sacc. 2ᵉ édition. 1 vol. in-12 de 454 pages et 3 gravures 3 50

STOCKHARDT.

Chimie usuelle appliquée à l'agriculture et à l'industrie, par Stockhardt, traduite par Brustlein. 1 volume in-18 de 524 pages et 225 gravures. 4 50

DRAINAGE --- IRRIGATION --- ÉTANGS --- PISCICULTURE

BARRAL.

Drainage des terres arables; par Barral. 2ᵉ édition. 2 vol. in-12 formant ensemble 960 pages et contenant 443 grav. et 9 pl.. 7 »

Irrigations, engrais liquides et améliorations foncières permanentes; par Barral. 1 v. in-12 de 790 p. et 120 gr.. 7 50

Législation du drainage, des irrigations et autres améliorations foncières permanentes; par Barral. 1 vol. in-12 de 664 pages. . 7 50

BENOIT.

Drainage (Système de); par Benoit. In-8, 24 pages et une pl. 1 »

DELACROIX.

Drainage (Faits de), débit des terres drainées, position des plans d'eau souterrains; par Delacroix. 84 pages in-18 et 4 gravures. 1 25

DALLOZ.

Irrigations (Code des), suivi des rapports de MM. Dalloz et Passy, et de la législation étrangère; par Bertin, avocat, rédacteur en chef du journal le *Droit*. 1 vol. in-8 de 182 pages.. . . . . 3 »

JEANDEL.

Inondations (Études expérimentales sur les); par Jeandel, ancien élève de l'École forestière. 1 vol. in-8 de 146 pages . . . 2 50

JOIGNEAUX.

Pisciculture et Culture des eaux; par Joigneaux. 1 vol. in-18 de 360 pages et 61 gravures. Prix. 3 50

PRINCIPAUX CHAPITRES

Poissons d'eau douce et d'ornement.	Crevettes.
Poissons de mer acclimatables en eau douce.	Huitres et moules.
	Echinodernes.
Récolte des poissons.	Tortues de mer.
Écrevisses.	Sangsues.
Homard et langoustes.	Code de la pêche fluviale.

LAMBOT-MIRAVAL.

Montagnes (Moyens de les reverdir par l'irrigation et de prévenir les inondations); par Lambot-Miraval. 66 pages . 2 »

LECLERC.

Drainage (Traité pratique de); par Leclerc, ingénieur, chef du service du Drainage en Belgique. 1 vol. in-12 de 424 p., 130 gr. 3 50

MARTRES.

Drainage appliqué à l'agriculture des landes; par Martres. 70 p.. 1 »

MIDY.

Drainage (Le) et l'irrigation; par Midy. 25 pages in-8.... 0 50

MONNY DE MORNAY.

Irrigations en Italie et en Allemagne (Législation des); par Monny de Mornay, chef de la division de l'agriculture au ministère de l'Agriculture. 1 vol. in-8 de 166 pages. 3 50

MOULS.

Huitres (Les); par l'abbé L. Mouls, curé d'Arcachon. 1 v. in-18. 1 25

NIVIÈRE.

Drainage (Moyen d'obtenir du) tout son effet utile; par Nivière, ancien directeur de l'école de la Saulsaie. In-12 de 56 pages.... 0 75

PELLAULT.

Irrigations. Commentaire de la Loi du 29 avril 1843; par Henri Pellault, docteur en droit. In-12 de 374 pages. 3 50

SERS.

Irrigation dans les contrées montagneuses, par Sers. Une brochure in-8 de 24 pages. 0 75

THACKERAY.

Drainage (Philosophie et Art du); par Thackeray. 96 p. 2 50

Vignotti.

Irrigations du Piémont et de Lombardie; par Vignotti. 1 vol. in-18 de 94 pages . . . . » 75

Virebent.

Drainage rendu facile; par Virebent, 40 p. in-8 et 3 planches. 1 25

CONSTRUCTIONS — INSTRUMENTS — ARTS AGRICOLES.

Bona.

Constructions rurales (Manuel des); par Bona. 3ᵉ édition. 1 vol. in-18 de 296 pages. 3 50

Casanova.

Charrue (Manuel de la), par Casanova. 1 vol. in-18 de 176 pages et 83 gravures. 1 75

Damey.

Machines à battre (Le conducteur de); par Damey 1 vol. in-18 de 108 pages. 1 50

Kergorlay(de).

Ferme de Canisy; par de Kergorlay. 24 p. in-4 et 52 grav. 1 »

Lefour.

Constructions et mécaniques agricoles, par Lefour (Bibl. du Cultiv.). 216 p. 151 gr. 1 25

Machines, etc.

Machines à moissonner. Rapport du jury sur le Concours de 1859. . 64 pages grand in-8, 34 gravures. . . . . 1 »

Pepin.

Labourage à vapeur, par Pepin-Lehalleur. . . . . » 5

Piot.

Meulerie et Meunerie; par Piot. 1 vol. in-8 de 370 pages et 12 planches. . . . . 12 »

Planet.

Machines à battre (La vérité sur les); par de Planet. 1 vol. in-18 de 256 pages. . . . . 2 »

Saint-Martin.

Chemins ruraux (des); par Saint-Martin, 1 brochure in-8, de 60 pages. . . . . 2 »

ANIMAUX DOMESTIQUES — MÉDECINE VÉTÉRINAIRE.

BORIE (Victor).

Animaux de la Ferme, par Victor Borie — ESPÈCE BOVINE en cours de publication, forme vingt livraisons. Chaque livraison renferme 2 ou 3 aquarelles et 16 pages de texte grand in-4°, édition de luxe. Douze livraisons sont en vente :

Race Flamande,
— Normande,
— Bretonne,
— Parthenaise,
— Charolaise,
— Limousine et Mancelle,

Race Comtoise,
— Salers, d'Aubrac et du Mezenc.
— Garonnaise.
— Bazadaise et Landaise.
— Gasconne et du Gévaudan.
— Baretoune et Béarnaise.

Le prix d'une livraison prise séparément est de 5 fr. Le prix des 20 livraisons sera de . . . . 80 »

DAIGNAUD.

Race bovine du Limousin (Amélioration de la); par Daignaud. 1 vol. in-18 de 106 pages. 1 50

DAMPIERRE (DE).

Races bovines, par Dampierre (Bibl. du Cultiv.), 2e édit. 196 p., et 28 grav. 1 25

DELAFOND.

Typhus de l'espèce bovine; par Delafond, professeur à l'École vétérinaire d'Alfort. 20 pages in-8 et 5 gravures. 0 75

FLAXLAND (J.-F.).

Etudes sur l'élevage, l'entretien et l'amélioration de la race bovine en Alsace. 124 p. in-8 . . . . 2 »

GAYOT.

Bétail gras (Le) et les Concours d'Animaux de boucherie; par Eugène Gayot. 1 vol. in-8 de 204 pages. 3 50

Cheval (Achat du), par Gayot (Bibl. du Cultiv.). 1 vol. de 216 p. et 25 grav. 1 25

Chevaline (La France); par Eug. Gayot, ancien directeur des haras. 1re partie : *Institutions hippiques*, contenant l'histoire de l'administration des haras, étalons approuvés et autorisés, étalons départementaux, primes à la production et à l'élève; courses au trot, au galop; steeple-chasses. 4 vol. in-8 . . . . 26 »
2e partie : *Etudes hippologiques* traitant de toutes les questions de science qui aboutissent à la production et à l'élève des chevaux. Étude physiologique de toutes les races du pays et de leurs transformations. 4 vol. 26 »

Lièvres, Lapins et Léporides, par Eug. Gayot (Bibl. du Cultiv.) 216 p. et 16 grav. 1 25

Poules et Œufs, par E. Gayot (Bibl. du Cultiv.). 1 vol. de 216 p. 1 25

Sportsman (Guide du) ou traité de l'entraînement; 1 vol in-18 de 376 pages avec 12 gravures par Eug. Gayot, 4e édition . . 3 50

Geoffroy Saint-Hilaire.

Animaux utiles (Acclimatation et Domestication des : par I. Geoffroy Saint-Hilaire, Président de la Société d'Acclimatation. 4e édition. 1 beau vol. in-8, de 534 pages et 47 gravures.. . . . 9 »

Coux.

Race bovine garonnaise, par Coux. 1 vol. in-8 de 80 pages 1 50

Hays (du).

Cheval percheron, par du Hays (Bibl. du Cultiv.). 1 vol. de 176 pages. . . . . , . . . 1 25
Merlerault (le), ses herbages, ses éleveurs, ses chevaux, par Charles du Hays. 1 vol. in-18 de 182 pages. . . . . 3 »

Heuzé (G.).

Porc (Le), par Gustave Heuzé, membre de la Société impériale et centrale d'agriculture de France. 1 vol. in-12 de 334 pages avec 56 grav. 3 50

Jacque (Ch.).

Poulailler (Le); par Ch. Jacque. 2e édit. 1 vol. in-12 et 120 grav. 3 50
Cet ouvrage est divisé en sept parties : 1° Aménagement, 2° Incubation, élevage et alimentation, 3° Races françaises et étrangères, 4° Croisement 5° Engraissement, 6° Maladies, 7° Utilisation et commerce des produits.

Juillet.

Chevaline (Émancipation de l'industrie); par Juillet. 1 brochure in-8 de 48 pages.. . . . . 1 fr. 50

Lamoricière (général de).

Chevaline (De l'Espèce) en France; par le général de Lamoricière. 1 vol. in-4 de 312 pages et 3 cartes coloriées. 3 50

Lefour.

Animaux domestiques, par Lefour (Bibl. du Cultiv.). 1 vol. in-18 de 162 pages et 57 gr. 1 25
Cheval, Ane et Mulet, par Lefour (Bibl. du Cultiv.). 1 vol. de 182 pages et 300 gravures. 1 25
Mouton (Le); par Lefour. ancien inspecteur général de l'agriculture. 1 vol. in-18 de 390 pages et 76 gravures. . . . . . 3 fr. 50

Caractères zoologiques du mouton.	Alimentation du mouton.
Mouflon.	Entretien et nourriture.
Mouton domestique.	Utilisation du mouton.
Reproduction de l'espèce.	Maladies du mouton.

Race flamande; par Lefour. 1 vol. in-4 de 216 pages, avec 114 gravures noires et 4 planches coloriées. (Edition de l'Imprimerie impériale) . . . . 20 »

Magne.

Vaches laitières (Choix des), par Magne (Bibl. du Cultiv.) 114 pages et 30 gravures. 1 25

Millet-Robinet (madame).

Basse-cour, pigeons et lapins, par Mme Millet (Bibl. du Cultiv.). 4e édit. 180 pages et 31 gravures. 1 25

Rauch.

Vétérinaires (Nécessité d'encourager l'établissement des) dans les campagnes. 36 pages in-18, par Rauch. 0 50

Saive (de).

Inoculation du bétail. pour prévenir la péripneumonie; par le docteur de Saive. 100 pages in-8. . . . . 2 50

Sanson.

Bétail (Economie du), par Sanson. 4 vol. in-18 et plus de 150 gravures. Prix de chaque volume. 3 50

1er Vol. — Organisation et fonctions physiologiques, hygiène.	3e Vol. — Applications : Cheval, âne, mulet
2e Vol. — Principes généraux de la zootechnie.	4e Vol. — Applications : Bœuf, mouton, chèvre, porc.

Chaque volume se vend séparément.
Les deux derniers volumes sont sous presse.

Médecine vétérinaire (Notions usuelles de), par Sanson (Bibl. du Cultiv.). 1 vol. de 180 pages. 1 25

Segouin.

Lapins (Nouveau Traité pratique de l'éducation des diverses espèces de); par Segouin. 58 pages in-12. . . . . 0 50

Tisserand.

Vaches laitières (Guide des propriétaires dans le choix des); par Eug. Tisserand. Deuxième édition, 1 vol. in-18 de 396 pages et 19 gravures. . . . . 4 »

Verheyen.

Médecine vétérinaire (Manuel de); par Verheyen. 2 vol. de 392 pages. 2 50

Vial.

Engraissement du bœuf, par Vial (Bibl. du Cultiv.). 1 vol. in-18 de 180 pag. et 12 grav. 1 25

Villeroy.

Bêtes à cornes, (Manuel de l'Eleveur de), par Villeroy (Bibl. du Cultiv.). 300 pages et 60 gravures. 1 25

Bêtes à laines (Manuel de l'éleveur de); par F. Villeroy, cultivateur au Rittershof (Bavière Rhénane). 1 vol. de 335 p. et 54 g. 3 50

Chevaux (Manuel de l'éleveur de); par Félix Villeroy. 2 vol. in-8, avec 121 gravures. (Types des principales races.) . . . . 12 »

ÉCONOMIE DOMESTIQUE — CUISINE.

Bréviaire des Gastronomes. Aide-mémoire pour ordonner les repas. 1 vol. in-16 cartonné de 186 pages . . . . **2 .**

Cuisinière de la campagne et de la ville (La); par L. E. A. 1 vol. in-12 avec figures. 42ᵉ édition. . . . . **3 »**

DELAMARRE.

Vie (La) à bon marché; par Delamarre, député de la Somme. Le pain, la viande, les transports. 2ᵉ édit. 1 vol. in-12 de 708 pages. **3 50**

LECLERC.

Caisse d'épargne et de prévoyance. Lettres à un jeune laboureur; par Louis Leclerc. 8ᵉ édit. In-12 de 60 pages. **0 25**

MILLET-ROBINET (Mᵐᵉ).

Bon Domestique (Le); par Mᵐᵉ Millet-Robinet. 1 v. in-12 de 204 p. **2 .**

Conseils aux Jeunes Femmes; par Mᵐᵉ Millet-Robinet. 1 vol. in-18 de 284 pages et 30 gravures. . . . . **3 fr. 50**

Économie domestique; par Mme Millet-Robinet (Bibl. du Cultiv.). 3ᵉ édit. 245 pages et 78 gravures. **1 25**

Maison rustique des Dames; par Mᵐᵉ MILLET-ROBINET. 2 vol. in-12, avec 250 gravures. 6ᵉ édition. **7 75**

Cet ouvrage est divisé en quatre parties :

TENUE DU MÉNAGE	MÉDECINE DOMESTIQUE
Travaux — Repas.	Pharmacie — Hygiène.
Comptabilité — Dépenses.	Maladies des Enfants.
Mobilier — Linge.	Médecine et Chirurgie.
Conserves — Blanchissage.	Empoisonnement — Asphyxie.
CUISINE	**JARDIN — FERME**
Potages — Sauces.	Jardins, Potagers, Fruitiers, Fleurs, etc.
Viandes — Poissons — Gibier.	Ferme, Travaux des champs.
Légumes — Fruits — Purées.	Basse-cour, Vacherie, Laiterie.
Entremets — Desserts — Bonbons.	Bergerie, Porcherie.

VACCA (E).

Fromages dits de Géromé (Fabrication des); par M. Vacca, professeur de chimie. Brochure in-8°. **0 50**

VILLEROY.

Laiterie, Beurre et Fromages; par F. Villeroy. 1 vol. in-18 de 390 pages et 59 gravures. **3 50**

Cet ouvrage est divisé en cinq parties :

PREMIÈRE PARTIE Production du lait, traite des vaches, rendement du lait, composition du lait, altérations et falsifications du lait.	du beurre, barattes, conservation du beurre.
	QUATRIÈME PARTIE Fabrication du fromage en France et en Angleterre, détails de fabrication, conservation des fromages, fruitières.
DEUXIÈME PARTIE Laiterie et ustensiles de laiterie.	
TROISIÈME PARTIE Richesse du lait en beurre, fabrication	**CINQUIÈME PARTIE** Commerce du lait, du beurre et des fromages.

Montereau. — Imp. de L. ZANOTE.